高等学校机械工程类系列教材

互换性与测量技术基础

主　编　王国顺　毛美娇
副主编　翁晓红　李　伟

武汉大学出版社

图书在版编目(CIP)数据

互换性与测量技术基础/王国顺,毛美娇主编.—武汉:武汉大学出版社,
2011.6
高等学校机械工程类系列教材
ISBN 978-7-307-08573-2

Ⅰ.互…　Ⅱ.①王…　②毛…　Ⅲ.①零部件—互换性—高等学校—教
材　②零部件—测量—技术—高等学校—教材　Ⅳ.TG801

中国版本图书馆 CIP 数据核字(2011)第 036004 号

责任编辑:谢文涛　　　　责任校对:黄添生　　　　版式设计:马　佳

出版发行:武汉大学出版社　　(430072　武昌　珞珈山)
（电子邮件:cbs22@whu.edu.cn 网址:www.wdp.com.cn)
印刷:荆州市鸿盛印务有限公司
开本:787×1092　1/16　印张:14.5　字数:347 千字
版次:2011 年 6 月第 1 版　　2011 年 6 月第 1 次印刷
ISBN 978-7-307-08573-2/TG·4　　定价:25.00 元

版权所有,不得翻印;凡购买我社的图书,如有质量问题,请与当地图书销售部门联系调换。

高等学校机械工程类、现代工业训练类系列教材

编委会名单

主 任 委 员	巫世晶	武汉大学动力与机械学院,教授、博士生导师、院长
副主任委员	彭文生	华中科技大学机械科学与工程学院,教授
	萧泽新	桂林电子科技大学光机电一体化研究所,教授
	朱锦标	香港理工大学工业中心,教授
	蔡敢为	广西大学机械工程学院,教授
	胡青春	华南理工大学工程训练中心,教授
	庞之洋	海军工程大学机械工程系,教授
	张桂香	湖南大学现代工程训练中心,教授
	肖荣清	武汉大学动力与机械学院、教授
	王国顺	武汉大学动力与机械学院、副教授
	陈小圻	武汉大学动力与机械学院,教授
编　　委	徐　翔	湖北汽车工业学院发展规划处,教授
	华中平	湖北工业大学机械工程学院,教授
	刘　银	中国地质大学机电学院,教授
	王应军	武汉理工大学理学院,教授
	王树才	华中农业大学工程技术学院,教授
	徐小兵	长江大学机械学院,教授
	赵新则	三峡大学机械与材料学院,教授
	熊禾根	武汉科技大学(钢)机械自动化学院,教授
	吴晓光	武汉科技大学(纺)机电工程学院,教授
	谭　昕	江汉大学机电与建筑工程学院,教授
	张林宣	清华大学,教授
	张　鹏	广东工业大学材料与能源学院,教授
	董晓军	东风汽车有限公司商用车发动机厂
	王艾伦	中南大学机电工程学院,教授
	秦东晨	郑州大学机械工程学院,教授
	宋逎志	北京理工大学机电工程学院,教授
	赵延波	中国计量学院,教授
	倪向贵	中国科学技术大学工程与材料科学实验中心,教授
	宋爱平	扬州大学机械工程学院制造部,教授

	肖　华	武汉大学动力与机械学院、副教授
	戴锦春	武汉大学动力与机械学院、副教授
	袁泽虎	武汉大学动力与机械学院、副教授
	徐击水	武汉大学动力与机械学院、副教授
	翁晓红	武汉大学动力与机械学院、副教授
执行编委	李汉保	武汉大学出版社，副编审
	谢文涛	武汉大学出版社，编辑

序

机械工业是"四个现代化"建设的基础，机械工业涉及工业、农业、国防建设、科学技术以及国民经济建设的方方面面，机械工业专业人才的培养质量直接影响工业、农业、国防建设、科学技术的可持续发展，乃至影响国民经济的发展。高等学校是培养高新科学技术人才的摇篮，也是培养机械工程类专业高级人才的重要基础。但凡一所高等学校，学科建设、课程建设、教材建设应该是一项常抓不懈的工作，而教材建设是课程建设的重要内容，是教学思想与教学内容的重要载体，因此显得尤为重要。

为了提高高等学校机械工程类课程教材建设水平，由武汉大学动力与机械学院和武汉大学出版社联合倡议、组建 21 世纪高等学校机械工程类，现代工业训练类系列教材编委会，在一定范围内，联合若干所高等学校合作编写机械工程类系列教材，为高等学校从事机械工程类教学和科研的教师，特别是长期从事教学具有丰富教学经验的一线教师搭建一个交流合作编写教材的平台，通过该平台，联合编写教材，交流教学经验，确保教材的编写质量，突出教材的基本特色，同时提高教科的编写与出版速度，有利于教材的不断更新，极力打造精品教材。

本着上述指导思想，我们组织编撰出版了这套 21 世纪高等学校机械工程类系列教材和 21 世纪高等学校现代工业训练类系列教材，根据国家教育部机械工程类本科人才培养方案以及编委会成员单位(高校)机械工程类本科人才培养方案明确了高等学校机械工程类 42 种教材，以及高等学校现代工业训练类 6 卷 27 种教材为今后一个时期的出版工作规划，并根据编委会各成员单位(高校)的专业特色作了大致的分工，旨在努力提高高等学校机械工程类课程的教育质量和教材建设水平。

参加高等学校机械工程类及现代工业训练类系列教材编委会的高校有：武汉大学、华中科技大学、桂林电子科技大学、香港理工大学、广西大学、华南理工大学、海军工程大学、湖北汽车工业学院、湖北工业大学、中国地质大学、武汉理工大学、华中农业大学、长江大学、三峡大学、武汉科技大学、武汉科技学院、江汉大学、清华大学、广东工业大学、东风汽车有限公司、中国计量学院、中国科技大学、扬州大学等 20 余所院校及工程单位。

　　武汉大学出版社是被中共中央宣传部与国家新闻出版署联合授予的全国优秀出版社之一，在国内享有较高的知名度和社会影响力，武汉大学出版社愿尽其所能为国内高校的教学与科研服务。我们愿与各位朋友真诚合作，力争将该系列教材打造成为国内同类教材中的精品教材，为高等教育的发展贡献力量！

高等学校机械工程类系列教材
及高等学校现代工业训练系列教材编委会
2011 年 1 月

前　言

《互换性与测量技术基础》是高等工科院校机械类和近机类专业的一门重要技术基础课，其内容涵盖了实现互换性生产的标准化领域和计量学领域的有关知识，涉及机械相关产品的设计、制造与管理等许多方面，是机类众多课程之间联系的纽带，也是需要大量的实际经验才能真正学好用好的重要技术课程。

我国近些年来加快了国家标准的修订工作。为了更好地与国际接轨，国家标准一般都等效采用国际标准。本书的编写，遵循新一代产品几何技术规范（Geometrical Product Specification and Verification，GPS）的思想，以最新国家标准为指南，既保证书中内容的新鲜和权威，又充分照顾到新旧国家标准的衔接。

本书在加强基础理论的同时，力求理论结合实际，做到学以致用。章节层次分明，阐述深入浅出，内容新颖齐全，方便教师教学和学生自学。

鉴于各校普遍压缩学时，编写过程中，力求基本概念清楚、准确，内容精练。

本书由王国顺、毛美娇任主编，翁晓红、李伟任副主编。其中，第1、2、3章由毛美娇编写，第4、5、6、7章由王国顺编写，第8章由翁晓红编写，第9章和习题部分由李伟编写。全书由王国顺负责统稿。参加本书编写的还有肖荣清、潘伟平、张业鹏、肖华、华中平、陈志华等。

限于编者的水平和编写时间的紧迫，书中难免存在不妥甚至错误之处，恳请广大读者给予批评和指正。

作　者
2011 年 1 月

目 录

第1章 绪论 ………………………………………………………………………… 1
  §1.1 互换性的意义与作用 ……………………………………………………… 1
  §1.2 标准化与优先数 …………………………………………………………… 2
  §1.3 本课程的研究对象及任务 ………………………………………………… 5
  思考题与习题1 …………………………………………………………………… 6

第2章 圆柱体结合的公差与配合 ……………………………………………… 7
  §2.1 公差与配合的基本术语及定义 …………………………………………… 7
  §2.2 标准公差系列 ……………………………………………………………… 13
  §2.3 基本偏差系列 ……………………………………………………………… 17
  §2.4 公差与配合的标准化 ……………………………………………………… 26
  §2.5 公差与配合的选用 ………………………………………………………… 29
  思考题与习题2 …………………………………………………………………… 34

第3章 测量技术基础 …………………………………………………………… 37
  §3.1 概述 ………………………………………………………………………… 37
  §3.2 测量方法和计量器具 ……………………………………………………… 41
  §3.3 测量误差及测量精度 ……………………………………………………… 45
  思考题与习题3 …………………………………………………………………… 59

第4章 形状和位置公差 ………………………………………………………… 61
  §4.1 概述 ………………………………………………………………………… 61
  §4.2 形位公差及公差带 ………………………………………………………… 65
  §4.3 形状和位置公差的标注 …………………………………………………… 79
  §4.4 公差原则 …………………………………………………………………… 84
  §4.5 形位公差的选择 …………………………………………………………… 91
  §4.6 形位误差的检测 …………………………………………………………… 99
  思考题与习题4 …………………………………………………………………… 104

第5章 表面粗糙度 ……………………………………………………………… 110
  §5.1 概述 ………………………………………………………………………… 110
  §5.2 表面粗糙度的评定 ………………………………………………………… 111

§5.3　表面粗糙度的标注 ·· 115
§5.4　表面粗糙度的选择 ·· 120
§5.5　表面粗糙度的测量 ·· 122
思考题与习题 5 ··· 125

第6章　光滑尺寸的检验
§6.1　光滑尺寸的检验 ·· 126
§6.2　光滑极限量规 ·· 132
思考题与习题 6 ··· 139

第7章　滚动轴承的极限与配合
§7.1　滚动轴承的公差等级 ·· 141
§7.2　滚动轴承的公差与公差带 ··· 142
§7.3　滚动轴承的配合公差及选用 ·· 143
思考题与习题 7 ··· 148

第8章　典型件结合的互换性
§8.1　键与花键结合的互换性 ·· 151
§8.2　螺纹联结的互换性 ·· 161
思考题与习题 8 ··· 188

第9章　圆柱齿轮传动的互换性
§9.1　齿轮传动的使用要求 ·· 191
§9.2　齿轮加工误差的来源及其特点 ·· 192
§9.3　单个齿轮的评定指标 ·· 194
§9.4　齿轮副的评定指标 ·· 203
§9.5　齿轮的精度设计 ·· 205
思考题与习题 9 ··· 220

第1章 绪 论

§1.1 互换性的意义与作用

在当代机械设计与制造中，无论是大批量生产还是单件小批量生产，都必须遵循互换性原则。它是专业化协作生产的重要条件，也是进行精度设计的最基本原则，因此，需要对它有全面地认识。

那么什么叫"互换性"？从日常生活中，就可以找到回答。例如，规格相同的任何一个灯泡和任何一个灯头，不管它们分别由哪一个工厂制成，都可以装在一起；自行车、手表和缝纫机等的零件坏了，也可以迅速换上一个新的，并且在装配或更换后，能很好地满足使用要求。其所以能这样方便，就因为灯泡、灯头以及自行车、手表和缝纫机等的零件都具有互换性。

可见，互换性的含义即指：同一规格的一批零部件，任取其一，不需任何挑选和修理就能装在机器上，并能满足其使用功能要求。零部件所具有的不经任何挑选或修配便能在同规格范围内互相替换作用的特征叫做互换性。

为了完全满足互换性的要求，最理想的是使同一规格的零、部件的几何参数及功能参数充分一致。但在实践中是办不到的，因为加工误差是永远存在的。实际中通过仅限制同一规格的零、部件的有关参数（主要是几何参数）在一定的（能满足使用性能要求的）范围内变动，就能达到互换性的目的。

这个允许零件几何参数的变动量就称为"公差"。

互换性按其互换程度可分为完全互换（绝对互换）与不完全互换（有限互换）。完全互换要求同一规格的零、部件在装配或更换时，无需挑选或辅助加工与修配，安装后就能保证预定的使用性能要求。

不完全互换允许零、部件在装配前有附加选择（如预先分组），或在装配时进行调整（但不允许附加修配），装配后能满足预期的使用要求。这样，既可保证装配精良和使用要求，又能解决加上的困难，降低成本。但此时，仅组内零件可以互换，组与组之间不可互换，故称为不完全互换。

一般来说，零部件需厂际协作时应采用完全互换性，部件或构件在同一厂制造和装配时，可采取不完全互换性。

对标准部件，互换性还可分为内互换和外互换。组成标准部件的零件的互换称为内互换；标准部件与其他零部件的互换称为外互换。例如，滚动轴承外圈的滚道、内圈外滚道与滚动体的互换称为内互换；外圈外径、内圈内径以及轴承宽度与其相配的机壳、轴颈和轴承端盖的互换称为外互换。

现代化的机械零件具有互换性，才有可能将一台机器中的成千上万个零、部件，进行高效率的、分散的专业化的生产，然后集中起来进行装配。因此，应用互换性原则已成为提高生产水平和促进技术进步的强有力的手段之一，其主要作用如下：

在设计方面，零部件具有互换性，就可以最大限度地采用标准件、通用件和标准部件，大大简化了绘图和计算工作，缩短了设计周期，有利于计算机辅助设计和产品品种的多样化。

在制造方面，互换性有利于相互协作，大量应用的标准件还可由专门车间或工厂单独生产，因产品单一、数量多、分工细，可使用高效率的专用设备，进而采用计算机辅助加工，为生产专业化创造了必备条件，这样必然会提高产量和质量，显著降低生产成本。装配时，由于零、部件具有互换性，不需辅助加工，使装配过程能够持续而顺利地进行，故能减轻装配工作的劳动量，缩短装配周期，从而可采用流水线作业方式，乃至进行自动化装配，促进了生产自动化的发展，效率明显提高。

在使用和维修方面，若零件具有互换性，则零件在磨损或损坏、丢失后，可立即用另一个新的储备件代替（如汽车、拖拉机的活塞、活塞销、活塞环等就是这样的备件），不仅维修方便，且使机器或仪器的维修时间和费用显著减少，保证了机械产品工作的持久性和连续性，从而延长了产品的使用寿命，使产品的使用价值显著提高。

总之，互换性在提高产品质量和可靠性、提高经济效益等方面具有重要的意义。它已成为现代化机械制造业中一个普通遵守的原则，对我国的现代化建设起着重要作用。但是，应当注意，互换性原则不是在任何情况下都适用，当只有采取单个配制才符合经济原则时，零件就不能互换。

§1.2 标准化与优先数

1.2.1 标准和标准化

为了实现互换性，零部件的尺寸及其几何参数必须在其规定的公差范围内，这是就生产技术而言。但从组织生产来说，如果同类产品的规格太多，或者规格相同而规定的公差大小各异，就会给实现互换性带来很大困难。因此，为了实现互换性生产，必须采用一种手段，使各个分散的、局部的生产部门和生产环节之间保持必要的技术统一，以形成一个统一的整体，标准与标准化正式建立这种关系的重要手段，是实现互换性生产的基础。

标准是重复性事物和概念所做的统一规定。它以科学、技术和实践经验的综合成果为基础，经有关方面协商一致，由主管机构批准，以特定形式发布，作为共同遵守的准则和依据（GB 3935.1—1983）。

按性质分，标准可以分为技术标准和管理标准。技术标准又可以分为基础标准、产品标准、方法标准和安全、卫生、环保标准；管理标准又分为生产组织标准、经济管理标准和服务标准，如图1-1所示。

从标准制定的范围来看，标准可以分为六级：国际标准、区域标准、国家标准、专业标准、地方标准和企业（公司）标准。全国范围内统一制定的称为国家标准（GB）；在全国同一行业内制定的称为行业标准；在企业内部制定的称为企业标准（QB）。在国际范围内制定的标准称为国际标准，如ISO、IEC等。ISO与IEC分别是国际标准化组织和国际电

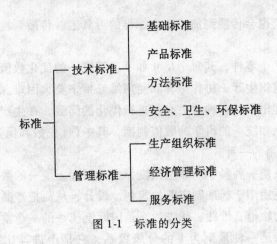

图 1-1 标准的分类

工委员会的缩写。

而标准化,就是指标准的制定、发布和贯彻实施的全部活动过程,包括从调查标准化对象开始,经试验、分析和综合归纳,进而制定和贯彻标准,以后还有修订标准等等。标准化是以标准的形式体现的,也是一个不断循环、不断提高的过程。

建立了标准,并且正确贯彻实施其标准,就可以保证产品质量,缩短生产周期,便于开发新产品和协作配置,提高企业管理水平。所以标准化是组织现代化的重要手段之一,是实现专业化协作生产的必要前提,是科学管理的重要组成部分。现代化程度越高,对标准化的要求也越高。

标准化早在人类开始创造工具时代就已出现,它是社会生产劳动的产物。在19世纪,标准化的应用就非常广泛,特别在国防、造船、铁路运输行业中的应用更为突出。20世纪初期,一些资本主义国家相继成立全国性的标准化组织机构,推出了本国的标准化事业。以后,随着生产的发展,国际间的交流越来越频繁,出现了地区性和国际性的标准化组织。1962年成立了国际标准化组织(ISO)。现在,这个世界上最大的标准化组织正成为联合国甲级咨询机构。据统计,ISO制定了约8000多个国际标准。

英国人认为,美国经济高速发展,超过英国并在世界领先,是由于美国经济有三个"S"作支柱,这三个"S"即简化(Simplification)、专业化(Specialization)与标准化(Standardization)。

1990年,英国有国家标准3800个,而在1970年,美国就已有国家标准10590个,德国则有国家标准20000个左右,这些数字在一定程度上反映了这些国家的标准化状况和水平。

我国的标准化工作在新中国成立后也被重视起来,从1958年发布第一批120个国家标准起,至今已制定了1万多个国家标准。现在正以国际标准为基础制定出许多新的国家标准,向ISO靠拢。我国在1978年恢复为ISO成员国,1982年、1985年两届当选为ISO理事国,已开始承担ISO技术委员会秘书处工作和国际标准起草工作。

1.2.2 优先数和优先数系

在产品设计和制订技术标准时,涉及很多技术参数,这些技术参数在生产各环节中往往不是孤立的。当选定一个数值作为某种产品的参数指标后,这个数值就会按一定的规律向一切相关的制品、材料等的有关参数指标传播扩散。例如,螺栓的直径确定后,不仅会传播到螺母的内径上,也会传播到加工这些螺母的刀具上,传播到检测这些螺纹的量具及装配它们的工具上。

若一个产品有几千个零件,其每个尺寸如不遵循统一的优化数值系列,就会造成尺寸规格杂乱、繁多,给组织生产、协作配套和使用维修带来莫大困难。可见,产品的参数值不能无序变化,这就提出了对各种参数必须进行优化的问题。在生产实践的基础上,人们对数值总结了一些简化和统一的科学的数值制度,其中《优先数和优先数系》(GB/T 321—1980)就是在工业中常用的一种。

优先数和优先数系是一种科学的数值制度,也是国际上统一的数值分级制度,它不仅适用于标准的制定,也适用于标准制定前的规划、设计,从而把产品品种的发展在开始时就引向科学的标准化的轨道,因此,优先数系是国际上统一的一个重要的基础标准。

优先数与优先数系是一种量纲为 1 的分级数系,它是十进等比级数,共规定了 R5、R10、R20、R40、R80 五个系数,各系列的公比 $q_5 = \sqrt[5]{10} \approx 1.6$、$q_{10} = \sqrt[10]{10} \approx 1.25$、$q_{20} = \sqrt[20]{10} \approx 1.12$、$q_{40} = \sqrt[40]{10} \approx 1.06$、$q_{80} = \sqrt[80]{10} \approx 1.03$。优先数系就是由上述公比,且项值中含有 10 的整数幂的理论等比数列导出的一组近似等比的数列。其中前 4 个数列为基本数列,R80 为补充系数,仅在参数分级很细或不能满足需要时才采用补充系列。

优先数系的基本系列见表 1-1,表中为常用值,取小数点后二位有效数字。

表 1-1　　　　　　　　优先数系的基本数列

R5	R10	R20	R40	R5	R10	R20	R40
1.00	1.00	1.00	1.00		3.15	3.15	3.15
			1.06				3.35
		1.12	1.12			3.55	3.55
			1.18				3.75
	1.25	1.25	1.25	4.00	4.00	4.00	4.00
			1.32				4.25
		1.40	1.40			4.50	4.50
			1.50				4.75
1.60	1.60	1.60	1.60		5.00	5.00	5.00
			1.70				5.30
		1.80	1.80			5.60	5.60
			1.90				6.00
	2.00	2.00	2.00	6.30	6.30	6.30	6.30
			2.12				6.70
		2.24	2.24			7.10	7.10
			2.36				7.50
2.50	2.50	2.50	2.50		8.00	8.00	8.00
			2.65				8.50
		2.80	2.80			9.00	9.00
			3.00				9.50
				10.00	10.00	10.00	10.00

优先数的主要优点是：相邻两项的相对差均匀，疏密适中，而且运算方便，简单易记。在同一系列中，优先数（理论值）的积、商、整数（正或负）的乘法等仍为优先级。因此，优先数得到了广泛的应用。

为满足生产的需要，还可采用派生系列，即在 Rr 系列中，每逢 p 项选择一个优先数，组成新的派生系列，以符号 Rr/p 表示，r 代表 5，10，20，40，80。如 R10/3 系列，r 为 10，p 为 3，其含意为从 R10 系列中的某一项开始，每隔 3 项取一数值，若从 1 开始，就可得到 1，2，4，8，…数系；若从 1.25 开始，就可得到 1.25，2.5，5，10，…数系。

优先数系的应用很广，适用于各种尺寸、参数的系列化和质量指标的分级，对保证各种工业产品品种、规格的合理简化分档和协调具有重大的意义。选用基本系数时，应遵循先疏后密的原则，即应当按照 R5、R10、R20、R40 的顺序，优先采用公比较大的基本系列，以免规格太多。当基本系列不能满足分级要求时，可选用派生系列。选用时应优先采用公比较大和延伸项含有项值 1 的派生系列。

§1.3 本课程的研究对象及任务

本课程是机械类各专业及相关专业的一门重要技术基础课，在教学计划中起着联系基础课及其他技术基础课与专业课的桥梁作用、同时也是联系机械设计类课程与机械制造工艺类课程的纽带。

本课程是从"精度"与"误差"两方面去分析研究机械零件及机构的几何参数的。

设计任何一台机器，除了进行运动分析、结构设计、强度和刚度计算之外，还要进行精度设计。这是因为机器的精度直接影响到机器的工作性能、振动、噪声和寿命等，而且，科技越发达，对机械精度的要求越高，对互换性的要求也越高，机械加工就越困难，这就必须处理好机器的使用要求与制造工艺之间的矛盾。因此，随着机械工业的发展，本课程的重要性越来越显得突出。

学生在学完本课程后应达到下列要求：

(1)掌握互换性和标准化的基本概念；

(2)了解本课程所介绍的各个公差标准和基本内容，掌握其特点和应用原则；

(3)初步学会根据机器和零件的功能要求，选用合适的公差与配合，并能正确地标注到图样上；

(4)掌握一般几何参数测量的基础知识。

(5)了解各种典型零件的测量方法，学会使用常用的计量器具。

各类公差在国家标准的贯彻上都有严格的原则性和法规性，而应用上却具有较大的灵活性，涉及的问题很多；测量技术又具有较强的实践性。因此，学生通过本课程的学习，只能获得机械工程师所必须具有互换性与技术测量方面的基本知识、基本技术和基本训练。而牢固掌握和熟练运用本课程的知识，则有待于后续有关课程的学习及毕业后的实际工作锻炼。

思考题与习题 1

1-1 新一代 GPS 标准体系和传统的 GPS 标准体系的主要区别是什么？
1-2 阐述产品几何技术规范和产品互换性之间的关系。
1-3 分析新一代产品几何技术规范的基本概念之间的关系。

第 2 章 圆柱体结合的公差与配合

在机械制造中由孔与轴构成的圆柱体结合是应用最广泛的一种结合。这种结合由结合直径与结合长度两个参数确定。从使用要求看，直径通常更重要，而且长径比可规定在一定范围内，因此，对圆柱体结合可简化为按直径这一主参数考虑。

为使加工后的孔与轴能满足互换性要求，必须在设计中采用尺寸的极限与配合标准。现行国家标准《极限与配合》的基本结构包括公差的规定；测量与检验部分包括检验制与量规制，是作为公差与配合的技术保证。两部分合起来形成一个完整的公差制体系。该标准是最早建立的，最典型、最基本的，其体系比较完整，已经成为制订机械制造中其他公差标准的基础。

本章主要阐述公差与配合国家标准的构成规律和特征。在讲述标准的内容上，凡是有代替旧标准的新标准，均以新标准为主。

§2.1 公差与配合的基本术语及定义

2.1.1 有关"尺寸"的术语

1. 孔和轴

孔 孔多指工件的圆柱形内表面，也包括非圆柱形内表面（由二平行平面或切面形成的包容面）。孔的直径尺寸用 D 表示。

轴 轴多指工件的圆柱形外表面，也包括非圆柱形外表面（由二平行平面或切面形成的被包容面）。轴的直径尺寸用 d 表示。

从装配关系看，孔是包含面，轴是被包容面；从广义的方面看，孔和轴既可以是圆柱形的，也可以是非圆柱形的。

图 2-1 由标注尺寸 D_1，D_2，…，D_6 所确定的部分皆为孔，而由 d_1，d_2，…，d_4 所确定的部分皆为轴。

2. 尺寸

以待定单位表示线形尺寸值的数值。线性尺寸值包括直径、半径、宽度、深度、高度和中心距等。在技术图样上或在一定范围内已注明共同单位（机械制造中一般常用毫米（mm）为单位）时，均可只写数字，不写单位。

基本尺寸 由设计给定的尺寸称为基本尺寸，一般要符合标准尺寸系列，以减少定值刀具、量具、夹具的种类。

实际尺寸 通过测量获得的某一孔、轴的尺寸。孔、轴的实际尺寸代号分为 D，d。由于测量中不可避免地存在测量误差，同一零件的相同部位用同一测量具重复多次，其测

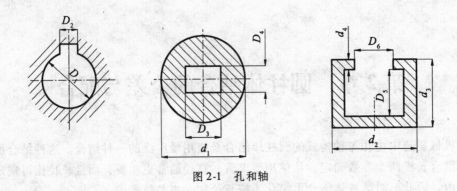

图 2-1 孔和轴

量的实际尺寸也不完全相同。

极限尺寸 极限尺寸是指一个孔或轴允许的尺寸的两个极端。孔或轴允许的最大尺寸称为最大极限尺寸(D_{max}，d_{max})，孔或轴允许的最小尺寸称为最小极限尺寸(D_{min}，d_{min})它们是以基本尺寸为基数来确定的。

实际尺寸应位于最大极限尺寸与最小极限尺寸之间，也可以等于极限尺寸（见图2-2）。

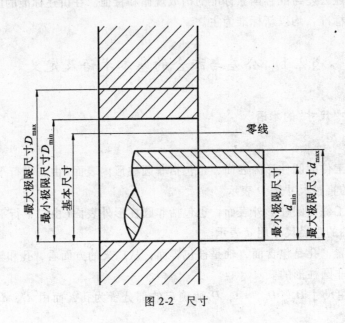

图 2-2 尺寸

3. 实体极限

最大实体极限 孔或轴具有允许的材料量为最多时的状态，称为最大实体极限（MMC），在此状态下的极限尺寸，称为最大实体尺寸，它是孔的最小极限尺寸和轴的最大极限尺寸。

最小实体极限 孔或轴具有允许的材料量最少时的状态，称为最小实体极限（LML），在此状态下的极限尺寸，称为最小实体尺寸。它是空的最大极限尺寸和轴的最小极限尺寸。

2.1.2 有关"偏差与公差"的术语

1. 偏差

某一尺寸(实际尺寸、极限尺寸,等等)减去其基本尺寸所得的代数差。

极限偏差 指上偏差和下偏差。轴的上、下偏差代号是小写字母(es,ei),孔的上下偏差代号是大写字母(ES,EI)。上偏差是最大极限尺寸减去其基本尺寸所得的代数差(见图2-3);下偏差是最小极限尺寸减去其基本尺寸所得的代数差(见图2-3)。

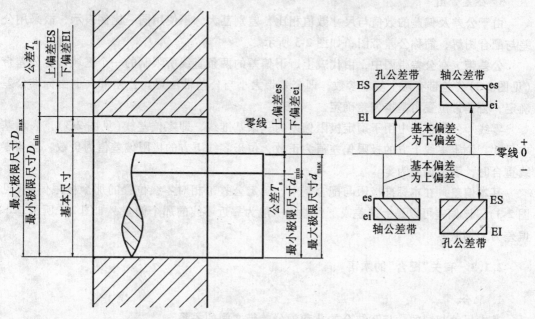

图 2-3 偏差与公差

孔的极限偏差　　上偏差　$ES = D_{max} - D$ (2-1)

　　　　　　　　下偏差　$EI = D_{min} - D$ (2-2)

轴的极限偏差　　上偏差　$es = d_{max} - d$ (2-3)

　　　　　　　　下偏差　$ei = d_{min} - d$ (2-4)

2. 公差

公差是允许尺寸的变动量。公差等于最大极限尺寸与最小极限尺寸或上偏差与下偏差之代数差的绝对值。公差取绝对值不存在负值,也不允许为零,所以公差永远大于零。用公式表示为

孔的公差　　　$T_h = |D_{max} - D_{min}| = |ES - EI|$ (2-5)

轴的公差　　　$T_s = |d_{max} - d_{min}| = |es - ei|$ (2-6)

公差与偏差是两个截然不同的概念,公差代表制造精度的要求,反映加工难易程度;而偏差表示与基本尺寸偏离的程度,与加工难易程度无关。

例 2-1 已知孔 $\phi 30^{+0.02}_{0}$ mm,轴 $\phi 30^{-0.020}_{-0.033}$ mm,求孔与轴的极限偏差与公差。

解：

孔的上偏差　$ES = D_{max} - D = 30.02 - 30 = +0.02mm$

孔的下偏差　$EI = D_{min} - D = 30 - 30 = 0$

轴的上偏差　$es = d_{max} - d = 29.98 - 30 = -0.02mm$

轴的下偏差　$ei = d_{min} - d = 29.967 - 30 = -0.033mm$

孔公差　$T_H = |D_{max} - D_{min}| = |30.02 - 30| = 0.02mm$

轴公差　$T_s = |d_{max} - d_{min}| = |29.98 - 29.967| = 0.013mm$

3. 公差带图

由于公差及偏差的数值与尺寸数值相比，差别甚大，不使用同一比例表示，故采用公差与配合图解，简称公差带图，如图2-3所示。

公差带　在公差带图中，由代表上、下偏差的两条直线所限制的一个区域，称公差带（见图2-3）公差带有两个基本参数，即公差带大小与公差带位置。公差带大小由标准公差确定，公差带位置由基本偏差确定。

零线　公差带图中用于确定极限偏差的一条基准线，即零偏差线（见图2-3），表示基本尺寸。位于零线上方的极限偏差值为正数，位于零线下方的极限偏差值为负数，当与零线重合时，表示偏差为零。

基本偏差　在本标准极限与配合制中，确定公差带相对零线位置的那个极限偏差（见图2-3）。该偏差可以是上偏差或下偏差，一般为靠近零线的那个偏差，如图2-3所示基本偏差为上偏差。

2.1.3　有关"配合"的术语

1. 配合

基本尺寸相同的，相互结合的孔和轴公差带之间的关系。

2. 间隙和过盈

间隙　孔的尺寸减去相配合的轴的尺寸所得的正差值，用X表示（见图2-4）。

过盈　孔的尺寸减去相配合的轴的尺寸所得的负差值，用Y表示（见图2-5）。

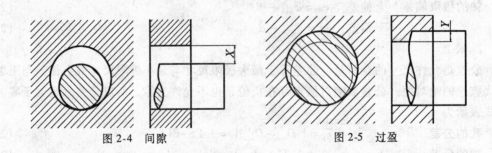

图2-4　间隙　　　　　　　图2-5　过盈

3. 间隙配合

具有间隙（包括最小间隙等于零）的配合。此时，孔的公差带在轴的公差带之上（见图2-6）。

最小间隙　在间隙配合中，孔的最小极限尺寸减轴的最小极限尺寸之差，用X_{min}表示

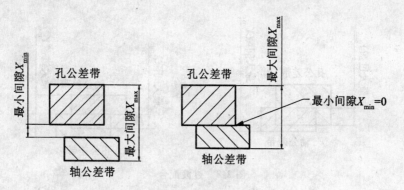

图 2-6 间隙配合

(见图 2-6)。最小间隙可以为 0。

最大间隙 在间隙配合或过渡配合中,孔的最大极限尺寸减轴的最小极限尺寸之差,用 X_{max} 表示(见图 2-6)。

4. 过盈配合

具有过盈(包括最小过盈等于零)的配合。此时,孔的公差带在轴的公差带之下(见图 2-7)。

最小过盈 在过盈配合中,孔的最大极限尺寸减轴的最小极限尺寸之差(见图 2-7)。最小过盈可以为 0。

最大过盈 在过盈配合或过渡配合中,孔的最小极限尺寸减轴的最大极限尺寸之差(见图 2-7)。

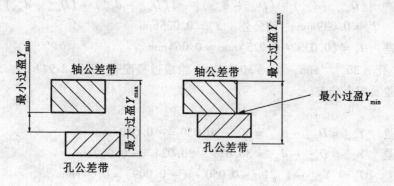

图 2-7 过盈配合

5. 过渡配合

可能具有间隙或过盈的配合。此时,孔的公差带与轴的公差带相互交叠(见图 2-8)。

6. 配合公差

配合公差 允许间隙或过盈的变动量称为配合公差,它表示配合松紧的变化范围。配合公差的大小表示配合精度。

在间隙配合中,配合公差等于最大间隙与最小间隙之差的绝对值;在过盈配合中,配合公差等于最小过盈与最大过盈之差的绝对值;在过渡配合中,配合公差等于最大间隙与

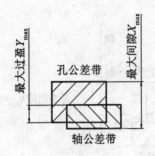 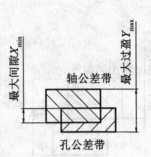

图 2-8 过渡配合

最大过盈之差的绝对值,即

$$T_f = \begin{cases} |X_{max} - X_{min}| \\ |Y_{min} - Y_{max}| \\ |X_{max} - Y_{max}| \end{cases} \quad (2\text{-}7)$$

此外配合公差还等于组成配合的孔、轴公差之和。表达式为

$$T_f = T_h + T_s \quad (2\text{-}8)$$

例 2-2 孔 $\phi 50^{+0.039}_{0}$ 与轴 $\phi 50^{-0.025}_{-0.050}$ 组成间隙配合(见图 2-9(a))。求其最小间隙、最大间隙及配合公差。

解:最小间隙 $X_{min} = D_{min} - d_{max} = (50.039 - 49.950)\text{mm} = 0.089\text{mm}$

最大间隙 $X_{max} = D_{max} - d_{min} = (50 - 49.975)\text{mm} = 0.025\text{mm}$

配合公差 $T_f = |X_{max} - X_{min}| = |0.089 - 0.025|\text{mm} = 0.064\text{mm}$

或 $T_f = |(D_{max} - d_{min}) - (D_{min} - d_{max})| = |(D_{max} - d_{min}) + (D_{min} - d_{max})| = T_h + T_s$

孔公差 $T_h = 0.039\text{mm}$;轴公差 $T_s = 0.025\text{mm}$

配合公差 $T_f = (0.039 + 0.025)\text{mm} = 0.064\text{mm}$

例 2-3 孔 $\phi 30^{+0.025}_{0}\text{mm}$,轴 $\phi 30^{+0.050}_{-0.034}\text{mm}$ 组成过盈配合(见图 2-9(b)),求其最大过盈、最小过盈及配合公差。

解:

最大过盈 $Y_{max} = D_{min} - d_{max} = 30 - 30.050 = -0.050\text{mm}$

最小过盈 $Y_{min} = D_{max} - d_{min} = 30.025 - 30.034 = -0.009\text{mm}$

配合公差 $T_f = |Y_{max} - Y_{min}| = -0.050 - (-0.009) = 0.041\text{mm}$

例 2-4 孔 $\phi 25^{+0.021}_{0}$ 与轴 $\phi 25^{+0.015}_{+0.002}$ 组成过渡配合(见图 2-9(c))。求其最大间隙、最大过盈、平均间隙或过盈及配合公差。

解:最大间隙 $X_{max} = D_{max} - d_{min} = (25.021 - 25.002)\text{mm} = +0.019\text{mm}$

最大过盈 $X_{max} = D_{min} - d_{max} = (25.000 - 25.015)\text{mm} = -0.015\text{mm}$

平均"间隙或过盈" $Z_{av} = \{[0.019 + (-0.015)]/2\}\text{mm} = +0.002\text{mm}$

配合公差 $T_f = |X_{max} - Y_{max}| = |0.019 - (-0.015)|\text{mm} = 0.034\text{mm}$

或 $T_f = T_h + T_s = (0.021 + 0.013)\text{mm} = 0.034\text{mm}$

不论对间隙配合、过盈配合或过渡配合,配合公差 T_f 都等于孔公差 T_h 与轴公差 T_s 之和,即

$$T_\mathrm{f} = T_\mathrm{h} + T_\mathrm{s}$$

对上述三例的配合，孔、轴结合的松紧程度是不同的，但结合松紧的变动程度相同，即配合的精确程度相同。

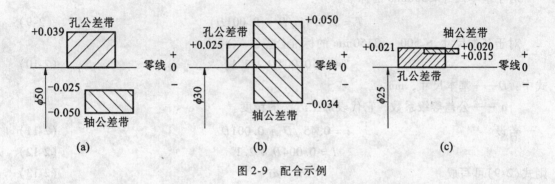

图 2-9　配合示例

7. 基准制

基孔制　是基本偏差为一定的孔的公差带，与不同基本偏差的轴的公差带形成各种配合的一种制度。基孔制的孔为基准孔，其代号为 H，标准规定的基准孔的基本偏差（下偏差）为零，如图 2-10(a)所示。

基轴制　是基本偏差为一定的轴的公差带，与不同基本偏差的孔的公差带形成各种配合的一种制度。基轴制的轴为基准轴，其代号为 h，标准规定基准轴的基本偏差（上偏差）为零，如图 2-10(b)所示。

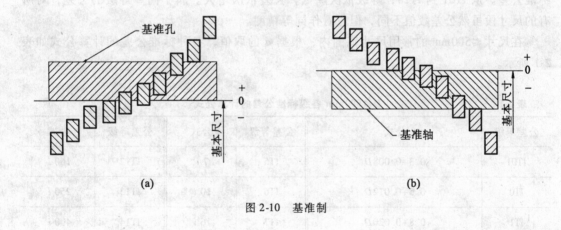

图 2-10　基准制

§2.2　标准公差系列

从前面的基本概念可知，配合是孔、轴公差带的组合，而孔、轴公差带是由公差带的大小和位置两个基本要素组成的。前者决定公差数值的大小（即配合的精度），后者决定配合性质。为了实现互换性和满足各种使用要求，国家标准（简称国标）按不同的基本尺寸,对这两个基本要素分别予以标准化,规定了标准公差和基本偏差数值两个系列。

标准公差是国标规定的用以确定公差带大小的公差值,它是由下列原则制定的。

1. 基本公式

对于基本尺寸≤500mm 的标准公差:

$$T = a(0.45\sqrt[3]{D} + 0.001D) \tag{2-9}$$

对于基本尺寸 > 500 ~ 3150mm 的标准公差:

$$T = a(0.004D + 2.1) \tag{2-10}$$

式中:D——基本尺寸,mm;

　　　a——公差等级系数,它代表加工方法的精度。

若设

$$i = 0.45\sqrt[3]{D} + 0.001D \tag{2-11}$$

$$I = 0.004D + 2.1 \tag{2-12}$$

则式(2-9)可写成

$$T = ai \tag{2-13}$$

式(2-10)可写成

$$T = aI \tag{2-14}$$

式中,i 和 I 分别是基本尺寸≤500mm 和基本尺寸>500mm 时的公差单位,mm。

2. a 的确定

当基本尺寸一定时,i 为定值,此时公差等级系数 a 则成为决定标准公差大小的唯一参数,它在一定程度上反映了加工的难易程度。国标在基本尺寸至 500mm 内规定了 20 个标准公差等级:IT01,IT0,IT1,…,IT18;在基本尺寸大于 500mm 至 3150mm 的大尺寸范围内规定了 18 个标准公差等级:IT1,IT2,…,IT8,将加工的难易程度分了等级。IT 表示标准公差,即国标公差(ISO Tolerance)的编写代号。如 IT8 表示标准公差 8 级或 8 级标准公差。从 IT01 到 IT18,等级依次降低,公差依次增大。属于同一等级的公差,对所有的尺寸段虽然公差数值不同,但应看作同等精度。

在尺寸≤500mm 的常用尺寸范围内,根据 a 的取值,各种标准公差的计算公式如表 2-1 所示。

表 2-1　　　　　　　　D≤500mm 各级标准公差的计算公式

公差等级	公式	公差等级	公式	公差等级	公式
IT01	$0.3+0.008D$	IT5	$7i$	IT12	$160i$
IT0	$0.5+0.012D$	IT6	$10i$	IT13	$250i$
IT1	$0.8+0.020D$	IT7	$16i$	IT14	$400i$
IT2	$(IT1)\left(\dfrac{IT5}{IT1}\right)^{1/4}$	IT8	$25i$	IT15	$640i$
		IT9	$40i$	IT16	$1000i$
IT3	$(IT1)\left(\dfrac{IT5}{IT1}\right)^{1/2}$	IT10	$64i$	IT17	$1600i$
IT4	$(IT1)\left(\dfrac{IT5}{IT1}\right)^{3/4}$	IT11	$100i$	IT18	$2500i$

在基本尺寸>500mm 至 3150mm 的大尺寸范围内，国家标准规定的 20 个等级标准公差的计算公式见表 2-2。

表 2-2 $D>500mm$ 至 $3150mm$，各级标准公差的计算公式

公差等级	公式	公差等级	公式	公差等级	公式
IT01	$1I$	IT5	$7I$	IT12	$160I$
IT0	$\sqrt{2}I$	IT6	$10I$	IT13	$250I$
IT1	$2I$	IT7	$16I$	IT14	$400I$
IT2	$(IT1)\left(\dfrac{IT5}{IT1}\right)^{1/4}$	IT8	$25I$	IT15	$640I$
		IT9	$40I$	IT16	$1000I$
IT3	$(IT1)\left(\dfrac{IT5}{IT1}\right)^{1/2}$	IT10	$64I$	IT17	$1600I$
IT4	$(IT1)\left(\dfrac{IT5}{IT1}\right)^{3/4}$	IT11	$100I$	IT18	$2500I$

3. 基本尺寸分段

根据表 2-1 和 2-2 中的标准公差计算公式，每一个基本尺寸都对应一个公差值。但在实际生产中基本尺寸很多，因而就会形成一个庞大的公差数值表，给生产带来麻烦，同时不利于公差值的标准化、系列化。为了减少标准公差的数目，统一公差值，需要简化公差表格以便于生产实际应用，国标对基本尺寸进行分段，其基本尺寸分段见表 2-3。

表 2-3   基本尺寸分段

	大于 D_1	至 D_2		大于 D_1	至 D_2		大于 D_1	至 D_2		大于 D_1	至 D_2
1	—	3	6	50	80	11	315	400	16	1000	1250
2	3	6	7	80	120	12	400	500	17	1250	1600
3	10	18	8	120	180	13	500	630	18	1600	2000
4	18	30	9	180	D1	14	630	800	19	2000	2500
5	30	50	10	250	315	15	800	1000	20	2500	3150

每一段用一基本尺寸表示，它是该尺寸段首尾两数的几何平均值，即

$$D_m = \sqrt{D_1 D_2} \tag{2-15}$$

式中：D_1——尺寸段的首数；
D_2——尺寸段的尾数。

尺寸分段后，由式（2-15）可计算该尺寸段的基本尺寸，故对于 0～500mm 的基本尺寸，可简化为 13 个基本尺寸，所以公差单位 i 可以简化为 13 个；对于大于 500mm 至

3150mm 的基本尺寸，可简化为 8 个基本尺寸，故公差单位 I 可简化为 8 个。

按上述的规律将 a，i 或 I 简化确定后，可按式(2-13)或式(2-14)计算出标准公差值。

例 2-5 基本尺寸为 $\phi 20$mm，求 IT6，IT7 的公差值。

解： 基本尺寸为 20mm，属于 18～30mm 尺寸段，则 $D = \sqrt{18 \times 30} = 23.24$mm

公差单位 $i = 0.45\sqrt[3]{D} + 0.001D = 0.45\sqrt[3]{23.24} + 0.001 \times 23.24 = 1.31 \mu m$

由表 2-1 查得 IT6 = $10i$，IT = $16i$。

即 IT6 = $10i$ = $10 \times 1.3 \mu m$ = $13.1 \mu m \approx 13 \mu m$

IT7 = $16i$ = $16 \times 1.3 \mu m$ = $20.96 \mu m \approx 21 \mu m$

在实际设计时，并不需要每个公差都利用公式计算，这样太费时间。GB/T 1800.1—2009 是将按公式(2-13)(2-14)计算出各个的公差数值，经尾数化整得出标准公差数值表。如表 2-4 所示。

对于例 2-5 就可以直接查标准公差数值表 2-3 得 IT6 = 13mm，IT7 = 21mm，结果与计算结果相同。在设计中直接查表，即可满足精度要求。

表 2-4 标准公差数值

基本尺寸/mm		公差等级																	
大于	至	IT01	IT0	IT1	IT2	IT3	IT4	IT5	IT6	IT7	IT8	IT9	IT10	IT11	IT12	IT13	IT14	IT15	IT16	IT17	IT18
—	3	0.3	0.5	0.8	1.2	2	3	4	6	10	14	25	40	60	0.10	0.14	0.25	0.40	0.60	1.0	1.4
3	6	0.4	0.6	1	1.5	2.5	4	5	8	12	18	30	48	75	0.12	0.18	0.30	0.48	0.75	1.2	1.8
6	10	0.4	0.6	1	1.5	2.5	4	6	9	15	22	36	58	90	0.15	0.22	0.36	0.58	0.90	1.5	2.2
10	18	0.5	0.8	1.2	2	3	5	8	11	18	27	43	70	110	0.18	0.27	0.43	0.70	1.10	1.8	2.7
18	30	0.6	1	1.5	2.5	4	6	9	13	21	33	52	84	130	0.21	0.33	0.52	0.84	1.30	2.1	3.3
30	50	0.6	1	1.5	2.5	4	7	11	16	25	39	62	100	160	0.25	0.39	0.62	1.00	1.60	2.5	3.9
50	80	0.8	1.2	2	3	5	8	13	19	30	46	74	120	190	0.3	0.46	0.74	1.20	1.90	3.0	4.6
80	120	1	1.5	2.5	4	6	10	15	22	35	54	87	140	220	0.35	0.54	0.87	1.40	2.20	3.5	5.4
120	180	1.2	2	3.5	5	8	12	18	25	40	63	100	160	250	0.63	1.00	1.60	2.50	4.0	6.3
180	250	2	3	4.5	7	10	14	20	29	46	72	115	185	290	0.46	0.72	1.15	1.85	2.90	4.6	7.2
250	315	2.5	4	6	8	12	16	23	32	52	81	130	210	320	0.52	0.81	1.30	2.10	3.20	5.2	8.1
315	400	3	5	7	9	13	18	25	36	57	89	140	230	360	0.57	0.89	1.40	2.30	3.60	5.7	8.9
400	500	4	6	8	10	15	20	27	40	63	97	155	250	400	0.63	0.97	1.55	2.50	4.00	6.3	9.7
500	630	—	—	9	11	16	22	32	44	70	110	175	280	440	0.70	1.10	1.75	2.8	4.4	7.0	11.0
630	800	—	—	10	13	18	25	36	50	80	125	200	320	500	0.80	1.25	2.00	3.2	5.0	8.0	12.5
800	1000	—	—	11	15	21	28	40	56	90	140	230	360	560	0.90	1.40	2.30	3.6	5.6	9.0	14.0
1000	1250	—	—	13	18	24	33	47	66	105	165	260	420	660	1.05	1.65	2.60	4.2	6.6	10.5	16.5
1250	1600	—	—	15	21	29	39	55	78	125	195	310	500	780	1.25	1.95	3.10	5.0	7.8	12.5	19.5
1600	2000	—	—	18	25	35	46	65	92	150	230	370	600	920	1.50	2.30	3.70	6.0	9.2	15.0	23.0
2000	2500	—	—	22	30	41	55	78	110	175	280	440	700	1100	1.75	2.80	4.40	7.0	11.0	17.5	28.0
2500	3150	—	—	26	36	50	68	96	135	210	330	540	860	1350	2.10	3.30	5.40	8.6	13.5	21.0	33.0

§2.3 基本偏差系列

2.3.1 基本偏差系列

标准公差是确定公差带宽度(大小)的唯一标准化参数,而基本偏差就是决定公差带位置的唯一参数。国家标准规定,孔和轴各有28种基本偏差。如图2-11所示为孔的基本偏差系列,图2-12所示为轴的基本偏差系列。

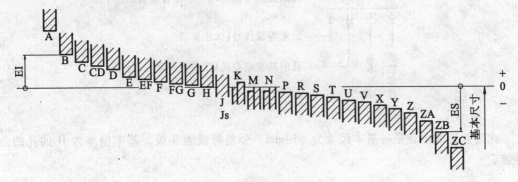

图 2-11 孔的基本偏差系列

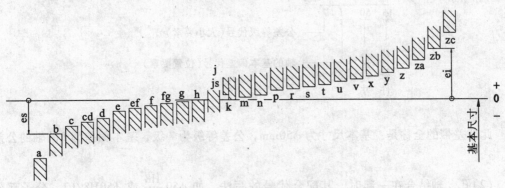

图 2-12 轴的基本偏差系列

基本偏差的代号用拉丁字母表示,大写代表孔、小写代表轴。在26个字母中,除去了易与其他混淆的五个字母:I, L, O, Q, W(i, l, o, q, w),再加上七个用双字母表示的代号(CD, EF, FG, JS, ZA, ZB, ZC 和 cd, ef, fg, js, za, zb, zc),共有28个代号,即孔和轴各有28个基本偏差。其中 JS 和 js 在各个公差等级中相对零线是完全对称的。JS、js 将逐渐代替近似对称的基本偏差 J 和 j。

由图可见,对于孔,基本偏差 A~H 为下偏差 EI,J~ZC 为上偏差 ES,从 A 到 H,基本偏差的绝对值逐渐减少,从 J~ZC,基本偏差的绝对值逐渐增大。

对于轴,基本偏差 a~h 为上偏差 es,j~zc 为下偏差 ei,从 a 到 h,基本偏差的绝对值逐渐减少,从 j~zc,基本偏差的绝对值逐渐增大。

孔、轴的基本偏差选定后，另一个极限偏差可由标准公差值确定。因此，基本偏差是孔、轴公差带设计中另一个主要参数，它一旦确定后，则公差带相对于零线的位置就是一定的。

2.3.2 公差带代号的写法

（1）孔、轴公差带代号由基本偏差与公差等级代号组成，并且要用同一号大小的字书写。例如：

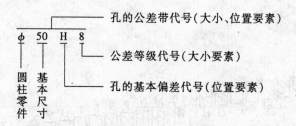

此公差带的全称是：基本尺寸为 $\phi 50$mm，公差等级为 8 级，基本偏差为 H 的孔的公差带。

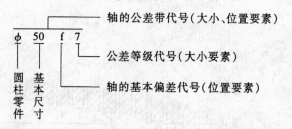

此公差带的全称是：基本尺寸为 $\phi 50$mm，公差等级为 7 级，基本偏差为 f 的轴的公差带。

（2）孔、轴结合在一起时，其配合代号的写法，如 $\phi 50 \dfrac{H8}{f7}$ 或 $\phi 50H8/f7$。分子部分 $\phi 50H8$ 表示孔的公差带代号；分母部分 $\phi 50f7$ 表示轴的公差带代号。

（3）若公差带代号、配合代号不是在图样上使用，并且使用有限的字母组的装置传输信息时（如电报），其字母可不分大、小写，但需在代号前加注字母 H 或 h（对于孔），S 或 s（对于轴）。例如，孔的公差带 $\phi 50H8/f7$ 可写为 Hϕ 50H8/Sϕ 50F7 或 hϕ 50h8/sϕ 50f7。

2.3.3 轴的基本偏差值

轴的各种基本偏差值是按公式计算得到的，计算公式是由实验和统计分析得到的，见表 2-5。

表 2-5　　　　　　　　　　　　　轴的基本偏差计算公式

代号	基本尺寸	基本偏差 es/μm	代号	基本尺寸	基本偏差 ei/μm
a	$D \leqslant 120$mm	$-(265+1.3D)$	k	$\leqslant$IT3 及 $\geqslant$IT8	0
	$D > 120$mm	$-3.5D$		IT4 至 IT7	$+0.6D^{1/3}$
b	$D \leqslant 160$mm	$-(140+0.85D)$	m		$+IT7-IT6$
	$D > 160$mm	$-1.8D$	n		$+5D^{0.34}$
c	$D \leqslant 40$mm	$-52D^{0.2}$	p		$+IT7-(0\sim5)$
	$D > 40$mm	$-(95+0.8D)$	r		$+(p \cdot s)^{1/2}$
cd		$-(c \cdot d)^{1/2}$	s	$D \leqslant 500$mm	$+IT8+(1\sim4)$
d		$-16D^{0.44}$		$D > 500$mm	$+IT7+0.4D$
e		$-11D^{0.41}$	t		$+IT7+0.63D$
ef		$-(e \cdot f)^{1/2}$	u		$+IT7+D$
f		$-5.5D^{0.41}$	v		$+IT7+1.25D$
fg		$-(f \cdot g)^{1/2}$	x		$+IT7+1.6D$
g		$-2.5D^{0.34}$	y		$+IT7+2D$
h		0	z		$+IT7+2.5D$
j	IT5 至 IT8	经验数据	za		$+IT8+3.15D$
Js		es $=+IT/2$ 或 ei $=-IT/2$	zb		$+IT9+4D$
			zc		$+IT10+5D$

注：(1) 式中 D 为基本尺寸，单位是 mm；计算时按尺寸段的几何平均值代入。
　　(2) 除 j、js、k 外，表中公式与公差等级无关。

a～h 是以上偏差 es 为基本偏差（见图 2-13）。一般用于间隙配合，其基本偏差数值的绝对值正好等于最小间隙。

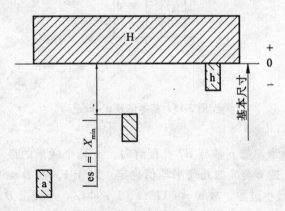

图 2-13　基本偏差 a～h

其中 a、b、c 主要用于大间隙或热动配合，考虑到热膨胀的影响，采用与基本尺寸成线性的关系式。d、e、f 主要用于旋转运动，为保证良好的液体摩擦，最小间隙与基本尺寸 $D^{0.5}$ 成正比，同时考虑到表面粗糙度的影响，表面波峰在使用过程中会逐渐磨平而使间隙增大，故间隙应适当减小，即计算式中的指数略小于 0.5。g 主要用于滑动或定心配合的半液体摩擦，要求间隙小，所以 D 的指数更要减小，近似成立方根的关系。cd、ef、fg 基本偏差数值的绝对值分别按 c 与 d、e 与 f、f 与 g 基本偏差数值的绝对值的几何平均值确定，主要用于小尺寸的旋转运动。

j、k、m、n 四种为过渡配合（见图 2-14），计算公式基本上是根据经验与统计方法确定。

对于 k，规定 IT4 至 IT7 的基本偏差 $ei=0.6\sqrt{D}$，其值很小，只有 1~5μm，对其余的公差等级，均取 $ei=0$。对于 m，是按 m6 的上偏差与 H7 的上偏差数值相等的条件下确定的，所以 m 的基本偏差 $ei=+(IT7-IT6)$。对于 n，按它与 H6 形成过盈配合，与 H7 形成过渡配合来考虑的，所以 n 的基本偏差数值大于 IT6 而小于 IT7，即 $ei=+5D^{0.34}$。

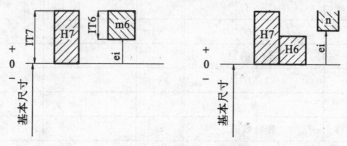

图 2-14 基本偏差 m 和 n

p~zc 以下偏差 ei 为基本偏差。它们是按过盈配合来规定，并从最小过盈考虑（见图 2-15），且大多以 H7 为基础。

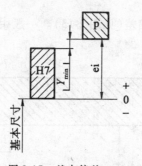

图 2-15 基本偏差 p~zc

P 比 IT7 大几个微米，故 p 轴与 H7 孔配合时，有几个微米的最小过盈，这是最早使用的过盈配合之一。r 按 p 与 s 的几何平均值确定。对于 s，当 $D\leqslant 50mm$ 时，要求与 H8 配合时有几个微米的最小过盈，故 $ei=+IT8+(1~4)$。从 s（当 $D>50mm$ 时），包括 t、u、v、x、y、z 等，当与 H7 配合时，最小过盈依次为 $0.4D$、$0.63D$、D、$1.25D$、$1.6D$、$2D$、$2.5D$，而 za、zb、zc 分别与 H8、H9、H10 配合时，最小过盈依次为 $3.15D$、$4D$、

5D。最小过盈的系列符合优先数系 R10，规律性较好，便于选用。

轴的另一个偏差(上偏差或下偏差)根据轴的基本偏差和标准公差，按下列公式计算：

$$ei = es - IT \tag{2-16}$$
$$es = ei + IT \tag{2-17}$$

经过计算后圆整的轴的基本偏差表见表 2-6。

表 2-6　　　　　　　　　尺寸至 500 的轴的基本偏差　　　　　　　　μm

基本尺寸/mm	上偏差 es										js
	a	b	c	cd	d	e	ef	f	fg	g	h	
	所有公差等级										
≤3	-270	-140	-60	-34	-20	-14	-10	-6	-4	-2	0	
3~6	-270	-140	-70	-46	-30	-20	-14	-10	-6	-4	0	
6~10	-280	-150	-80	-56	-40	-25	-18	-13	-8	-5	0	
10~14	-290	-150	-95		-50	-32		-16		-6	0	
14~18												
18~24	-300	-160	-110		-65	-40		-20		-7	0	
24~30												
30~40	-310	-170	-120		-80	-50		-25		-9	0	
40~50	-320	-180	-130									
50~65	-340	-190	-140		-100	-60		-30		-10	0	偏差 = ± IT/2
65~80	-360	-200	-150									
80~100	-380	-220	-170		-120	-72		-36		-12	0	
100~120	-410	-240	-180									
120~140	-460	-260	-200		-145	-85		-43		-14	0	
140~160	-520	-280	-210									
160~180	-580	-310	-230									
180~200	-660	-340	-240		-170	-100		-50		-15	0	
200~225	-740	-380	-260									
225~250	-820	-420	-280									
250~280	-920	-480	-300		-190	-110		-56		-17	0	
280~315	-1050	-540	-330									
315~355	-1200	-600	-360		-210	-125		-62		-18	0	
355~400	-1350	-680	-400									
400~450	-1500	-760	-440		-230	-135		-68		-20	0	
450~500	-1650	-840	-480									

续表

基本尺寸/mm	下偏差 ei																
	j			k		m	n	p	r	s	t	u	v	x	y	z	za	zb	zc
	5至6	7	8	4至7	≤3 ≥8	所有公差等级											

基本尺寸/mm	j 5至6	j 7	j 8	k 4至7	k ≤3 ≥8	m	n	p	r	s	t	u	v	x	y	z	za	zb	zc
≤3	-2	-4	-6	0	0	2	4	6	10	14	—	18	—	20	—	26	32	40	60
3~6	-2	-4	—	1	0	4	8	12	15	19	—	23	—	28	—	35	42	50	80
6~10	-2	-5	—	1	0	6	10	15	19	23	—	28	—	34	—	42	52	67	97
10~14	-3	-6	—	1	0	7	12	18	23	28	—	33	—	40	—	50	64	90	130
14~18	-3	-6	—	1	0	7	12	18	23	28	—	33	39	45	—	60	77	108	150
18~24	-4	-8	—	2	0	8	15	22	28	35	—	41	47	54	63	73	98	136	188
24~30	-4	-8	—	2	0	8	15	22	28	35	41	48	55	64	75	88	118	160	218
30~40	-5	-10	—	2	0	9	17	26	34	43	48	60	68	80	94	112	148	200	274
40~50	-5	-10	—	2	0	9	17	26	34	43	54	70	81	97	114	136	180	242	325
50~65	-7	-12	—	2	0	11	20	32	41	53	66	87	102	122	144	172	226	300	405
65~80	-7	-12	—	2	0	11	20	32	43	59	75	102	120	146	174	210	274	360	480
80~100	-9	-15	—	3	0	13	23	37	51	71	91	124	146	178	214	258	335	445	585
100~120	-9	-15	—	3	0	13	23	37	54	79	104	144	172	210	256	310	400	525	690
120~140	-11	-18	—	3	0	15	27	43	63	92	122	170	202	248	300	365	470	620	800
140~160	-11	-18	—	3	0	15	27	43	65	100	134	190	228	280	340	415	535	700	900
160~180	-11	-18	—	3	0	15	27	43	68	108	146	210	252	310	380	465	600	780	1000
180~200	-13	-21	—	4	0	17	31	50	77	122	166	236	284	350	425	520	670	880	1150
200~225	-13	-21	—	4	0	17	31	50	80	130	180	258	310	385	470	575	740	960	1250
225~250	-13	-21	—	4	0	17	31	50	84	140	196	284	340	425	520	640	820	1050	1350
250~280	-16	-26	—	4	0	20	34	56	94	158	218	315	385	475	580	710	920	1200	1550
280~315	-16	-26	—	4	0	20	34	56	98	170	240	350	425	525	650	790	1000	1300	1700
315~355	-18	-28	—	4	0	21	37	62	108	190	268	390	475	590	730	900	1150	1500	1900
355~400	-18	-28	—	4	0	21	37	62	114	208	294	435	530	660	820	1000	1300	1650	2100
400~450	-20	-32	—	5	0	23	40	68	126	232	330	490	595	740	920	1100	1450	1850	2400
450~500	-20	-32	—	5	0	23	40	68	132	252	360	540	660	820	1000	1250	1600	2100	2600

注：①基本尺寸小于1mm时，各级的 a 和 b 均不采用。
②js 的数值：在 7~11 级时，如果以微米表示的 IT 数值是一个奇数，则取 $js = \pm(IT-1)/2$。

2.3.4 孔的基本偏差值

孔的基本偏差值按表 2-6 所列的轴的基本偏差值，通过一定的换算规则得出。换算的前提是：在孔、轴为同一公差等级或孔比轴低一级的配合条件下，当基轴制配合中孔的基本偏差代号与基孔制配合中轴的基本偏差代号相当(例如孔的 F 对轴的 f)时，使基轴制形成的(例如 F6/h5)与基孔制形成的配合性质(例如 H6/f5)相同。据此有如下两种换算规则：

1. 通用规则

同一字母表示的孔、轴基本偏差的绝对值相等，而符号相反。

对于 A ~ H $\qquad\qquad$ EI = -es $\qquad\qquad$ (2-18)

对于 K ~ ZC $\qquad\qquad$ ES = -ei $\qquad\qquad$ (2-19)

2. 特别规则

(1) 基本尺寸 >3mm，标准公差等级为 IT9 ~ IT16 的基本偏差 N。此时，其数值为零。

(2) 基本尺寸 >3 ~ 500mm，公差等级 ≤ IT8 的基本偏差 J、K、M、N，以及公差等级 ≤ IT7 的基本偏差 P ~ ZC。在这种情况下，计算的基本偏差应加一个 Δ 值，即

$$ES = ES(计算值) + \Delta \qquad (2\text{-}20)$$

而

$$\Delta = IT_n - IT_{n-1} \qquad (2\text{-}21)$$

式中：IT_n——孔给定的公差等级的标准公差值；

IT_{n-1}——比孔给定的公差等级更精一级的标准公差值。

孔的另一个偏差(上偏或下偏)，根据孔的基本偏差和标准公差，按以下关系计算：

$$EI = ES - IT \qquad (2\text{-}22)$$

$$ES = EI + IT \qquad (2\text{-}23)$$

孔的基本偏差数值见表 2-7，使用时勿忘"Δ"，对于标准公差 ≤ IT8 的 J、K、M、N 和 ≤ IT7 的 P ~ ZC，"Δ"是表中查得数的修正值。

例 2-6 计算确定 φ50f7 和 φ50f6 轴的极限偏差。

解 50mm 属于 >30 ~ 50mm 分段，几何平均值为 $D = \sqrt{30 \times 50}\ \text{mm} \approx 38.73\text{mm}$，由图 2-12 知 f 为上偏差，按下式计算：

$$es = -5.5 D^{0.41} = -5.5 \times (38.73)^{0.41} \mu m \approx -25 \mu m$$

f7、f6 的上偏差均为 $-25\mu m$。

对于 >30 ~ 50mm 分段，IT6 = 16μm，IT7 = 25μm(查表 2-4)，故轴 f7 的下偏差 ei = $(-25-25)\mu m = -50\mu m$；轴 f6 的下偏差 ei = $(-25-16)\mu m = -41\mu m$，其公差带图如图 2-16 (a)所示。

表 2-7　　　　　　　　　　　孔的基本偏差

基本尺寸/mm	基本偏差/μm															
	下偏差 EI										JS	上偏差 ES				
	A	B	cC	CD	D	E	EF	F	FG	G	H		J			K	M	
													6	7	8	≤8	>8	≤8	>8
≤3	+270	+140	+60	+34	+20	+14	+10	+6	+4	+2	0		+2	+4	+6	0	0	-2	-2
3~6	+270	+140	+70	+46	+30	+20	+14	+10	+6	+4	0		+5	+6	+10	-1+Δ	—	-4+Δ	-4
6~10	+280	+150	+80	+56	+40	+25	+18	+13	+8	+5	0		+5	+8	+12	-1+Δ	—	-6+Δ	-6
10~14	+290	+150	+95		+50	+32		+16		+6	0		+6	+10	+15	-1+Δ	—	-7+Δ	-7
14~18																			
18~24	+300	+160	+110		+65	+40		+20		+7	0	偏差等于±IT/2	+8	+12	+20	-2+Δ	—	-8+Δ	-8
24~30																			
30~40	+310	+170	+120		+80	+50		+25		+9	0		+10	+14	+24	-2+Δ	—	-9+Δ	-9
40~50	+320	+180	+130																
50~65	+340	+190	+140		+100	+60		+30		+10	0		+13	+18	+28	-2+Δ	—	-11+Δ	-11
65~80	+360	+200	+150																
80~100	+380	+220	+170		+120	+72		+36		+12	0		+16	+22	+34	-3+Δ	—	-13+Δ	-13
100~120	+410	+240	+180																
120~140	+460	+260	+200		+145	+85		+43		+14	0		+18	+26	+41	-3+Δ	—	-15+Δ	-15
140~160	+520	+280	+210																
160~180	+580	+310	+230																
180~200	+660	+340	+240		+170	+100		+50		+15	0		+22	+30	+47	-4+Δ	—	-17+Δ	-17
200~225	+740	+380	+260																
225~250	+820	+420	+280																
250~280	+920	+480	+300		+190	+110		+56		+17	0		+25	+36	+55	-4+Δ	—	-20+Δ	-20
280~315	+1050	+540	+330																
315~355	+1200	+600	+360		+210	+125		+62		+18	0		+29	+39	+60	-4+Δ	—	-21+Δ	-21
355~400	+1350	+680	+400																
400~450	+1500	+760	+440		+230	+135		+68		+20	0		+33	+43	+66	-5+Δ	—	-23+Δ	-23
450~500	+1650	+840	+480																

注：(1)基本尺寸小于1mm时，各级的A和B及大于8级的N均不采用。
(2)Js的数值：对IT7至IT11，若IT的数值为奇数，则取Js=±(IT-1)/2。
(3)特殊情况：当基本尺寸大于250mm至315mm时，M6的ES等于-9(不等于-11)。
(4)对小于或等于IT8的K、M、N和小于或等于IT7的P至ZC，所需Δ值从表内右侧栏选取。例如：大于6mm至10mm的P6，Δ=3，所以ES=-15+3=-12μm。

续表

			基本偏差/μm															
			上偏差 ES															
N		P~ZC	P	R	S	T	U	V	X	Y	Z	ZA	ZB			Δ		
≤8	>8	≤7					>7							3	4	5	6	7	8
−4	−4		−6	−10	−14	—	−18	—	−20	—	−26	−32	−40	−60					
−8+Δ	0		−12	−15	−19	—	−23	—	−28	—	−35	−42	−50	−80	1	1.5	1	3	4	6
−10+Δ	0		−15	−19	−23	—	−28	—	−34	—	−42	−52	−67	−97	1	1.5	2	3	6	7
−12+Δ	0		−18	−23	−28	—	−33	−39	−40 / −45	—	−50 / −60	−64 / −77	−90 / −108	−130 / −150	1	2	3	3	7	9
−15+Δ	0		−22	−28	−35	— / −41	−41 / −48	−47 / −55	−54 / −64	−65 / −75	−73 / −88	−98 / −118	−136 / −160	−188 / −218	1.5	2	3	4	8	12
−17+Δ	0	在大于7级的相应数值上增加一个Δ值	−26	−34 / −43	−43 / −54	−48 / −70	−60 / −81	−68 / −95	−80 / −114	−94 / −136	−112 / −180	−148 / −242	−200 / −325	−274	1.5	3	4	5	9	14
−20+Δ	0		−32	−41 / −43	−53 / −59	−66 / −75	−87 / −102	−102 / −120	−122 / −146	−144 / −174	−172 / −210	−226 / −274	−300 / −360	−400 / −480	2	3	5	6	11	16
−23+Δ	0		−37	−51 / −54	−71 / −79	−91 / −104	−124 / −144	−146 / −172	−178 / −210	−214 / −254	−285 / −310	−335 / −400	−445 / −525	−585 / −690	2	4	5	7	13	19
−27+Δ	0		−43	−63 / −65 / −68	−92 / −100 / −108	−122 / −134 / −146	−170 / −190 / −210	−202 / −228 / −252	−248 / −280 / −310	−300 / −340 / −380	−365 / −415 / −465	−470 / −535 / −600	−620 / −700 / −780	−800 / −900 / −1000	3	4	6	7	15	23
−31+Δ	0		−50	−77 / −80 / −84	−122 / −130 / −140	−166 / −180 / −196	−236 / −258 / −284	−284 / −310 / −340	−350 / −385 / −425	−425 / −470 / −520	−520 / −575 / −640	−670 / −740 / −820	−880 / −960 / −1050	−1150 / −1250 / −1350	3	4	6	9	17	26
−34+Δ	0		−56	−94 / −98	−158 / −170	−218 / −240	−315 / −350	−385 / −425	−475 / −525	−580 / −650	−710 / −790	−920 / −1000	−1200 / −1300	−1550 / −1700	4	4	7	9	20	29
−37+Δ	0		−62	−108 / −114	−190 / −208	−268 / −294	−390 / −435	−475 / −530	−590 / −660	−730 / −820	−900 / −1000	−1150 / −1300	−1500 / −1650	−1900 / −2100	4	5	7	11	21	32
−40+Δ	0		−68	−126 / −132	−232 / −252	−330 / −360	−490 / −540	−595 / −660	−740 / −820	−920 / −1000	−1100 / −1250	−1450 / −1600	−1850 / −2100	−2400 / −2600	5	5	7	13	23	34

例 2-7 确定 $\phi 25H8/p8$，$\phi 25P8/h8$ 孔与轴的极限偏差(要求用查表法确定)。

解：由表 2-4 查得 $IT8 = 33\mu m$

孔 H8 的下偏差 ES 为 0，上偏差为

$$ES = EI + IT8 = (0+33)\mu m = +33\mu m$$

轴 p8 的基本偏差为下偏差 ei，由表 2-6 查得

$$ei = +22\mu m$$

所以 p8 的上偏差为

$$es = ei + IT8 = (+22+33)\mu m = +55\mu m$$

孔 P8 的基本偏差为上偏差 ES，由表 2-7 查得

$$ES = -22\mu m$$

所以孔 P8 的下偏差 EI 为

$$EI = ES - IT8 = (-22-33)\mu m = -55\mu m$$

轴 h8 的上偏差为 0，下偏差为

$$ei = es - IT8 = (0-33)\mu m = -33\mu m$$

由此得 $\phi 25H8 = \phi 25_{0}^{+0.033}$，$\phi 25p8 = \phi 25_{+0.022}^{+0.055}$

$\phi 25P8 = \phi 25_{-0.055}^{-0.022}$，$\phi 25h8 = \phi 25_{-0.033}^{0}$

两对孔、轴配合的公差带如图 2-16(b)所示，从图中看出，配合性质相同。

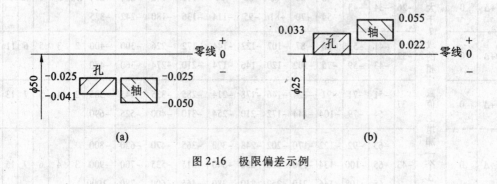

图 2-16 极限偏差示例

§2.4 公差与配合的标准化

根据国家标准提供的 20 个等级的标准公差及 28 种基本偏差代号，可组成公差带孔有 543 种、轴有 544 种，由孔和轴的公差带又可组成大量的配合。如此多的公差带与配合全部使用显然是不经济的。为了减少定值刀具、量具和工艺装备的品种及规格，对公差带和配合选用应加以限制。

在常用尺寸段，国际标准了一般、常用和优先孔公差带 105 种（见图 2-17），轴公差带 119 种（见图 2-18）。其中圆圈内的（孔、轴各 13 种）为优先选用公差带，方框内的（孔 44 种，轴 59 种）为常用公差带，其他为一般用途公差带。

在精度设计中，应该依次按照优先、常用和一般用途公差带的顺序，组成要求的配合。仅在特殊情况下，当一般公差带仍不能满足要求时，才可以根据标准规定的标准公差和基本偏差组成所需要的新的公差带和配合。

国标在规定孔、轴公差带选用的基础上，还规定了孔、轴公差带的组合。基孔制配合

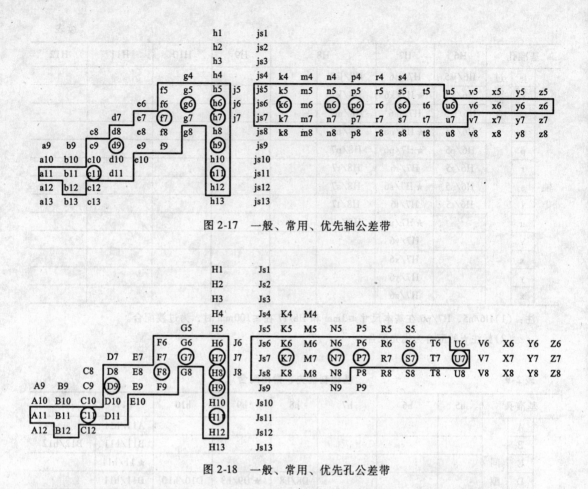

图 2-17　一般、常用、优先轴公差带

图 2-18　一般、常用、优先孔公差带

中常用配合 59 种，如表 2-8 所示，其中注有黑★符号的 13 种为优先配合；基轴制配合中常用配合 47 种，如表 2-9 所示，其中注有黑★符号的 13 种为优先配合。

表 2-8 中，当轴的公差小于或等于 IT7 时，是与低一级的基准孔相配合；大于或等于 IT8 时，与同级基准孔相配合。表 2-9 中，当孔的标准公差小于 IT8 或少数等于 IT8 时，是与高一级的基准轴相配合，其余是与同级基准轴相配合。

表 2-8　　　　　　　　　　　　　基孔制优先、常用配合

基准孔		H6	H7	H8	H9	H10	H11	H12
轴	a						H11/a11	
	b						H11/b11	H12/b12
	c	间隙配合				H9/c9	H10/c10	★H11/c11	
	d				H8/d8	★H9/d9	H10/d10	H11/d11	
	e				H8/e7	H8/e8	H9/e9			
	f		H6/f5	H7/f6	★H8/f7	H8/f8	H9/f9		
	g		H6/g5	★H7/g6	H8/g7				
	h		H6/h5	★H7/h6	★H8/h7	H8/h8	★H9/h9	H10/h10	★H11/h11	H12/h12

续表

基准孔			H6	H7	H8	H9	H10	H11	H12
轴	js	过渡配合	H6/js5	H7/js6	H8/js7				
	k		H6/k5	★H7/k6	H8/k7				
	m		H6/m5	H7/m6	H8/m7				
	n		H6/n5	★H7/n6	H8/n7				
	p		H6/p5	★H7/p6	H8/p7				
	r		H6/r5	H7/r6	H8/r7				
	s		H6/s5	★H7/s6	H8/s7				
	t		H6/t5	H7/t6	H8/t7				
	u			★H7/u6	H8/u7				
	v			H7/v6					
	x			H7/x6					
	y			H7/y6					
	z			H7/z6					

注：(1) H6/n5、H7/p6 在基本尺寸≤3mm 和 H8/r7 在≤100mm 时，为过渡配合。
(2) 标注★的配合为优先配合。

表 2-9　　基轴制优先、常用配合

基准孔			h5	h6	h7	h8	h9	h10	h11	h12
轴	A	间隙配合							A11/h11	
	B								B11/h11	B12/h12
	C								★11/h11	
	D					D8/h8	★D9/h9	D10/h10	D11/h11	
	E				E8/h7	E8/h8	E9/h9			
	F		F6/h5	F7/h6	★F8/h7	F8/h8	F9/h9			
	G		G6/h5	★G7/h6						
	H		H6/h5	★H7/h6	★H8/h7	H8/h8	★H9/h9	H10/h10	★11/h11	H12/h12
	Js	过渡配合	Js6/h5	Js7/h6	Js8/h7					
	K		K6/h5	★K7/h6	K8/h7					
	M		M6/h5	M7/h6	M8/h7					
	N		N6/h5	★N7/h6	N8/h7					
	P		P6/h5	★P7/h6						
	R		R6/h5	R7/h6						
	S		S6/h5	★S7/h6						
	T		T6/h5	T7/h6						
	U			★U7/h6						
	V									
	X									
	Y									
	Z									

注：标注★的配合为优先配合。

§2.5 公差与配合的选用

公差与配合的选择是机械设计中的一项重要工作。合理地选择,不但有利于产品质量的提高,而且还有利于生产成本的降低。

在设计工作中,公差与配合的选用主要包括基准制选择、公差等级确定和配合选择。

2.5.1 基准配合制的选用

选用基准配合制时,应从零件的结果、工艺、经济几方面来综合考虑,权衡利弊。

一般情况下,设计时应优先选用基孔制配合。因为孔通常用定值刀具(如钻头、铰刀、拉刀等)加工,用极限量规检验,所以采用基孔制配合。可减少孔公差带的数量,大大减少用定值刀具和极限量规的规格和数量,显然是经济合理的。

特别情况下,例如:

(1)在同一基本尺寸的轴上装配几个不同配合的零件时,采用基轴制。

如图 2-19(a)所示为活塞销 1 与连杆 3 及活塞 2 的配合。根据要求,活塞销与活塞应为过渡配合,而活塞销与连杆之间有相对运动,应为间隙配合。

如果三段配合均选基孔制,则应为 φ30H6/m5,φ30H6/h5 和 φ30H6/m5,公差带图如图 2-19(b)所示,此时必须将轴做成台阶轴才能满足各部分配合要求。这样做既不便于加工,又不利于装配。如果改用基轴制,则三段的配合可改为 φ30H6/m5,φ30H6/h5,φ30M6/h5,其公差带如图 2-19(c)所示,将活塞销做成光轴,既方便加工又利于装配。

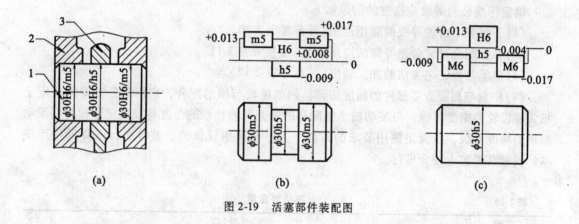

图 2-19 活塞部件装配图

(2)与标准件配合。

当设计的零件与标准件相配合时,基准制的选择应以标准件决定。例如与滚动轴承(标准件)内圈相配合的轴应选用基孔制,而与滚动轴承外圆配合的孔则应选择基轴制。

(3)精度不高且需经常装拆的情况允许采用非基准制。

如滚动轴承端盖凸缘与箱体外壳孔的配合,轴上用于轴向定位的隔套与轴的配合采用非基准制,如图 2-20 所示,这样一来可以先确定重要的配合制度,后确定精度不高的配合制度。

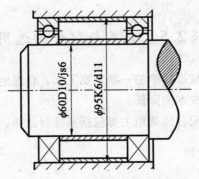

图 2-20 基准配合选择示例

2.5.2 公差等级的选用

公差等级的选择是一项重要且困难的工作,因为公差等级的高低直接影响产品使用性能和加工的经济性。公差等级过低,产品质量得不到保证;公差等级过高,将使制造成本增加。所以,必须正确合理地选用标准公差等级。

选用公差等级的基本原则是:在满足使用要求的前提下,尽量选取低的公差等级。另外在确定孔和轴的公差等级的关系时,要考虑孔和轴的工艺等价性,即对于基本尺寸≤500mm 的较高等级的配合,由于孔比同级轴加工困难,当标准公差≤IT8 时,国家标准推荐孔比轴加工难,当标准公差>IT8 级或基本尺寸>500mm 的配合,由于孔的测量精度比轴容易保证,推荐采用同级孔、轴配合。

确定标准公差等级应注意的问题如下:

(1)了解各个公差等级的应用范围(可参考表 2-10)。

(2)掌握配合尺寸公差等级的应用情况(可参考表 2-11)。

(3)熟悉各种工艺方法的加工精度(可参考表 2-12)。

(4)注意与相配合零部件的精度协调。例如齿轮与轴的配合,它们的公差等级决定于相关件齿轮的精度等级,与滚动轴承相配合的外壳孔和轴颈的公差等级决定于相配件滚动轴承的精度等级。在满足使用要求的前提下,尽量采用较低的公差等级,以降低生产成本。同时在工艺上较为可行。

表 2-10 公差等级的应用

应用	公差等级(IT)																		
	01	0	1	2	3	4	5	6	7	8	9	10	11	12	13	14	15	16	17	18
块规	√	√	√																	
量规			√	√	√	√	√	√	√											
配合尺寸							√	√	√	√	√	√	√	√						
特别精密零件的配合				√	√	√														
非配合尺寸(较大制造公差)														√	√	√	√	√	√
原材料公差									√	√	√	√	√	√						

2.5.3 配合的选用

表 2-11 配合尺寸公差等级的应用

公差等级	IT5	IT6(轴)IT7(孔)	IT8、IT9	IT10～IT12	应用
精密机械	常用	次要处			仪器、航空机械
一般机械	重要处	常用	次要处		机床、汽车制造
非精密机械		重要处	常用	次要处	矿山、农业机械

表 2-12 各种加工方法的加工精度

加工方法	公差等级(IT)																			
	01	0	1	2	3	4	5	6	7	8	9	10	11	12	13	14	15	16	17	18
研磨	✓	✓	✓	✓	✓	✓	✓													
珩磨						✓	✓	✓												
圆磨、平磨							✓	✓	✓	✓										
金刚石车、镗							✓	✓	✓											
拉削								✓	✓	✓										
铰孔								✓	✓	✓	✓									
车、镗									✓	✓	✓	✓	✓							
铣									✓	✓	✓	✓	✓							
刨、插												✓	✓	✓	✓					
钻孔												✓	✓	✓	✓					
滚压、挤压												✓								
冲压												✓	✓	✓	✓	✓				
压铸													✓	✓	✓	✓				
粉末冶金成型							✓	✓	✓											
粉末冶金烧结									✓	✓	✓									
气割																	✓	✓	✓	✓
锻造																	✓	✓		

2.5.3 配合的选用

选择配合主要是为了解决结合零件孔与轴在工作中的相互关系，必须根据使用要求来确定配合类别和配合代号，以保证机器的正常工作。

1. 配合类别的选用

标准规定有间隙、过渡和过盈三类配合。在精度设计中选用哪类配合，主要取决于使用要求。

为了充分掌握零件的具体工作条件和使用要求，必须考虑下列问题：工作时结合件的相对位置状态(如运动方向、运动速度、运动精度、停歇时间等)、承受负荷情况、润滑条件、温度变化、配合的重要性、装卸条件以及材料的物理力学性能等。根据具体条件不同，结合件配合的间隙量或过盈量必须相应地改变。

同时了解各种配合的特征和应用，如间隙配合的特征，是具有间隙。它主要用于结合件有相对运动的配合(包括旋转运动和轴向滑动)，也用于一般的定位配合。过盈的特征，是具有过盈。它主要用于结合件没有相对运动的配合。过盈不大时，用键连接传递扭矩；过盈大时，靠孔、轴结合力传递扭矩。前者可以拆卸，后者是不能拆卸的。而过渡配合的特征，是可能具有间隙，也可能具有过盈，但所得到的间隙和过盈量是比较小的，它主要用于定位精确并要求拆卸的相对静止的联结。

2. 配合代号的确定

配合代号的确定就是在确定配合制度和标准公差等级后，根据使用要求确定与基准件配合的轴或孔的基本偏差代号。

各种基本偏差的应用实例说明见表 2-13。各种配合类别的适用范围见表 2-14。注意，尽量使用国标中规定的配合。

表 2-13　　　　　　　　各种基本偏差的应用说明

配合	基本偏差	特 性 及 应 用
间隙配合	a、b	可得到特别大的间隙，应用很少
	c	可得到很大的间隙，一般适用于缓慢、松弛的动配合。工作条件较差、受力变形或为了便于装配，必须保证有较大的间隙
	d	一般用于 IT7～IT11 级，适用于松的转动配合。也适用于大直径滑动轴承配合，以及一些重型机械的滑动轴承
	e	多用于 IT7～IT9 级，通常用于要求有明显间隙，易于转动的轴承配合，高等级的 e 轴适用于大的、高速、重载支承
	f	多用于 IT6～IT8 级的一般转动配合。当温度不高时，被广泛用于普通润滑油润滑的支承
	g	配合间隙很小，制造成本高，除很轻负荷的精密装置外，不推荐用于转动配合。多用于 IT5～IT7 级，最适合不回转的精密配合滑动配合
	h	多用于 IT4～IT11 级。广泛用于无相对转动的零件，作为一般的定位配合。若没有温度、变形影响，也用于精密滑动配合
过渡配合	js	偏差完全对称，平均间隙较小的配合，多用于 IT4～IT7 级，要求间隙比 h 轴小，并允许略有过盈的定位配合
	k	平均间隙接近于零的配合，适用于 IT4～IT7 级，推荐用于稍有过盈的定位配合。一般用木槌装配
	m	平均过盈较小的配合，适用于 IT4～IT7 级，一般可用木槌装配，但在最大过盈时，要求相当的压入力
	n	平均过盈比 m 稍大，很少得到间隙，适用于 IT4～IT7 级，用锤或压入机装配，通常推荐用于紧密的组件配合。H6/n5 配合时为过盈配合

配合	基本偏差	特 性 及 应 用
过盈配合	p	与 H6 或 H7 配合时是过盈配合，与 H8 孔配合时则为过渡配合。对非铁类零件，为较轻的压入配合，当需要时易于拆卸。对钢、铸铁或铜、钢组件装配是标准压入配合
	r	对铁类零件为中等打入配合，对非铁类零件，为轻打入的配合，当需要时可以拆卸。与 H8 孔配合，直径在 100mm 以上时为过盈配合，直径小时为过渡配合
	s	用于钢和铁制零件的永久性和半永久性装配，可产生相当大的结合力。当用弹性材料，配合性质与铁类零件的 p 轴相当。尺寸较大时，为了避免损伤配合表面，需要热胀或冷缩法装配
	t	过盈较大的配合。对钢和铸铁零件适于作永久性结合，不用键可传递力矩，需用热胀或冷缩法装配
	u	这种配合过盈较大，一般应验算在最大过盈时，工作材料是否损坏，要用热胀或冷缩法装配
	v、x y、z	这些基本偏差所组成配合的过盈量更大，目前使用的经验和资料很少，须经试验后才应用。一般不推荐

表 2-14　　各种配合类别的适用范围

优先配合		说　　明
基孔制	基轴制	
$\dfrac{H11}{c11}$	$\dfrac{C11}{h11}$	间隙非常大，用于很松的、转动很慢的动配合；要求大公差与大间隙的外露组件；要求装配方便的很松的配合
$\dfrac{H9}{d9}$	$\dfrac{D9}{h9}$	间隙很大的自由转动配合，用于精度非主要要求时，或有大的温度变化、高转速或大的轴颈压力时
$\dfrac{H8}{f7}$	$\dfrac{F8}{h7}$	间隙不大的转动配合，用于中等转速与中等轴颈压力的精确转动；也用于装配较易的中等定位配合
$\dfrac{H7}{g6}$	$\dfrac{G7}{h6}$	间隙很小的滑动配合，用于不希望自由转动，但可自由移动和滑动并精密定位的配合；也可用于要求明确的定位配合
$\dfrac{H7}{h6}$ $\dfrac{H8}{h7}$ $\dfrac{H9}{h9}$ $\dfrac{H11}{h11}$	$\dfrac{H7}{h6}$ $\dfrac{H8}{h7}$ $\dfrac{H9}{h9}$ $\dfrac{H11}{h11}$	均为间隙定位配合，零件可自由装拆，而工作时一般相对静止不动，最大实体条件下的间隙为零，最小实体条件下的间隙由公差等级决定

优先配合		说明
基孔制	基轴制	
$\dfrac{H7}{k6}$	$\dfrac{K7}{h6}$	过渡配合,用于精密定位
$\dfrac{H7}{n6}$	$\dfrac{N7}{h6}$	过渡配合,允许有较大过盈的更精密的定位
$\dfrac{H7}{p6}$	$\dfrac{P7}{h6}$	过盈定位配合,即小的过盈配合,用于定位精度特别重要时,能以最好的定位精度达到部件的刚性及对中性的要求,而对内孔承受压力无特殊要求,不依靠配合的紧固性传递摩擦负荷
$\dfrac{H7}{s6}$	$\dfrac{S7}{h6}$	中等压入配合,适用于一般钢件;或用于薄壁件的冷缩配合,用于铸铁件可得到最紧的配合
$\dfrac{H7}{u6}$	$\dfrac{U7}{h6}$	压入配合,适用于可以承受高压入力的零件,或不宜承受大压入力的冷缩配合

思考题与习题 2

2-1 已知一孔、轴配合,图样上标注为孔 $\phi 50^{+0.039}_{0}$,轴 $\phi 50^{+0.002}_{-0.023}$,试计算:(1)孔、轴的极限尺寸,并画出此配合的公差带图;(2)配合的极限间隙或极限过盈,并判断配合性质。

2-2 图 2-21 所示为发动机曲轴轴颈局部装配图,要求工作间隙在 0.090~0.018mm 之间,试选择轴颈与轴承的配合。

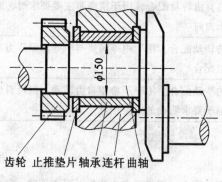

齿轮 止推垫片 轴承 连杆 曲轴

图 2-21 习题 2-2 附图

2-3 已知孔、轴配合,公称尺寸为 $\phi 25$mm,极限间隙 $X_{max} = +0.086$mm,$X_{min} = +0.020$mm,试确定孔、轴的公差等级并分别按基孔制和基轴制选择适当的配合。

2-4 计算出表 2-15 中空格处数值,并按规定填写在表中。

表 2-15　习题 2-4 附表　　　　　　　　　　　　　　　　　　　mm

公称尺寸	最大极限尺寸	最小极限尺寸	上极限偏差	下极限偏差	公差	尺寸标注
孔 ϕ30	30.053	30.020				
轴 ϕ60				-0.030	0.030	
孔 ϕ80	80.009				0.030	
轴 ϕ100			-0.036	-0.071		
孔 ϕ300		300.017	+0.098			
轴 ϕ500						$\phi 500^{-0.020}_{-0.420}$

2-5　如表 2-16 所示的各公称尺寸相同的孔、轴形成配合，根据已知数据计算出其他数据，并将其填入空格内。

表 2-16　习题 2-5 附表　　　　　　　　　　　　　　　　　　　mm

公称尺寸	孔			轴			X_{max} 或 Y_{min}	X_{min} 或 Y_{max}	X_{av} 或 Y_{av}	T_f
	ES	EI	T_h	es	ei	T_s				
ϕ45		0				0.025	+0.089		+0.057	
ϕ80		0				0.010		-0.021	+0.0035	
ϕ180			0.025	0				-0.068		0.065

2-6　使用标准公差和基本偏差表，查出下列公差带的上、下极限偏差。
1) ϕ45e9　　2) ϕ100k6　　3) ϕ120p7　　4) ϕ200h11
5) ϕ50u7　　6) ϕ80m6　　7) ϕ140C10　　8) ϕ250J6
9) ϕ30JS6　　10) ϕ400M8　　11) ϕ1500N7　　12) ϕ30Z6

2-7　说明下列配合符号所表示的配合制，公差等级和配合类别（间隙配合、过渡配合或过盈配合），并查表计算其极限间隙或极限过盈，画出其尺寸公差带图。
1) ϕ120H7/g6 和 ϕ120G7/h6；　　2) ϕ40K7/h6 和 ϕ40H7/k6；
3) ϕ15JS8/g7；　　4) ϕ50S8/h8。

2-8　设有一公称尺寸为 ϕ180mm 的孔、轴配合，经分析和计算确定其最大间隙应为 +0.035mm，最大过盈为 -0.030mm；若已决定采用基孔制，试确定此配合的配合代号，并画出其尺寸公差带图。

2-9　设有公称尺寸为 ϕ120mm 的孔、轴形成过盈配合以传递扭矩。经计算，为保证连接可靠，其过盈不得小于 0.055mm；为保证装配时不超过材料的强度极限，其过盈不得大于 0.112mm。若已决定采用基轴制，试确定此配合的孔、轴公差带代号，并画出其尺寸公差带图。

2-10　某公称尺寸 ϕ1600mm 的孔、轴配合，要求间隙在 +0.105～+0.385mm 之间，单件生产，采用配制配合。(1)确定先加工件和配制件的极限尺寸，并在图 2-22 上进行标

注：(2)设先加工件的实际尺寸经测量为 $\phi 1600.180$ mm，求出配制件轴以孔的实际尺寸为零线的公差带代号，并画出此配制配合的孔、轴公差带示意图。

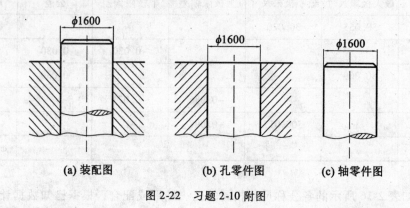

(a) 装配图　　　　(b) 孔零件图　　　　(c) 轴零件图

图 2-22　习题 2-10 附图

第3章 测量技术基础

§3.1 概　述

3.1.1 技术测量的概念

要使零、部件具有互换性,必须按标准正确设计它们的技术参数公差,如长度、角度公差和表面粗糙度等等。零、部件加工后是否达到设计规定的要求,还需通过测量来验证。测量结果的精确度与否直接影响零、部件的互换性,因此,在互换性生产中,测量十分重要,它是保证零、部件具有互换性不可缺少的措施的手段。

在机械制造业所说的技术测量或精密测量主要是指几何参数的测量,包括长度、角度、表面粗糙度和形位误差等的测量。

任何一个测量过程都包括以下几个要素:

(1)被测对象。本课程主要指几何量,即长度,包括角度,表面粗糙度,形状和位置误差以及螺纹、齿轮的各个几何参数等。

(2)计量单位。它是表示测量单位的标准量。

我国于1984年2月27日由国务院颁发了《关于在我国统一实行法定计量单位的命令》,在采用国际单位制的基础上,规定我国计量单位一律采用《中华人民共和国法定计量单位》。在几何测量中,长度单位是米(m),其他常用单位有毫米($1mm = 10^{-3}m$)、微米($1\mu m = 10^{-3}mm$)和纳米($1nm = 10^{-3}\mu m$);角度单位是弧度(rad),其他常用单位还有度(°)、分(′)和秒(″)。

(3)测量方法。是指在测量时所采用的测量原理、计量器具和测量条件的综合。根据被测对象的特点,如精度、大小、轻重、材质、数量等,来确定所用的计量器具;分析研究被测参数的特点和它与其他参数的关系,确定最合适的测量方法,以及测量的主客观条件,如环境、温度等。

(4)测量精度。是指测量结果与直接的一致程度。

由于任何测量过程总不可避免地会出现或大或小的测量误差,误差大说明测量结果离真值远、精度低,因此不知道精度的测量结果是没有意义的。对于每一测量过程的测量结果都应给出一定的测量精度。测量精度和测量误差是两个相对的概念。由于存在测量误差,任何测量结果都是以一近似值来表示,也就是说测量结果的可靠有效值是由测量误差决定的。

(5)测量条件。它是指被测对象和计量器具所处的环境条件,如温度、湿度、振动和灰尘等。测量时标准温度为20℃。一般计量室的温度控制在20℃±(2~0.5)℃,精密计量室的温度控制在 20℃±(0.05~0.03)℃，且尽可能使被测对象与计量器具在相同温度下进行测量。计量室的相对湿度以 50%~60% 为宜，还应远离振动源、清洁度要高等。

3.1.2 长度计量单位及量值传递

《量和单位》(GB 3100~3102—1993)中，规定长度的基本单位为米(m)。在几何精度与检测中，常用单位有毫米(mm)和微米(μm)，$1m = 10^3 mm$，$1mm = 10^3 \mu m$。在超高精度测量中，采用纳米(nm)为单位，$1\mu m = 10^3 nm$。

1983 年第 17 届国际计量大会对米的最新定义为："米是光在真空中 1/299792458s 的时间内所经过的距离。"而在实际应用中，我们对各种测量尺寸不可能都按"米"的定义去测量，而是要用各种计量器具。这些计量器具都具有一定的测量精度，并与长度基准保持一定的传递关系。既是所谓量值传递。它是将国家基准所复现的计量单位的量值，通过标准器件逐级传递到工作用的计量器具和被测对象，这是保证量值统一和准确一致所必需的，而量值传递中尤以量块传递系统应用最广。

长度量值的传递系统如图 3-1 所示。

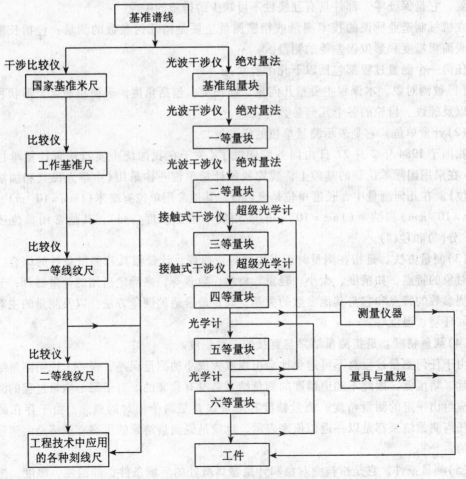

图 3-1 长度量值的传递系统

角度也是机械制造业中的重要几何量之一。由于一个圆周定义为360°,因此角度不需要与长度一样再建立一个自然基准,但是在计量部门,为了工作方便,仍用多面体(棱形块)或分度盘作为角度量的基准。

目前生产的多面棱体有4,6,8,12,24,36以及72面体。图3-2为八面棱体,在该棱体的任一横切面上,其相邻两面法线间的夹角为45°的角度($n=1,2,3,\cdots$)。

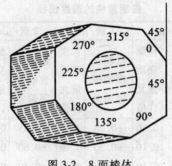

图3-2 8面棱体

3.1.3 量块的基本知识

1. 量块的材料、形状和尺寸

量块又名平面平行端规。它除了作为量值传递的媒介之外,还广泛用于计量器具的校准与检定,以及精密机床与设备的调整和精密工件的检测等。

量块用铬锰钢等特殊合金钢或线膨胀系数小、性质稳定、耐磨以及不易变形的其他材料制成。有长方体与圆柱体两种形状(见图3-3(a),(b))。两测量面之间的距离为其工作尺寸(标称尺寸),此尺寸非常准确。

量块的标称尺寸 $L<6$mm 时,刻有数字的表面为上测量面;量块的标称尺寸 $L\geqslant 6$mm 时,刻有数字表面的右侧面为上测量面(见图3-4)。

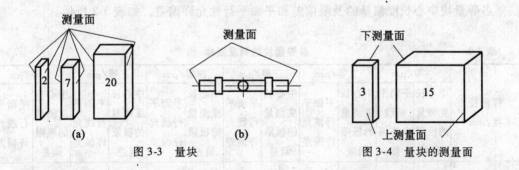

图3-3 量块   图3-4 量块的测量面

2. 量块的精度

量块的精度虽高,但其测量面亦非理想平面,且两测量面也并不绝对平行。

为了满足各种不同的应有场合,GB/T 6093—2001《几何量技术规范(GPS)长度标准量块》对量块规定了若干精度等级。

量块主要依据量块长度的制造极限偏差和长度变动量的允许值，按其制造精度规定了五级：00，0，1，2 和 3。其中 00 级最高，精度依次降低，3 级最低，K 级为校准级。

量块长度的极限偏差是指量块中心长度与标称长度之间允许的最大误差；量块长度变动量是指量块的最大量块长度与最小量块长度之差。

各级量块长度的极限偏差和量块长度变动量允许值，如表 3-1 所示。

表 3-1　　　　　　　　　　各级量块的精度指标

标称长度/mm	00 级/μm		0 级/μm		1 级/μm		2 级/μm		3 级/μm		校准级 K/μm	
	量块长度的极限偏差	长度变动量允许值	量块长度的极限偏差	长度变动量允许值	量块长度的极限偏差	长度变动量允许值	量块长度的极限偏差	长度变动量允许值	量块长度的极限偏差	长度变动量允许值	量块长度的极限偏差	长度变动量允许值
~10	±0.06	0.05	±0.12	0.10	±0.20	0.16	±0.45	0.30	±1.0	0.50	±0.20	0.05
>10~25	±0.07	0.05	±0.14	0.10	±0.30	0.16	±0.60	0.30	±1.2	0.50	±0.30	0.05
>25~50	±0.10	0.06	±0.20	0.10	±0.40	0.18	±0.80	0.30	±1.6	0.55	±0.40	0.06
>50~75	±0.12	0.06	±0.25	0.12	±0.50	0.18	±1.00	0.35	±2.0	0.55	±0.50	0.06
>75~100	±0.14	0.07	±0.30	0.12	±0.60	0.20	±1.20	0.35	±2.5	0.60	±0.60	0.07
>100~150	±0.20	0.08	±0.40	0.14	±0.80	0.20	±1.60	0.40	±3.0	0.65	±0.80	0.08

制造高精度量块的工艺要求高、成本也高，而且即使制造成高精度量块，在使用一段时间后，也会因磨损而引起尺寸减小。所以按"级"使用量块（即以标称长度为准），必然要引入量块本身的制造误差和磨损引起的误差。因此，需要定期检定出全套量块的实际尺寸，再按检定的实际尺寸来使用量块，这样比按标称尺寸使用量块的准确度高。所以标准又规定了量块按其检定精度分为 6 等，其中 1 等精度最高，6 等精度最低。"等"主要是根据量块中心长度测量的极限偏差和平面平行性允许偏差并来划分的。

量块的平面平行性允许偏差，是指量块上任一点的量块长度与量块中心长度所容许的最大误差。

各等量块中心长度测量的及限偏差和平面平行性允许偏差，如表 3-2 所示。

表 3-2　　　　　　　　　　各等量块的精度指标

标称长度/mm	一等/μm		二等/μm		三等/μm		四等/μm		五等/μm		六等/μm	
	中心长度测量的极限偏差	平面平行线允许偏差	中心长度测量的极限偏差	平面平行线允许偏差	中心长度测量的极限偏差	平面平行线允许偏差	中心长度测量的极限偏差	平面平行线允许偏差	中心长度测量的极限偏差	平面平行线允许偏差	中心长度测量的极限偏差	平面平行线允许偏差
~10	±0.05	0.10	±0.07	0.10	±0.10	0.20	±0.20	0.20	±0.5	0.4	±1.0	0.4
>10~18	±0.06	0.10	±0.08	0.10	±0.15	0.20	±0.25	0.20	±0.6	0.4	±1.0	0.4
>18~35	±0.06	0.10	±0.09	0.10	±0.15	0.20	±0.30	0.20	±0.6	0.4	±1.0	0.4
>30~50	±0.07	0.12	±0.10	0.12	±0.18	0.25	±0.35	0.25	±0.7	0.4	±1.5	0.5
>50~80	±0.08	0.12	±0.12	0.12	±0.25	0.25	±0.45	0.25	±0.8	0.6	±1.5	0.5

量块按"级"使用时,应以量块上刻印的数字,即标称尺寸为其工作尺寸,使用中忽略了量块尺寸的制造误差及使用过程中的磨损误差。量块按"等"使用时,应以量块通过计量部门检定后所得量块中心长度为其工作尺寸,即量块检定证书上注明的实际尺寸,使用中忽略的只是检定量块实际尺寸时较小的测量误差。所以量块按"等"使用比按"级"使用的测量精度高。

应当指出,按"等"使用量块,除增加检定费用外,由于要以实际检定结果作为工作尺寸,使用上也有不利之处。此外,受到测量面平行度的限制,并不是任何"级"的量块都可以检定成任何"等"的量块。但是,按"等"使用量块,不仅能提高测量精度,还能延长其使用期限。

3. 量块的应用

量块的基本特性除了稳定性、准确性外,还有一个重要特性——黏合性。由于量块的两个测量面十分光洁和平整,如果将一量块的工作表面沿着另一量块的工作表面滑动时,用手稍加压力,两量块便能粘在一起。

量块定尺寸量具,一个量块只有一个尺寸,为了满足一定尺寸范围的不同要求,量块可以利用黏合性组合使用。

在使用量块时,为了减少量块的组合误差,应尽量减少量块的组合块数,一般不超过4~5块。

根据 GB/T 6093—2001 的规定,我国成套生产的量块有 91 块、83 块、46 块、38 块等 17 种套别。

表 3-3 所列为 83 块和 91 块一套的量块尺寸系列。

表 3-3　　　　成套量块尺寸表

83 块/套			91 块/套		
公称尺寸系列/mm	尺寸间隔/mm	块数	公称尺寸系列/mm	尺寸间隔/mm	块数
0.5	—	1	0.5	—	1
1	—	1	1	—	1
1.005	—	1	1.001, 1.002~1.009	0.001	9
1.01~1.49	0.01	49	1.01, 1.02~1.49	0.01	49
1.5~1.9	0.1	5	1.5, 1.6~1.9	0.1	5
2.0~9.5	0.5	16	2.0, 2.5~9.5	0.5	16
			10, 20~100	10	10

§3.2　测量方法和计量器具

3.2.1　测量方法的分类

测量方法可以按不同的特征分类。

1. 按获得结果的方式分类

(1) 直接测量。指无需计算而直接得到被测量值的测量。如用游标卡尺、千分尺测量零件的直径。

(2) 间接测量。指首先测量与被测量之间有一定函数关系的其他几何量，然后按函数关系计算，求得被测量值的测量。例如，欲测图 3-5 所示非整圆工件的直径，需先测出弦长 b 和其他相应的弓高 h，按 $D = \dfrac{b^2}{4h} + h$ 即可计算出半径 R。

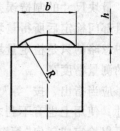

图 3-5　间接测量示例

为了减小测量误差，一般都采用直接测量，必要时才采用间接测量。

2. 按比较的方式分类

(1) 绝对测量。测量时从计量器具上直接得到被测参数的整个量值。例如用游标卡尺测量小工件尺寸。

(2) 相对测量。在计量器具的读数装置上读得的是被测之量对于标准量的偏差值。

例如在比较仪上测量轴径 x（见图 3-6）。先用量块（标准量）x_0 调整零位，实测后获得的示值 Δx 就是轴径相对于量块（标准量）的偏差值，实际轴径 $x = x_0 + \Delta x$。一般说来，相对测量比绝对测量的测量精度高。

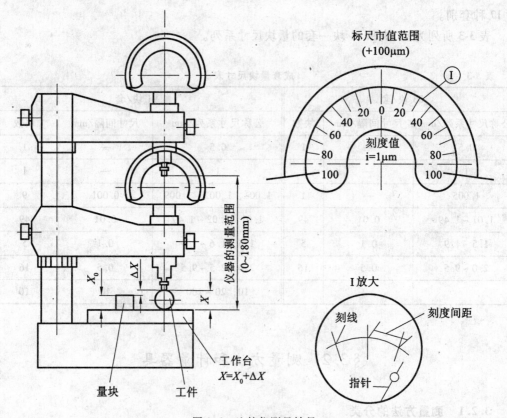

图 3-6　比较仪测量轴径

3. 按被测工件表面与计量器具测头是否有机械接触分类

(1) 接触测量。计量器具测头与工件被测表面直接接触,并有机械作用的测量力,如用千分尺、游标卡尺测量工件。为了保证接触的可靠性,测量力是必要的,但它可能使计量器具或工件产生变形,从而造成测量误差。尤其在绝对测量时,对于软金属或薄结构易变形工件,接触测量可能因变形造成较大的测量误差或划伤工件表面。

(2) 非接触测量。计量器具的敏感元件与被测工件表面不直接接触,没有机械作用的测量力。此时可利用光、气、电、磁等物理量关系使测量装置的敏感元件与被测工件表面联系,例如用干涉显微镜、磁力测厚仪、气动量仪等的测量。

4. 按同时被测几何量参数的数目分类

(1) 单项测量。指对工件上的每个几何量分别进行测量。如用工具显微镜分别测量螺纹的螺距和牙型半角,并分别判断它们各自的合格性。

(2) 综合测量。指测得零件上几个有关参数的综合结果,从而综合地判断零件是否合格。如用螺纹量规检验螺纹零件,用齿轮单啮仪测量齿轮的切向综合误差等。

单项测量比综合测量的效率低,但单项测量便于进行工艺分析。综合测量反映误差较为客观,用于测量效率要求较高的场合。

5. 按照对机械制造工艺过程所起作用分类

(1) 主动测量。零件在加工过程中进行的测量。测量结果直接用来控制零件的加工过程,决定是否继续加工或需调整工艺系统,因此能预防废品产生。

(2) 被动测量。零件加工后进行的测量。被动测量的测量结果仅限于发现并剔出废品。

由于主动测量具有一系列优点,因此是测量技术的重要发展方向之一。主动测量的推行将使测量技术和加工工艺最紧密地结合起来,从根本上改变测量技术的被动局面。

6. 按被测工件在测量时所处状态分类

(1) 静态测量。测量时被测零件表面与计量器具测头处于静止状态。例如,用齿距仪测量齿轮齿距,用工具显微镜测量丝杠螺距等。

(2) 动态测量。测量时被测零件表面与计量器具测头处于相对运动状态。或测量过程是模拟零件在工作或加工时的运动状态,它能反映生产过程中被测参数的变化过程。

在动态测量中,往往有振动等现象,故对测量仪器有特殊要求。例如,要消除振动对测量结果的影响,测头与被测零件表面的接触要安全、可靠、耐磨,对测量信息的反应要灵敏等。因此,在静态测量中使用情况良好的仪器,在动态测量中,不一定能得到满意结果,有时往往不能应用。

以上测量方法分类是从不同角度考虑的。对于一个具体的测量过程,可能兼有几种测量方法的特征,例如,在内圆磨床上用两点式测头进行检测,属于主动测量、直接测量、接触测量和相对测量等。测量方法的选择应考虑零件结构特点、精度要求、生产批量、技术条件及经济效果等。

3.2.2 计量器具的分类

计量器具是测量仪器和测量工具的总称。通常把没有传动放大系统的计量器具称为量具,如游标卡尺、90°角尺和量规等;把具有传动放大系统的计量器具称为量仪,如机械比较仪、测长仪和投影仪等。

计量器具可按其测量原理、结构特点及用途等分为以下四类：

1. 标准量具

标准量具是指以固定形式复现量值的测量工具。包括单值量具和多值量具两种。单值量具是复现单一量值的量具，如量块、角度块等。多值量具是指复现一定范围内的一系列不同量值的量具，如线纹尺等。标准量具通常用来校对和调整其他计量器具或作为标准用来进行比较测量。

2. 计量仪器

计量仪器（量仪）是指能将被测的量值，转换成可直接观察的指示值或等效信息的计量器具。计量仪器根据构造上的特点还可分为以下几种：

(1) 游标式计量仪器。如游标卡尺、游标高度尺等。

(2) 螺旋副式计量仪器。如外径千分尺、内径千分尺等。

(3) 机械式计量仪器。如百分表、千分表、杠杆比较仪、扭簧比较仪等。

(4) 光学机械式计量仪器。如光学比较仪、测长仪、投影仪、干涉仪等。

(5) 电动式计量仪器。如电感比较仪、电容比较仪、电动轮廓仪等。

(6) 气动式计量仪器。如压力式气动量仪、流量计式气动量仪等。

3. 量规

量规是指没有刻度的专用计量器具，用以检验零件要素的实际尺寸和形位误差的综合结果。检验结果只能判断被测几何量合格与否，而不能获得被测几何量的具体数值，如用光滑极限量规、位置量规和螺纹量规等检验工作。

4. 计量装置

计量装置是指为了确定被测几何量量值所必需的计量器具和辅助设备的总体。它能够测量较多的几何量和较复杂的零件，有助于实现检测自动化或半自动化，如连杆、滚动轴承的零件可用计量装置来测量。

3.2.3 计量器具与测量方法的基本度量指标

度量指标是选择和使用计量器具、研究和判断测量方法正确性的依据，是表征计量器具的性能和功能的指标。基本度量指标主要有以下几项：

(1) 刻线间距 c。指计量器具标尺或刻度盘上两相邻刻线中心线间的距离，通常是等距刻线。为了适于人眼观察和读数，刻线间距一般为 $0.75 \sim 2.5$ mm。

(2) 分度值 i。指计量器具标尺上每一刻度间隔所代表的测量数值。如百分表的分度值为 0.01 mm，千分表的分度值为 0.001 mm。

(3) 测量范围。计量器具所能测量的最小值到最大值的范围称为测量范围，图 3-6 所示计量器具的测量范围为 $0 \sim 180$ mm。测量范围的最大、最小值分别称为测量范围的"上限值"、"下限值"。

(4) 示值范围 b。示值范围也称刻度标尺的指示范围，即在计量器具标尺上全部刻线所能代表的被测参数值。例如立式光学比较仪的示值范围为 $\pm 100 \mu m$。

选择计量器具时，对于绝对测量，其示值范围应大于被测零件的尺寸；对于相对测量，其示值范围应大于被测零件的尺寸公差。

(5) 灵敏度 S。指计量器具反映被测几何量微小变化的能力。如果被测参数的变化量为 ΔL，引起计量器具的示值变化量为 Δx，则灵敏度 $S = \Delta x / \Delta L$。当分子分母是同一类量时，灵敏度又称放大比 K，对于均匀刻度的量仪，放大比 $K = c/i$，此式说明，当刻度 c 一定时，放大比 K 愈大，分度值 i 愈小，可以获得更精确的读数。

(6) 示值误差。指计量器具所指示的数值与被测量的真值之差。它主要由计量器具的原理误差、刻度误差和传动机构的制造与调整误差所产生。示值误差的大小可从使用说明书或检定规程中查得，也可通过分析计算或实验统计确定。例如，用杠杆千分尺测薄片厚度，示值为 1.490mm，而薄片实际厚度（相对真值）为 1.485mm，则示值误差为 +0.005mm。

(7) 修正值。指为了消除系统误差，用代数法加到测量结果上的数值，其大小与示值误差的绝对值相等而符号相反。例如，示值误差为 +0.005mm，则修正值为 -0.005mm。修正值一般通过检定来获得。

(8) 回程误差。在相同的测量条件下，当被测量不变时，计量器具沿正、反行程在同一点上测量结果之差的绝对值称为回程误差。回程误差是由计量器具中测量系统的间隙、变形和摩擦等原因引起的。测量时，为了减少回程误差的影响，应按一个方向进行测量。

(9) 不确定度。指由于测量误差的存在，而对被测几何量量值不能肯定的程度。

(10) 迟钝度。指引起计量器具示值可察觉变化的那个被测量的最小变动值。它表示计量器具对被测量微小变化的敏感程度。它是由计量器具的传动元件间的间隙、弹性变形及摩擦阻力等因素引起。在迟钝度范围内，计量器具的放大比为零，因此不能用迟钝度大的计量器具测量精密零件尺寸的微小变动（例如测量跳动等）。

(11) 允许误差。技术规范、规程等对给定计量器具所允许的误差的极限值称为允许误差。

(12) 分辨力。它是计量器具指示装置可以有效辨别所指示的紧密相邻量值的能力的定量表示。一般认为模拟式指示装置其分辨力为标尺间距的一半，数字式指示装置其分辨力为最后一位数的一个字。

(13) 测量力。指测量过程中被测表面承受的测量压力。在接触测量中，测量力可以保证接触可靠，但同时也会引起计量器具和被测零件的变形和磨损。例如百分表的测力在 0.5~1.5N 之间。

§3.3 测量误差及测量精度

3.3.1 测量误差的基本概念

由于测量器具与测量条件的限制或其他因素的影响，任何测量过程总是不可避免地存在测量误差。测量误差是反映测量方法和测试装置或计量仪器精度的定量指标。误差愈小，则精度愈高。

测量误差可用绝对误差表示，也可用相对误差表示。

(1) 绝对误差。绝对误差 Δ 是指被测量的测量值 L 与其真值 L_0 之差，即

$$\Delta = L - L_0 \tag{3-1}$$

(2)相对误差。相对误差 ε 是测量的绝对误差 Δ 与被测量的真值 L_0 之比。实用中以被测几何量的量值 L 代替真值 L_0 进行估算,即

$$\varepsilon = \frac{|\Delta|}{L_0} \approx \frac{|\Delta|}{L} \times 100\% \tag{3-2}$$

测量极限误差越小,测量精确度越高,这一结论只适用于被测尺寸相同或相近的情况。对于被测尺寸相差较大的情况,用相对误差评定测量精确度较为合理。

在长度计量中,相对误差应用较少,通常所说的测量误差,一般是指绝对误差。

3.3.2 测量误差的来源及防止

在实际测量中,产生测量误差的原因很多,主要有以下几个方面。

1. 计量器具误差

计量器具误差是指计量器具本身所具有的误差。它包括计量器具在设计制造和装配调整过程中的各项误差的总和,这些误差的总和反映在示值误差和测量的重复性上。

它产生的原因有如下几种:

(1)设计计量器具时,为简化结构,经常采用近似机构代替理论上所要求的运动机构。或者,设计的计量器具不符合阿贝原则等,都会产生测量误差。

(2)计量器具零件的制造误差和装配调整误差,也会导致测量误差的产生。例如,游标卡尺标尺的刻线不准确、指示表刻度盘与指针的回转轴的安装有偏心等,都会产生测量误差。

(3)相对测量时使用的如量块、线纹尺等的制造误差,也会产生测量误差。

(4)计量器具在使用过程中零件的变形、滑动表面的磨损等会产生测量误差。

2. 测量方法误差

它是指测量时选用的测量方法不完善(包括工件安装不合理、测量方法选择不当、计算公式不准确等)或对被测对象认识不够全面引起的误差。如前述测量大型工件的直径,可以采用直接测量法,也可采用测量弦长和弓高的间接测量法,其测量误差是不相同的。

3. 环境误差

它是指测量时的环境条件不符合标准条件所引起的误差,包括有温度、湿度、气压、振动、灰尘等因素引起的误差。其中温度是主要的,其余因素仅在精密测量时才考虑。例如用光波波长作基准进行绝对测量时,若气压、温度偏离标准状态,则光波波长将发生变化。

测量时,由于被测件与标准件的温度偏离标准温度(20℃)而引起的测量误差,可按式(3-3)计算:

$$\delta = L[a_2(t_2 - 20℃) - a_1(t_1 - 20℃)] \tag{3-3}$$

式中:δ ——测量误差,mm;

L ——被测长度,mm;

a_1 ——标准件的线膨胀系数,$10^{-6}/℃$;

a_2 ——被测零件的线膨胀系数,$10^{-6}/℃$;

t_1 ——标准件温度,℃;

t_2 ——被测零件的温度,℃;

由式(3-3)可知，等温测量(计量器具的温度与被测零件的温度相同 $t_1 \approx t_2$)可以明显减小由于温度引起的测量误差；而恒温测量($t_1 \approx t_2 = 20℃$)对于减小由于温度引起的测量误差有更明显的测量效果，但需一定的恒温设备；此外，所设计的零件材料的线膨胀系数尽可能与计量器具的线膨胀系数相同。

常用材料的线膨胀系数 α 如表3-4所列。

表3-4　　常用材料的线膨胀系数 $\alpha \times 10^{-6}(1/℃)$

材料名称	温度范围								
	20℃	20~100℃	20~200℃	20~300℃	20~400℃	20~600℃	20~700℃	20~900℃	70~1000℃
工程用铜	—	(16.6~17.1)	(17.1~17.2)	17.6	(18~18.1)	18.6	—	—	—
紫铜	—	17.2	17.5	17.9					
黄铜	—	17.8	16.8	20.9					
锡青铜	—	17.6	17.9	18.2					
铝青铜	—	17.6	17.9	19.2					
碳钢	—	(10.6~12.2)	(11.3~13)	(12.1~13.5)	(12.9~13.9)	(13.5~14.3)	(14.7~15)	—	—
铬钢	—	11.2	11.8	12.4	13	13.6	—	—	—
40CrSi	—	11.7	—	—	—	—	—	—	—
30CrMnSiA	—	11	—	—	—	—	—	—	—
3Cr13	—	10.2	11.1	11.6	11.9	12.3	12.8	—	—
1Cr18Ni9Ti	—	16.6	17	17.2	17.5	17.9	18.6	19.3	—
铸铁	—	(8.7~11.1)	(8.5~11.6)	(10.1~12.2)	(11.5~12.7)	(12.9~13.2)	—	—	17.6
镍铬合金	—	14.5	—	—	—	—	—	—	—
砖	9.5	—	—	—	—	—	—	—	—
水泥、混凝土	10~14	—	—	—	—	—	—	—	—
胶木、硬橡皮	64~77	—	—	—	—	—	—	—	—
玻璃	—	(4~11.5)	—	—	—	—	—	—	—
赛璐珞	—	100	—	—	—	—	—	—	—
有机玻璃	—	130	—	—	—	—	—	—	—
铸铝合金	18.44~24.5	—	—	—	—	—	—	—	—
铝合金	—	22.0~24.0	23.4~24.8	24.0~25.9	—	—	—	—	—

例3-1　用千分尺测量一黄铜零件的某一尺寸 $L=100$ mm，若室温(千分尺的温度)为+15℃。零件加工后未经等温即进行测量，测量时零件的温度为+30℃。试计算由温度引起

的测量误差。若测值为 99.991mm，零件的尺寸要求为 $100_{-0.022}^{0}$，问该零件尺寸是否合格？

解：千分尺材料为钢，零件材料为黄铜，由表 3-4 可知，$\alpha_1 = 15.5 \times 10^{-6}/℃$，$\alpha_2 = 18 \times 10^{-6}/℃$，$t_1 = 15℃$，$t_2 = 30℃$，代入式(3-3)，得

$$\delta = 100 \times [18 \times (30 - 20) - 11.5 \times (15 - 20)] \times 10^{-6} \text{mm}$$
$$\approx + 0.024 \text{mm}$$

由于温度引起的测量误差为+0.024mm。对于测量结果进行修正，则相对真值为

$$L_0 = L - \delta = [99.991 - (+ 0.024)] \text{mm} = 99.967 \text{mm}$$

因为 $99.967 \text{mm} < L_{\min} = 99.978 \text{mm}$

所以，该零件尺寸不合格。

若将黄铜零件进行等温测量（$t_1 = t_2 = 15℃$），则测量误差可大为减小。

$$\delta = 100 \times [(18 - 11.5) \times (-5) + 11.5 \times (15 - 15)] \times 10^{-6} \text{mm}$$
$$\approx - 0.003 \text{mm}$$
$$L_0 = L - \delta = [99.991 - (- 0.003)] \text{mm} = 99.994 \text{mm}$$

因为 $99.994 \text{mm} > L_{\min} = 99.978 \text{mm}$

$99.994 \text{mm} < L_{\max} = 100 \text{mm}$

则该零件尺寸合格。

由此可见，经过等温后再测量可以减小因温度引起的测量误差的重要性。

4. 人为误差

人为误差是指测量人员人为引起的误差。例如，测量人员使用计量器具不正确，读取示值的读数误差、瞄准误差和估算误差等。

3.3.3 测量误差的分类

根据测量误差的性质、出现规律和特点，可分为三大类，即系统误差、随机误差和粗大误差。

1. 系统误差

在同一条件下，多次测量同一量值时，误差的绝对值和符号保持恒定；或者当条件改变时，其值按某一确定的规律变化的误差，称为系统误差。所谓规律，是指这种误差可以归结为某一个因素或某几个因素的函数，这种函数一般可用解析公式、曲线或数表来表示。系统误差按其出现的规律又可分为常值系统误差和变值系统误差。

例如，用比较仪测量零件时，量块的实际偏差对每次测量量值的影响是相同的，它所引起的测量误差就是定值系统误差。又如，指示表的表盘安装偏心所引起的示值误差是按确定的正弦规律作周期性变化，这种误差就是变值系统误差。变值系统误差可能是周期性的，也可能是逐渐累积性的或具有确定的复杂规律性的。

从理论上讲，系统误差是可以消除的，特别是对常值系统误差，易于发现并能够消除或减小。但在实际测量中，系统误差不一定能完全消除，且消除系统误差也没有统一的方法，特别是对变值系统误差，只能针对具体情况采用不同的处理方法。对于那些未能消除的系统误差，在规定允许的测量误差时应予以考虑。

2. 随机误差

随机误差是指在相同测量条件下，连续多次测量同一被测几何量时，误差的大小和符

号以不可预定的方式变化的测量误差。随机误差又称偶然误差。随机误差小,则说明测量的精密度高。

由于随机误差是由测量过程中许多难以控制的偶然因素或不稳定因素引起的,所以误差值时大时小,符号可正可负。因而这类误差不能消除,只能设法减小它对测量结果的影响,并运用概率论和数理统计的方法,在一定的置信概率下估算它的分布范围。

3. 粗大误差

它是指由于测量不正确等原因引起的明显歪曲测量结果的误差或大大超出规定条件下预期的误差。粗大误差主要是由于测量操作方法不正确和测量人员的主观因素造成的。例如,工作上的疏忽、经验不足、过度疲劳、外界条件的大幅度突变(如冲击振动、电压突降)等引起的误差。一个正确的测量,不应包含粗大误差,所以在进行误差分析时,主要分析系统误差和随机误差,并应剔除粗大误差。

3.3.4 测量精度

精度和误差是相对的概念,误差是不准确、不精确的意思,即指测量结果偏离真值的程度。由于误差分系统误差和随机误差,因此笼统的精度概念已不能反映上述误差的差异,需要引出如下概念。

1. 精密度

表示测量结果中随机误差大小的程度。是用于评定随机误差的精度指标。随机误差愈小,则精密度就愈高。它说明在一个测量过程中,在同一测量条件下进行多次重复测量时,所得结果彼此之间相符合程度。

2. 正确度

表示测量结果中系统误差大小的程度。是用于评定系统误差的精度指标。系统误差愈小,则正确度就愈高。

3. 精确度(准确度)

精确度表示测量结果中随机误差和系统误差综合影响的程度,说明测量结果与真值的一致程度。

一般精密度高,正确度不一定也高;同样,正确度高,精密度不一定也高。但正确度和精密度都高,则精确度肯定高。现以射击打靶为例加以说明,如图3-7所示,小圆圈表示靶心,黑点表示弹孔。(a)图中,随机误差小而系统误差大,表示打靶精密度高而正确度低;(b)图中,系统误差小而随机误差大,表示打靶正确度高而精密度低;(c)图中,系统误差和随机误差都小,表示打靶准确度高;(d)图中,系统误差和随机误差都大,表示打靶准确度低。

3.3.5 测量列中各类误差的处理

由于测量误差的存在,测量结果不可能绝对精确地等于真值,因此,应根据要求对测量结果进行处理和评定。

在实际测量中,系统误差对测量结果的影响是不能忽视的,揭示系统误差出现的规律性,消除系统误差对测量结果的影响,是提高测量精度的有效措施。

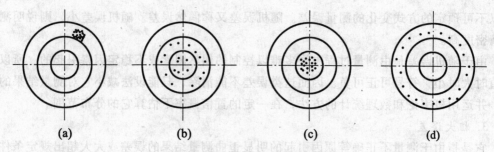

图 3-7 精确度、精密度和准确度

1. 系统误差处理

(1) 系统误差的发现

1) 常值系统误差的发现。

由于常值系统误差的大小和方向不变,对测量结果的影响也是一定值。因此,它不能从系列测量值的处理中揭示,而只能通过实验对比方法去发现这种误差。

实验对比法就是通过改变产生系统误差的测量条件,进行不同测量条件下的测量来发现系统误差。

例如量块按标尺寸使用时,在测量结果中,就存在着由于量块尺寸偏差而产生的大小和符号均有变的定值系统误差,重复测量也不能发现这一误差,只有用另一块更高等级的量块进行对比测量,才能发现它。

2) 变值系统误差的发现。

变值系统误差可以从系列测量值的处理和分析观察中揭示出来。常用的方法有残余误差(简称残差)观察法。

残差观察法是指根据测量列的各个残差的大小和符号的变化规律,直接由残差数据或残差曲线图形来判断有无系统误差。

根据测量先后顺序,将测量列的残差作图,如图 3-8 所示,观察残差的规律。若残差大体上正、负相同,又没有显著变化,就认为不存在变值系统误差,如图 3-8(a) 所示;若残差按近似的线性规律递增或递减,就可判断存在着线性系统误差,如图 3-8(b) 所示;若残差的大小和符号有规律地周期变化,就可判断存在着周期性系统误差,如图 3-8(c) 所示。

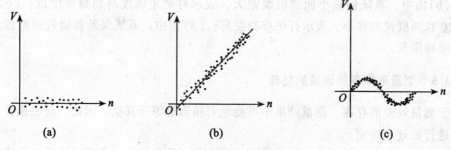

图 3-8 残余误差的变化规律

显然，为了发现变值系统误差，在对测量列作表或作图时，必须严格按照测量值的时间顺序，不得混合排列。

(2) 系统误差的消除

1) 从产生误差根源上消除系统误差。

即从产生误差的根源上消除，这是消除系统误差的最根本方法。

这要求测量人员对测量过程中可能产生系统误差的各个环节进行分析，并在测量前就将系统误差从产生根源上加以消除。

例如，在测量前仔细调整仪器工作台，调准零位，测量仪器和被测工件应处于标准温度状态，测量人员要正确读数。

2) 用修正法消除系统误差。

这种方法是预先将计量器具的系统误差检定或计算出来，做出误差表或误差曲线，然后取与误差数值相同而符号相反的值作为修正值，将测量值加上相应的修正值，即可使测量结果不包含系统误差。

例如，量块的实际尺寸不等于标称尺寸，若按标称尺寸使用，就要产生系统误差，而按经过检定的量块实际尺寸使用，就可避免该系统误差的产生。

3) 用抵消法消除定值系统误差。

根据具体情况拟定测量方案，进行两次测量，使得两次读数时出现的系统误差大小相等，方向相反，取两次测量值的平均值作为测量结果，即可消除系统误差。

例如，在工具显微镜上测量螺纹螺距时，为了消除螺纹轴线与量仪工作台移动方向倾斜而引起的系统误差，可分别测取螺纹左右牙面的螺距，然后取它们的平均值作为螺距测量值。

4) 用半周期法消除周期性系统误差。

对于周期性变化的变值系统误差，可用半周期法消除，即取相隔半个周期的两个测量值的平均值作为测量结果。

虽然从理论上讲系统误差可以完全消除，但由于种种因素的影响，实际上系统误差只能减少到一定程度。例如，采用加修正值的方法消除系统误差，由于修正值本身也含有一定的误差，因此不可能完全消除系统误差。如能将系统误差减少到使其影响相当于随机误差的程度，则可认为系统误差已被消除。

2. 随机误差处理

(1) 随机误差的分布及特征

随机误差就其整体来说是有其内在规律的。例如，在相同测量条件下对一个工件的某一部位用同一方法重复测量 150 次，测得 150 个不同的读数（这一系列的测量值，常称为测量列），然后找出其中的最大测量值和最小测量值，用最大值减去最小值得到测量值的分散范围，将分散范围从 7.131mm 至 7.141mm，每隔 0.001mm 为一组，分成 11 组，统计出每一组出现的次数 n_i（频数），计算每一组频率（频数 n_i 与测量总数 N 之比），列于表 3-5 中。

表 3-5 随机误差的分布及其特征

测量值范围	测量中值	出现次数 n_i	相对出现次数率 n_i/N	测量值范围	测量中值	出现次数 n_i	相对出现次数率 n_i/N
7.1305 ~ 7.1315	$x_1 = 7.131$	$n_1 = 1$	0.007	7.1365 ~ 7.1375	$x_7 = 7.137$	$n_1 = 28$	0.193
7.1315 ~ 7.1325	$x_2 = 7.132$	$n_2 = 3$	0.020	7.1375 ~ 7.1385	$x_8 = 7.138$	$n_2 = 17$	0.113
7.1325 ~ 7.1335	$x_3 = 7.133$	$n_3 = 8$	0.054	7.1385 ~ 7.1395	$x_9 = 7.139$	$n_3 = 9$	0.060
7.1335 ~ 7.1345	$x_4 = 7.134$	$n_4 = 18$	0.120	7.1395 ~ 7.1405	$x_{10} = 7.140$	$n_4 = 3$	0.013
7.1345 ~ 7.1355	$x_5 = 7.135$	$n_5 = 28$	0.187	7.1405 ~ 7.1415	$x_{11} = 7.141$	$n_5 = 1$	0.007
7.1355 ~ 7.1365	$x_6 = 7.136$	$n_6 = 34$	0.227				

以测量值 x_i 为横坐标,频率 n_i/N 为纵坐标,将表 3-5 中的数据以每组的区间与相应的频率为边长画成直方图,即频率直方图,如图 3-9(a)所示。如连接每个小方图的上部中点(每组区间的中值),得到一折线,称为实际尺寸分布曲线。由作图步骤可知,此图形的高矮受分组间隔 Δx 的影响。当间隔 Δx 大时,图形变高;而 Δx 小时,图形变矮。为了使图形不受 Δx 的影响,可用 $n_i/(N\Delta x)$ 代替纵坐标 n_i/N,此时图形高矮不再受 Δx 取值的影响,$n_i/(N\Delta x)$ 即为概率论中所知的概率密度。如果将测量次数 N 无限增大($N \to \infty$),而间隔 Δx 取得很小($\Delta x \to 0$),且用误差 δ 来代替尺寸 x,则得图 3-9(b)所示光滑曲线,即随机误差的理论正态分布曲线。

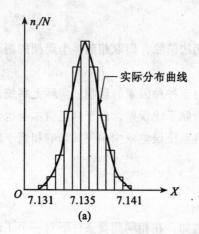
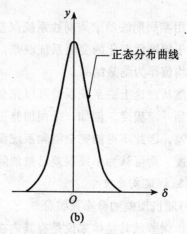

图 3-9 频率直方图与正态分布曲线

根据概率论原理,正态分布曲线方程为

$$y = \frac{1}{\sigma\sqrt{2\pi}} e^{\frac{-\delta^2}{2\sigma^2}} \tag{3-4}$$

式中:y——概率密度;

e——自然对数的底($e = 2.71828$);

δ——随机误差($\delta = l - L$);

σ——标准偏差(后面介绍)。

大量实验表明,多数随机误差都符合正态分布规律,只有少数随机误差符合其他分布规律。本章只讨论正态分布规律的随机误差。从图 3-9 中可以看出它具有如下四个基本特性:

1)单峰性。绝对值小的误差比绝对值大的误差出现的概率大。

2)对称性。绝对值相等、符号相反的误差出现的概率相等。

3)有界性。在一定的测量条件下,随机误差的绝对值不会超过一定的界限。

4)抵偿性。当测量次数足够多时,各随机误差的代数和趋于零。该特性是对称性的必然反映。

由概率论可知,随机误差正态分布曲线下所包含的面积等于其相应区间确定的概率,如果误差落在区间($-\infty$, $+\infty$)之内,其概率为

$$P = \int_{-\infty}^{+\infty} y d\delta = \int_{-\infty}^{+\infty} \frac{1}{\delta\sqrt{2\pi}} e^{-\frac{\delta^2}{2\sigma^2}} d\delta = 1 \tag{3-5}$$

理论上,随机误差的分布范围应在正、负无穷大之间,但这在生产实践中是不切实际的。一般随机误差主要分布在 $\delta = \pm 3\sigma$ 范围之内,因为 $P = \int_{-3\sigma}^{+3\sigma} y d\delta = 0.9973 = 99.73\%$,也就是说 δ 在 $\pm 3\sigma$ 范围内出现的概率为 99.73%,超出 $\pm 3\sigma$ 之外的概率仅为 $1 - 0.9973 = 0.0027 = 0.27\%$,几乎不可能出现。因此可以把 $\pm 3\sigma$ 看做随机误差的极限值,记作极限误差 $\delta_{\lim} = \pm 3\sigma$。极限误差是单次测量标准偏差的 ± 3 倍,如图 3-10 所示。

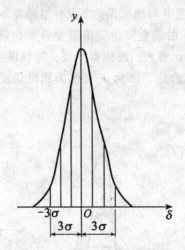

图 3-10 随机误差的极限误差

(2)随机误差的评定指标

随机误差对于某一次测量来说,误差具有不确定性,而对于一系列重复测量来说,误差具有统计规律性。因此,必须用综合性指标,才能评定随机误差。常用两个参数来评定,即测值的平均值 $\bar{L}$ 和标准偏差 σ。

1)测值的平均值 $\bar{L}$。若测量过程中仅存在随机误差,则多次测值的平均值 $\bar{L}$ 是真值的最可信赖值(相对真值),应以 $\bar{L}$ 作为测量结果;若测量过程中,既存在系统误差,又存在随机误差,则多次测值的平均值 $\bar{L}$ 经修正后是真值的最可依赖值。测值的平均值 $\bar{L}$,在数值上为

$$\bar{L} = \frac{1}{N} \sum_{i=1}^{N} L_i \tag{3-6}$$

2)标准偏差 σ。用算术平均值表示测量结果是可靠的,但它不能反映测量值的精度。例如有两组测量值:

第一组:12.005,11.996,12.003,11.994,12.002;

第二组:11.90,12.10,11.95,12.05,12.00;

可以算出 $\bar{L}_1 = \bar{L}_2 = 12$。但从两组数据看出,第一组测量值比较集中,第二组比较分散,即说明第一组每一测量值比第二组的更接近于算术平均值 $\bar{L}$(即真值),也就是第一组测量值精密度比第二组的高,故引入标准偏差 σ 反映测量精度的高低。

①测量列中任一测量值的标准偏差 σ。等精度测量列中单次测量(任一测量值)的标准偏差 σ 可用下式计算:

$$\sigma = \sqrt{\frac{(\delta_1^2 + \delta_2^2 + \cdots + \delta_N^2)}{N}} = \sqrt{\frac{\sum_{i=1}^{N} \delta_i^2}{N}} \tag{3-7}$$

式中:δ_i——测量列中第 i 次测量值的随机误差,即 $\delta_i = l_i - L_0$;

N——测量次数。

由式(3-5)可知,概率密度 P 与随机误差 δ 及标准偏差 σ 有关。

如图 3-11 所示,σ 愈小,曲线愈陡,随机误差分布也就愈集中,即测量值分布愈集中,测量的精密度也就愈高;σ 愈大,曲线愈平缓,随机误差分布就愈分散,即测量值分布愈分散,测量的精密度也就愈低。因此 σ 可作为随机误差评定指标来评定测量值的精密度。

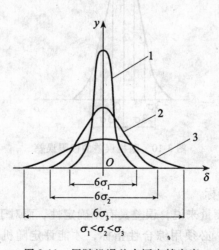

图 3-11 用随机误差来评定精密度

对测量误差来说，可从两个方面理解 σ 的含义：它是一系列测值对真值的分散性指标；以任一次测值作为测量结果时，它是真值可能存在的分散性指标。

②标准偏差的估计值 σ'。

在实际工作中，真值 L_0 是未知的，所以很难按式(3-7)计算 σ。通常是用实验统计法估算求 σ'，其具体步骤如下：

第一步：在一定条件下，用某种计量器具对同一零件的同一部位，重复测量 N 次，得到 N 个测值。

第二步：计算测值的平均值

$$\bar{L} = \frac{L_1 + L_2 + \cdots + L_N}{N} \tag{3-8}$$

第三步：求残余误差(残差) v_i：

$$v_i = L_i - \bar{L} \tag{3-9}$$

第四步：计算单次(某一次)测量的标准偏差 σ'

$$\sigma' = \sqrt{\frac{v_1^2 + v_2^2 + \cdots + v_N^2}{N-1}} = \sqrt{\frac{\sum_{i=1}^{N} v_i^2}{N-1}} \tag{3-10}$$

不过，并不是每测量一个尺寸都要进行如此烦琐的计算，对于某些测量方法，可在有关资料中查得。

③测量列算术平均值的标准偏差 $\sigma_{\bar{L}}$。

标准偏差 σ 代表一组测量值中任一测量值的精密度。但在系列测量中，是以测量值的算术平均值作为测量结果的。因此，更重要的是要知道算术平均值的标准偏差。

根据误差理论，$\sigma_{\bar{L}}$ 与 σ 存在如下关系

$$\sigma_{\bar{L}} = \frac{\sigma}{\sqrt{N}} \tag{3-11}$$

其估计值 $\sigma'_{\bar{L}}$ 为

$$\sigma'_{\bar{L}} = \frac{\sigma'}{\sqrt{N}} = \sqrt{\frac{\sum_{i=1}^{N} v_i^2}{N(N-1)}} \tag{3-12}$$

式中：N——总的测量次数。

(3) 随机误差的处理

随机误差的出现是不可避免和无法消除的。为了减小其对测量结果的影响，可以用概率的方法来估算随机误差的范围和分布规律，对测量结果进行处理。数据处理的具体步骤如下：

1) 计算测量列算术平均值 $\bar{L}$；

2) 计算测量列中任一测量值的标准偏差的估计值 σ'；

3) 计算测量列算术平均值的标准偏差的估计值 $\sigma'_{\bar{L}}$。

4) 确定测量结果。

多次测量结果可表示为

$$L = \overline{L} \pm 3\sigma'_L \tag{3-13}$$

3. 粗大误差的处理

粗大误差的数值比较大，会对测量结果产生明显的歪曲。因此，必须采用一定的方法判断并剔除粗大误差。

粗大误差常用拉依达准则，又称 3σ 准则来判断。主要用于测量次数较大，（一般要求多于 10 次），服从正态分布的误差。该准则认为：某一测量值的残余误差 v_i 的绝对值 $|v_i|>3\sigma$ 时，则可认为该测量值属于粗大误差，应予剔除。

3.3.6 测量结果的表示

测量的目的是要获得被测量的真值，但是由于不可避免地会产生测量误差，所以只能获得真值的近似值，其可靠程度取决于极限测量误差。

测量的最终结果，不但要给出被测量的大小，而且要给出可能有的测量误差，即极限测量误差。

1. 直接测量结果的表示

(1) 单次测量

单次测量值可以指进行一次测量所得之值，也可以指在相同测量条件下，多次重复测量中的任何一次测量值。

在不存在或消除了系统误差的情况下，常用标准偏差 σ 来评定单次测量值的精度。如果要评定的单次测量是在相同条件下，N 次重复测量的测量值中的任一个，则 σ 就根据此 N 次测量值的残余误差 v_i 来计算。如果要评定的单次测量值是在一定条件下，只进行一次所测得的，则 σ 必然是在相同的测量条件下事先已求出的，即事先给定的 $\delta_{\lim}$ 或 σ。

单次测量值的极限误差为

$$\delta_{\lim} = \pm 3\sigma \tag{3-14}$$

式中：L——消除了系统误差的单次测量值。

(2) 多次测量

它是指在测量条件（包括量仪、测量人员、测量方法及环境条件等）不变的情况下，对某一被测几何量进行的连续多次测量。

为了从直接测量列中得到正确的测量结果，应按以下步骤进行数据处理。

第一步：计算测量列的算术平均值和残差（$\overline{L}$，v_i），以判断测量列中是否存在系统误差。如果存在系统误差，则应采取措施加以消除。

第二步：计算测量列单次测量值的标准偏差 σ。判断是否存在粗大误差。若有粗大误差，则应剔除含粗大误差的测量值，并重新组成测量列，再重复上述计算，直到将所有含粗大误差的测量值都剔除干净为止。

第三步：计算测量列的算术平均值的标准偏差和测量极限误差（$\sigma_{\overline{L}}$ 和 $\delta_{\lim(\overline{L})}$）。

第四步：给出测量结果表达式 $L_0 = \overline{L} \pm \delta_{\lim(\overline{L})}$。

例 3-2 测量小轴直径，若系统误差已消除，得到一系列等精度测值（mm）为：25.0360，25.0365，25.0362，25.0364，25.0367，25.0363，25.0366，25.0363，25.0366，25.0364。求小轴直径的测量结果。

列表计算如下:

序号	系列测值 L_i/mm	系列测值的平均值 $\bar{L}$/mm	残差 v_i/μm $v_i = L_i - \bar{L}$	残差的平方 v_i^2/(μm)²
1	25.0360		−0.4	0.16
2	25.0365		+0.1	0.01
3	25.0362		−0.2	0.04
4	25.0364		0	0
5	25.0367	$\bar{L} = \dfrac{\sum L_i}{N} = 25.0364$	+0.3	0.09
6	25.0363		−0.1	0.01
7	25.0366		+0.2	0.04
8	25.0363		−0.1	0.01
9	25.0366		+0.2	0.04
10	25.0364		0	0
			$\sum v_i = 0$	$\sum v_i^2 = 0.40$

按下列步骤进行计算:

第一步:计算系列测量值的算术平均值。

$$\bar{L} = \frac{\sum_{i=1}^{N} L_i}{N} = \frac{250.364}{N} = 25.0364 \text{mm}$$

第二步:计算单次测量值的标准偏差。

$$\sigma = b_N \sqrt{\frac{\sum_{i=1}^{N} v_i^2}{N-1}} = 1.0281 \sqrt{\frac{0.40}{10-1}} \mu m = 0.22 \mu m$$

第三步:测量列中没有绝对值大于 $3\sigma(0.7\mu m)$ 的残余误差。因此,依照拉依达准则,判断测量列中不存在粗大误差。

第四步:计算算术平均值的标准偏差。

$$\sigma_{\bar{L}} = \frac{\sigma}{\sqrt{N}} = \frac{0.22}{\sqrt{10}} \mu m = \pm 0.21 \mu m$$

第五步:计算算术平均值的极限误差

$$\Delta_{\bar{L}\lim} = \pm 3\sigma_{\bar{L}} = \pm 3 \times 0.07 \mu m = \pm 0.21 \mu m$$

第六步:写出小轴直径的测量结果。

$$L_0 = \bar{L} \pm \Delta\bar{L}_{\lim} = (25.0364 \pm 0.0002) \text{mm}$$

2. 间接测量结果的表示

间接测量的特点是所需的测量值不是直接测出的,而是通过测量有关的独立量值 x_1,

$x_2, \cdots, x_n$ 后,再经过计算而得到的。因此间接测量的被测量是测量所得到的各个实测量的函数,它表示为

$$y = F(x_1, x_2, \cdots, x_n) \tag{3-15}$$

式中:y ——欲测量(函数);

x_i ——实测量。

而间接测量的误差则是各个实测量误差的函数,故称这个误差为函数误差。

(1)函数系统误差的计算。

根据式(3-15)知,y 值由 $x_1, x_2, \cdots, x_n$ 各直接测量的独立变量决定的,若已知各独立变量的系统误差分别为 $\Delta x_1, \Delta x_2, \cdots, \Delta x_n$,则间接测量 y 的系统误差为 Δy,其函数关系为

$$y + \Delta y = F(x_1 + \Delta x_1, x_2 + \Delta x_2, \cdots, x_n + \Delta x_n) \tag{3-16}$$

按泰勒公式展开,并舍去高阶微分量可得

$$\Delta y = \frac{\partial F}{\partial x_1}\Delta x_1 + \frac{\partial F}{\partial x_2}\Delta x_2 + \cdots + \frac{\partial F}{\partial x_n}\Delta x_n \tag{3-17}$$

式(3-17)为间接测量的系统误差传递公式。

该函数增量可用函数的全微分来表示:

$$dy = \frac{\partial F}{\partial x_1}dx_1 + \frac{\partial F}{\partial x_2}dx_2 + \cdots + \frac{\partial F}{\partial x_n}dx_n \tag{3-18}$$

式中:dy ——欲测量(函数)的测量误差;

dx_i ——实测量的测量误差;

$\frac{\partial F}{\partial x_i}$ ——实测量的测量误差传递系数。

(2)函数随机误差的计算。

由于各实测量的值中还存在着随机误差,因此被测量(函数)也存在着随机误差。根据误差理论,函数的标准偏差 ∂y 与各个实测量的标准偏差 ∂x_i 的关系为

$$\partial y = \sqrt{\left(\frac{\partial F}{\partial x_1}\right)^2 \partial x_1^2 + \left(\frac{\partial F}{\partial x_2}\right)^2 \partial x_2^2 + \cdots + \left(\frac{\partial F}{\partial x_n}\right)^2 \partial x_n^2} \tag{3-19}$$

式中:∂y ——欲测量(函数)标准偏差;

∂x_i ——实测量的标准偏差。

同理,函数的测量极限误差公式为

$$\delta_{\lim(y)} = \pm\sqrt{\left(\frac{\partial F}{\partial x_1}\right)^2 \delta^2\lim(x_1) + \left(\frac{\partial F}{\partial x_2}\right)^2 \delta^2\lim(x_2) + \cdots + \left(\frac{\partial F}{\partial x_n}\right)^2 \delta^2\lim(x_n)} \tag{3-20}$$

(3)间接测量的数据处理。

间接测量的数据处理步骤如下:

第一步:根据函数关系式和各实测量 x_i 计算欲测量 y_0;

第二步:按式(3-17)计算函数的系统误差;

第三步:按式(3-19)计算函数的测量极限误差 $\delta_{\lim(y)}$;

第四步:确定测量结果为

$$y = (y_0 - \Delta y) \pm \delta_{\lim(y)} \tag{3-21}$$

第五步：最后说明置信概率。

例 3-3 设在万能工程显微镜上，用弓高弦长法间接测量圆弧半径 R，如图 3-5 所示。测量值 $b=30\text{mm}$，$h=2.92\text{mm}$，它们的系统误差和测量极限误差分别为：$\Delta b = 0.002\text{mm}$，$\Delta h = -0.005\text{mm}$；$\delta_{\lim(b)} = \pm 0.0018\text{mm}$，$\delta_{\lim(h)} = \pm 0.0015\text{mm}$，试确定圆弧半径 R 的测量结果。

解： (1) 确定间接测量的函数关系式，计算圆弧半径的量值 R。

$$R = \frac{b^2}{8h} + \frac{h}{2} = \frac{30^2}{8 \times 2.92}\text{mm} + \frac{2.92}{2}\text{mm} = 39.987\text{mm}$$

(2) 计算圆弧半径的系统误差 ΔR 由于弓高 h 和弦长 b 的测量值中，均含有系统误差，所以圆弧半径的量值中也含有系统误差。由式(3-17)得

$$\Delta R = \frac{b}{4h}\Delta b - \left(\frac{b^2}{8h^2} - \frac{1}{2}\right)\Delta h = \frac{30 \times 0.002}{4 \times 2.92}\text{mm} - \left(\frac{30^2}{8 \times 2.92^2} - \frac{1}{2}\right) \times (-0.005)\text{mm}$$

$$= +0.011\text{mm}$$

(3) 计算圆弧半径的测量极限误差 $\delta_{\lim(R)}$。由式(3-20)得

$$\delta_{\lim(R)} = \pm\sqrt{\left(\frac{b}{4h}\right)^2 \delta_{\lim(b)}^2 + \left(\frac{b^2}{8h^2} - \frac{1}{2}\right)^2 \delta_{\lim(h)}^2}$$

$$= \pm\sqrt{\left(\frac{30}{4 \times 2.92}\right)^2 \times 0.0018^2 + \left(\frac{30^2}{8 \times 2.92^2} - \frac{1}{2}\right)^2 \times 0.0015^2}\text{ mm}$$

$$= \pm 0.019\text{mm}$$

(4) 确定测量结果 R_0。

$$R_0 = (R - \Delta R) + \delta_{\lim(R)} = (39.987 - 0.011)\text{mm} \pm 0.019\text{mm}$$

$$= 39.976\text{mm} \pm 0.019\text{mm}$$

此时的置信概率为 99.73%。

思考题与习题 3

3-1 仪器读数在 30mm 处的示值误差为 +0.003mm，当用它测量工件时，读数正好是 30mm，问工件的实际尺寸是多少？

3-2 选择 83 块成套量块，组成下列尺寸(mm)。
(1) 28.785　　(2) 58.275　　(3) 30.155

3-3 简述游标卡尺的读数方法，并确定如图 3-12 所示的各游标卡尺的读数值及所确定的被测尺寸的数值。

3-4 产生测量误差的因素有哪些？测量误差分几类？各有何特点？

3-5 在相同条件下，在立式光学比较仪上，对某轴的直径进行 10 次重复测量，按测量顺序记录测量值分别为：30.454，30.459，30.454，30.459，30.458，30.459，30.456，30.458，30.458，30.455(单位为 mm)，求表示测量系列值的标准偏差和最后测量结果。

3-6 用游标卡尺测量箱体孔的中心距(见图 3-13)，有如下三种测量方案：①测量孔径 d_1，d_2 和孔边距 L_1；②测量孔径 d_1，d_2 和孔边距 L_2；③测量孔边距 L_1 和孔边距 L_2。

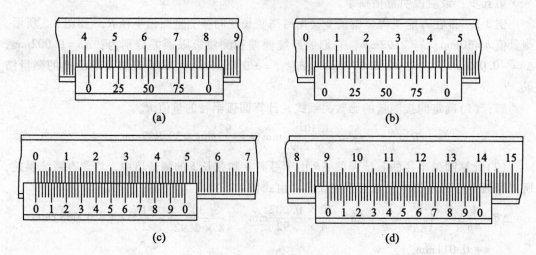

图 3-12 游标卡尺的读数

若已知它们的测量不确定度 $U_{d1} = U_{d2} = 40\mu m$，$U_{L1} = 60\mu m$，$U_{L2} = 70\mu m$，试计算三种测量方案的测量不确定度，并确定应采用哪种测量方案。

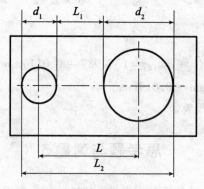

图 3-13 习题 3-6 附图

第4章 形状和位置公差

§4.1 概 述

在零件加工过程中,由于工艺系统各种因素的影响,零件的几何要素会产生形状和位置误差。零件的形状和位置误差(简称形位误差)对产品的使用性能和寿命有很大影响。形位误差越大,零件几何参数的精度越低。为了保证机械产品的质量和互换性,应该对零件给定形位公差,用以限制形位误差。

我国已经把形位公差标准化,发布了国家标准《形状和位置公差通则、定义、符号和图样表示方式》(GB/T 1182—1996),《形状和位置公差 未注公差值》(GB/T 1184—1996)、《形状和位置公差 检测规定》(GB/T 16671—1996)。此外,作为贯彻上述标准的技术保证还发布了圆度、直线度、平面度检验标准以及位置量规标准等。

4.1.1 形位公差的研究对象——要素

几何要素是指构成零件几何特征的点(圆心、球心、中心点、交点)、线(素线、轴线、中心线、引线、曲线)、面(平面、中心平面、圆柱面、圆锥面、球面、曲面),如图4-1所示。几何要素的分类如下:

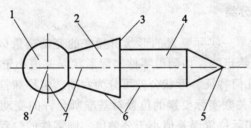

1—球面 2—圆锥面 3—平面 4—圆柱面 5—顶点 6—素线 7—中心线 8—球心
图4-1 零件的几何要素

(1)按结构分。可分为轮廓要素与中心要素:轮廓要素是指组成轮廓的点、线、面,即可触及的要素,如图4-1所示的素线、顶点、球面、圆锥面、圆柱面、平面。中心要素是与要素有对称关系的点、线、面,实际上不便触及但客观存在,一般由轮廓要素导出的要素,如球心、轴线、中心线、中心平面等。

(2)按状态分。可分为理想要素与实际要素:理想要素是具有几何意义的要素,是指没有任何误差的几何要素,可在图样上给出,其特征是完全正确的,可分为理想轮廓要素和理想中心要素。实际要素是零件上实际存在的要素,其特征是加工过程中形成的,有误差。测量时由测得的要素所代替,它并非该要素的真实状况,可分为实际轮廓要素和实际中心要素。

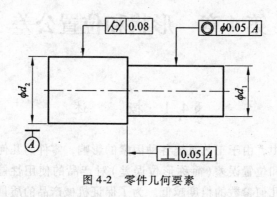

图 4-2 零件几何要素

(3)按检测时的地位分。可分为被测要素和基准要素:被测要素是给出了形状或(和)位置公差的要素。分为单一要素和关联要素。如图 4-2 中的 ϕd_2 圆柱面和 ϕd_2 台肩面等都给出了形位公差,因此都属于被测要素。基准要素是用来确定被测要素方向或(和)位置的要素。基准要素在图样上都标有基准符号或基准代号,如图 4-2 中 ϕd_2 的中心线即为基准要素。

(4)按功能关系分。可分为单一要素和关联要素:单一要素是仅对被测要素本身给出形状公差要求的要素。即一个点、一个圆柱面、一个平面,轴线和中心平面等。如图 4-2 中的 ϕd_2 圆柱面是被测要素,且给出了圆柱度公差要求,故为单一要素。关联要素是对其他要素有功能关系的要素。如图 4-2 中的 ϕd_2 圆柱的台肩面相对于 ϕd_2 圆柱基准轴线有垂直的功能要求,且都给出了位置公差,ϕd_2 的圆柱台肩面就是被测关联要素。

4.1.2 形位公差的分类

(1)形状公差。是指单一实际要素的形状所允许的变动全量(有基准要求的轮廓度除外)。形状公差是图样上给定的,如测得零件实际形状误差值小于公差值,则零件的形状合格。根据零件不同的几何特征,形状公差可分为六项,名称和符号如表 4-1 所示。

(2)位置公差。是指关联实际要素的位置对基准所允许的变动全量。位置公差是图样上给定的,如测得零件实际位置误差值小于公差值,则零件的位置合格。根据零件不同的几何特征,位置公差可分为三类八项,其名称和符号如表 4-1 所示。

4.1.3 公差带的概念

形位公差的公差带是限制实际形状或实际位置的变动区域。构成实际形状和实际位置的点、线、面,应该在此区域内,该区域的大小是由公差值来决定的。这与尺寸公差的概念基本上是一致的,但形位公差的公差带比尺寸公差带复杂,它是由四个要素来构成的:

1. 公差带的形状

常用的形位公差带的形状有 11 种,如图 4-3 所示。也可以归纳成以下四类:

表 4-1　　　　　　　　　　　形位公差符号及其他有关符号

分类	项目	符号	分类		项目	符号		名称	符号
形状公差	直线度	—	位置公差	定向	平行度	∥	其他符号	基准符号 基准代号	⊥ Ⓐ
	平面度	▱			垂直度	⊥		基准目标	⌀20 / A1
	圆度	○			倾斜度	∠		最大实体状态	Ⓜ
	圆柱度	⌭		定位	同轴度	◎		包容原则	Ⓔ
	线轮廓度	⌒			对称度	═		延伸公差带	Ⓟ
	面轮廓度	⌓			位置度	⌖		理论正确尺寸	30
				跳动	圆跳动	↗		不准凹下 不准凸起 只许按小端方向减小	(+) (−) (▷)
					全跳动	↗↗			

注：线轮廓度、面轮廓度有基准要求时属位置公差。

两等距线之间的区域类：①两平行直线间(见图 4-3(a))；②两任意曲线间(见图 4-3(b))；③两同心圆间(见图 4-3(f))。

两等距面之间的区域类：①两平行平面间(见图 4-3(c))；②两任意等距曲面间(见图 4-3(d))；③两同轴圆柱面间(见图 4-3(i))。

一个回转体内的区域类：①一个圆柱内(见图 4-3(e))；②一个圆周内(见图 4-3(g))；③一个球内(见图 4-3(h))。

一段回转体表面的区域类：①一小段圆柱表面(见图 4-3(j))；②一小段圆锥表面(见图 4-3(k))。

形位公差带必须包含实际被测要素，而且实际被测要素在形位公差带内可以具有任何形状(除非另有要求)。一般来说，形位公差带适用于整个被测要素。

2. 公差带的大小 δ

公差带的大小由公差值 δ 表示，它一般是公差带的宽度(δ)或直径($\phi\delta$)。只在同轴度、对称度和位置度三个项目中，公差值表示公差带的半径($R\delta$)或公差带宽度的一半(即宽度为 2δ)。

3. 公差带的方向

公差带的方向是指公差带的延伸方向，它与给定的测量方向和公差带的宽度方向是垂

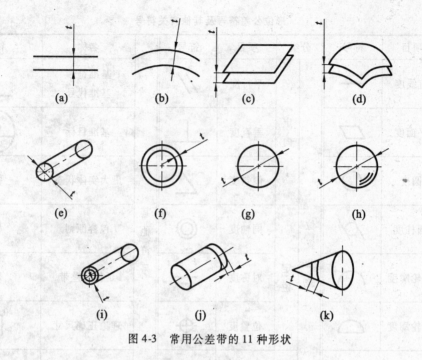

图 4-3 常用公差带的 11 种形状

直的。对于形状误差是由最小条件来决定的，而对位置误差是由基准来决定的。

4. 公差带的位置

公差带的位置分为浮动和固定两种。所谓公差带浮动，是在尺寸公差的范围内随实际表面的位置不同而浮动。所谓固定，是公差带的位置由图纸上给定的，与实际尺寸无关。

4.1.4 理论正确尺寸及几何框图

（1）理论正确尺寸。用来确定被测要素的理想形状和方位的尺寸，不附带公差。理论正确尺寸的标注应围以框格。

（2）几何框图。用理论正确尺寸确定的一组理想要素之间，或者一组理想要素和基准之间，具有正确几何关系的图形称为几何框图。在几何框图中，由理论正确尺寸定位之处，即为形位公差带的中心，如图 4-4 所示。

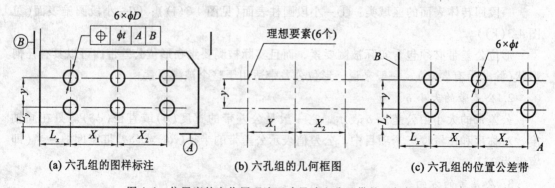

(a) 六孔组的图样标注　　(b) 六孔组的几何框图　　(c) 六孔组的位置公差带

图 4-4 位置度的定位用理论正确尺寸和公差带的几何框图

§4.2 形位公差及公差带

4.2.1 形状公差

形状公差是指单一实际要素的形状所允许的变动全量。形状公差带是限制实际被测要素变动的一个区域。典型的形状公差带如表4-2所示。

表4-2　　　　　　　　　　形状公差带定义、标注和解释

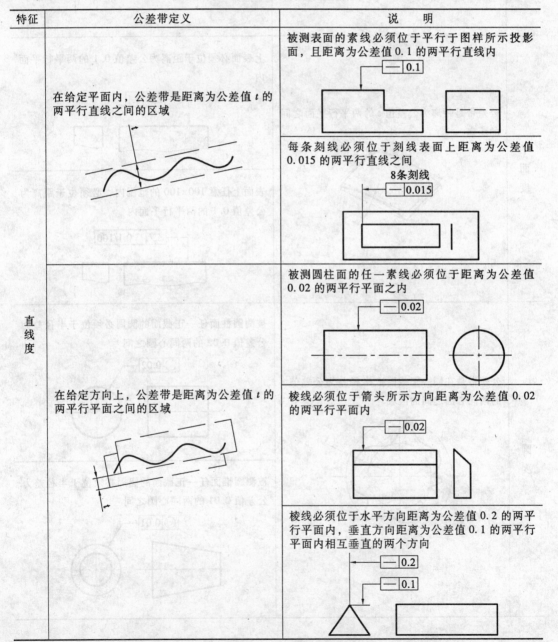

续表

特征	公差带定义	说 明
直线度	在任意方向时，在公差值前加注 ϕ，公差带是直径为 t 的圆柱面内的区域 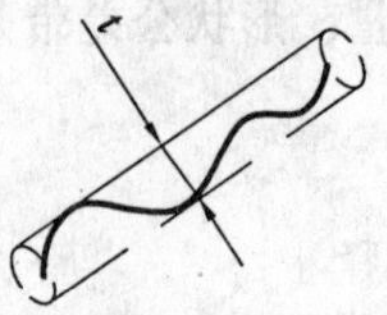	ϕd 圆柱体的轴线必须位于直径为公差值 0.04 的圆柱面内 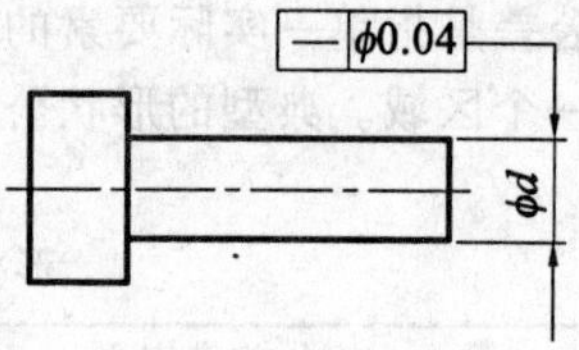
平面度	公差带是距离为公差值 t 的两平行平面之间的距离	上表面必须位于距离为公差值 0.1 的两平行平面内 表面上任意 100×100 的范围内，必须位于距离为公差值 0.1 的两平行平面内
圆度	公差带是在同一正截面上半径差为公差值 t 的两同心圆之间的区域	被测圆柱面任一正截面的圆周必须位于半径差为公差值 0.02 的两同心圆之间 被测圆锥面任一正截面的圆周必须位于半径差为公差值 0.01 的两同心圆之间

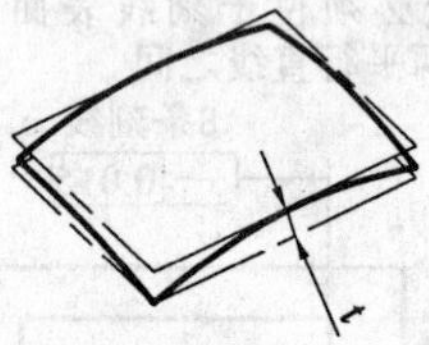

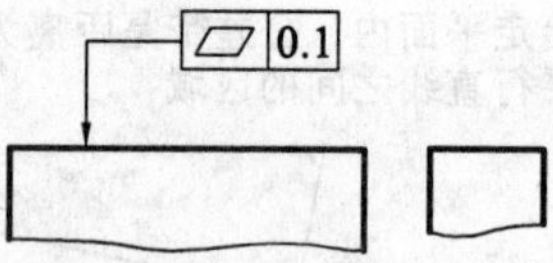

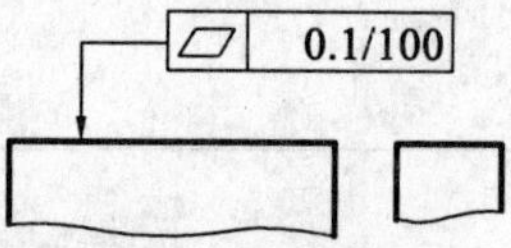

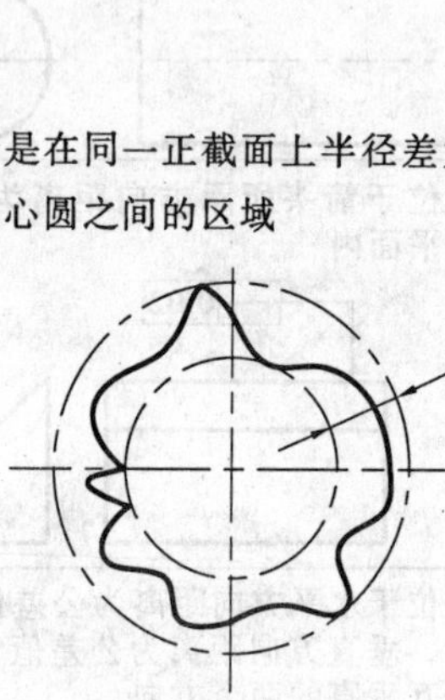

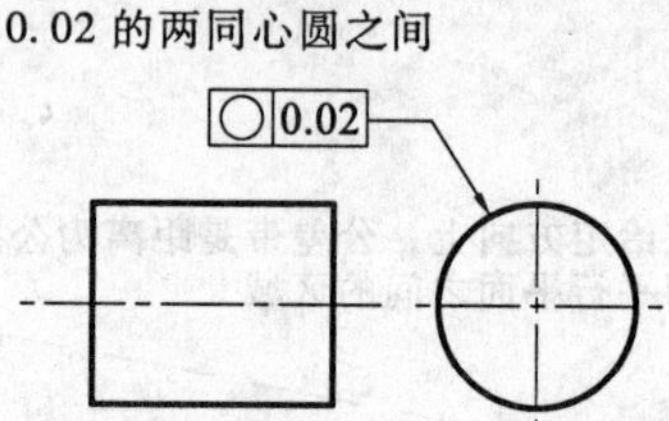

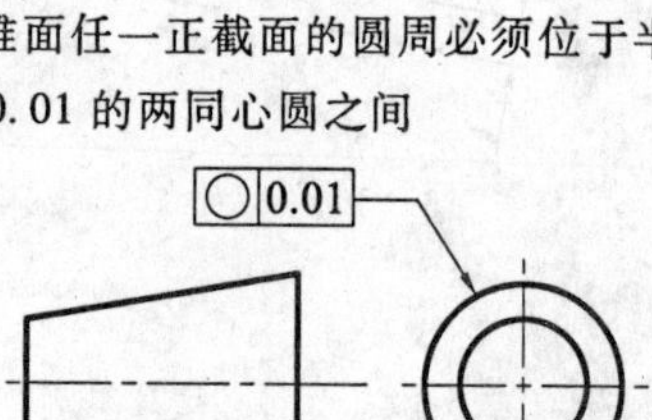

续表

特征	公差带定义	说明
圆柱度	公差带是半径差为公差值 t 的两同轴圆柱面之间的区域 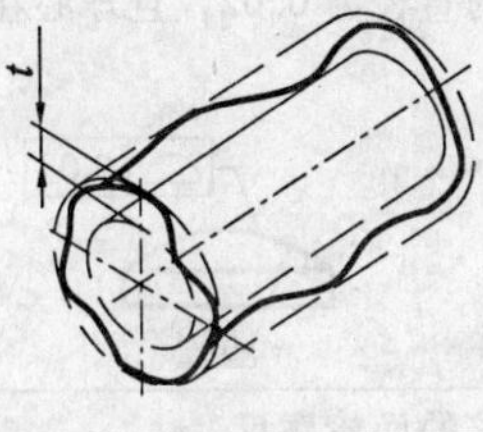	圆柱面必须位于半径差为公差值 0.05 的两同轴圆柱面之间 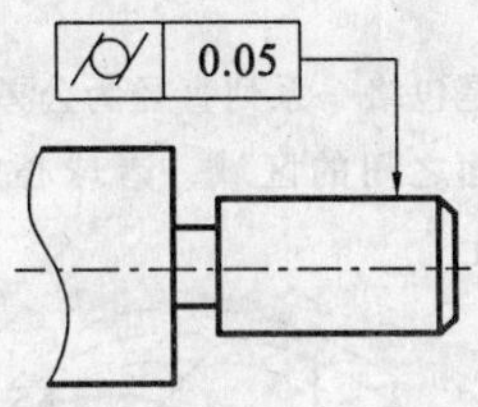

注：圆柱度公差控制了横剖面内的各项形状误差（圆度、素线直线度、轴线直线度等），是圆柱体各项形状误差的综合指标，也是国际上正在发展和推广的一项评定圆柱面误差的先进指标。

形状公差带的特点是不涉及基准，其方向和位置随实际要素不同而浮动。

4.2.2 位置公差

1. 轮廓度公差

轮廓度公差分为线轮廓度和面轮廓度。轮廓度无基准要求时为形状公差，有基准要求时为位置公差。无基准要求时，其公差带的形状只由理论正确尺寸（带方框的尺寸）确定，其位置是浮动的；有基准要求时，其公差带的形状和位置由理论正确尺寸和基准确定，公差带的位置是固定的。轮廓度公差带的定义和标注见表 4-3。

表 4-3　　　　　　　轮廓度公差带定义、标注和解释

特征	公差带定义	说明
线轮廓度	公差带是包络一系列直径为公差值 t 的圆的两包络线之间的区域，诸圆心应位于理想轮廓上 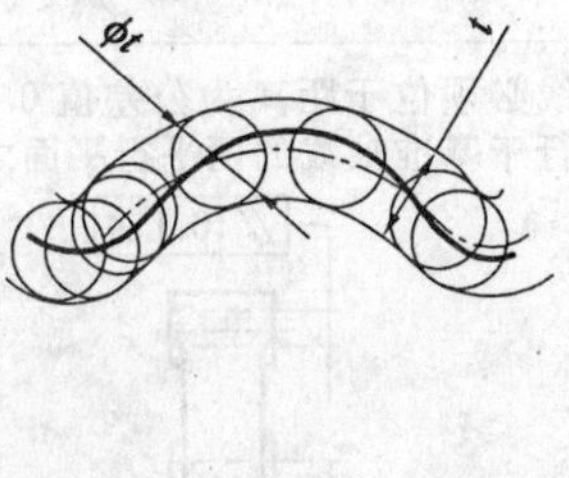	无基准要求的线轮廓度 在平行于正投影面的任一截面上，实际轮廓线必须位于包络一系列直径为公差值 0.04，且圆心在理论正确几何形状的线上的圆的两包络线之间 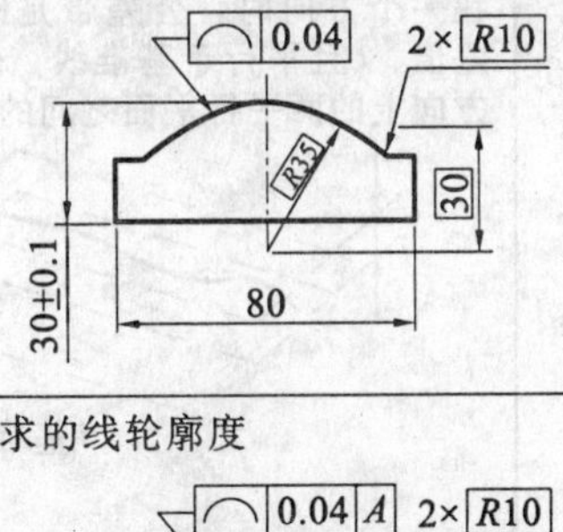 有基准要求的线轮廓度 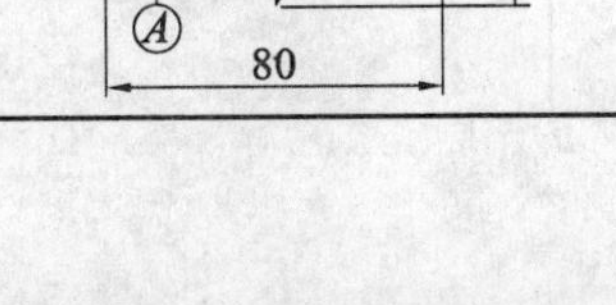

特征	公差带定义	说　　明
面轮廓度	公差带是包络一系列直径为公差值 t 的球的两包络面之间的区域,诸球心应位于理想轮廓面上	无基准要求的面轮廓度 实际轮廓面必须位于包络一系列球的两包络面之间,诸球的直径为 0.02,且球心在理论正确几何形状的面上 有基准要求的面轮廓度

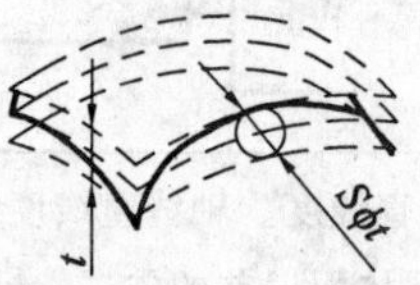

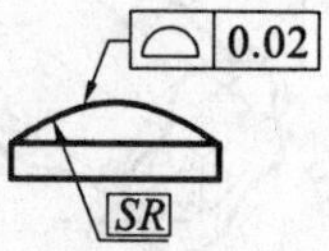

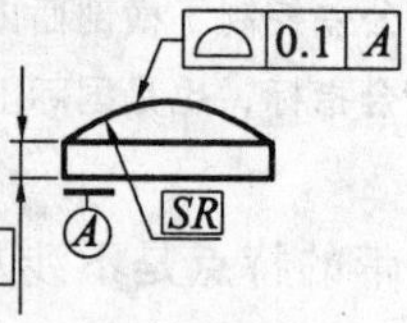

2. 定向公差

定向公差是关联实际要素对其具有确定方向的理想要素的允许变动量。理想要素的方向由基准及理论正确尺寸(角度)确定。当理论正确角度为 0° 时,称为平行度公差;为 90° 时,称为垂直公差;为其他任意角度时,称为倾斜度公差。这三项公差都有面对面、线对线和线对面几种情况。表 4-4 列出了部分定向公差的公差带定义、标注示例和解释。

表 4-4　　　　　　定向公差带定义、标注和解释

特征		公差带定义	说　　明
平行度	线对线	在一个方向时,公差带是距离为公差值,t 且平行于基准线,位于给定方向上的两平行平面之间的区域	被测轴线必须位于距离为公差值 0.2,且在给定方向上平行于基准线的两平行平面之间 被测轴线必须位于距离为公差值 0.1,且在给定方向平行于基准轴线的两平行平面之间

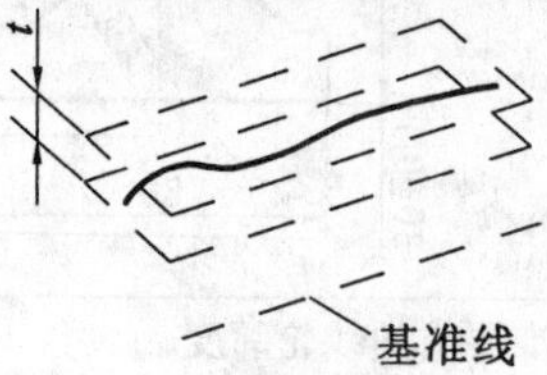

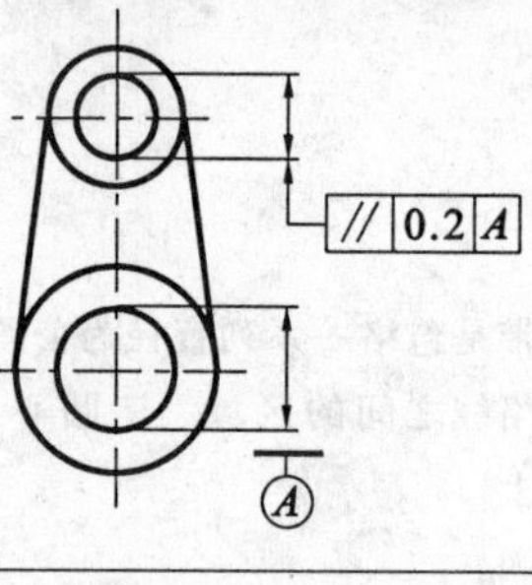

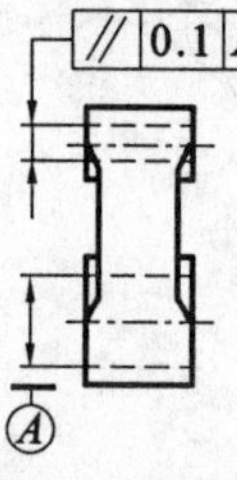

续表

特征		公差带定义	说明
平行度	线对线	在相互垂直的两个方向时，公差带时两对互相垂直的距离分别为 t_1 和 t_2，且平行于基准线的两平行平面之间的区域 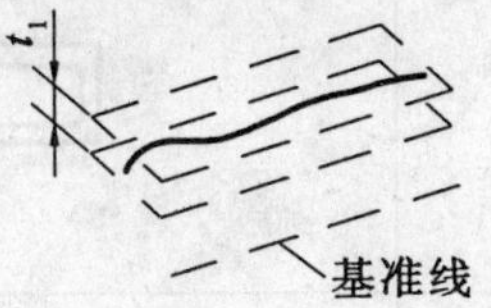 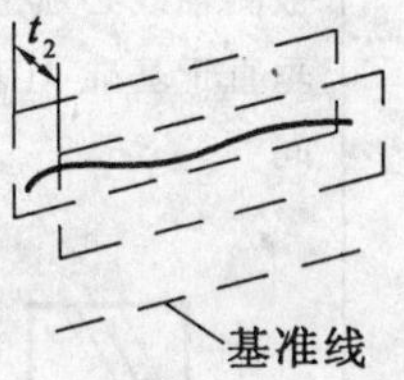	被测轴线必须位于距离分别为公差值 0.2 和 0.1，在给定的互相垂直方向上且平行基准轴线的两组平行平面之间 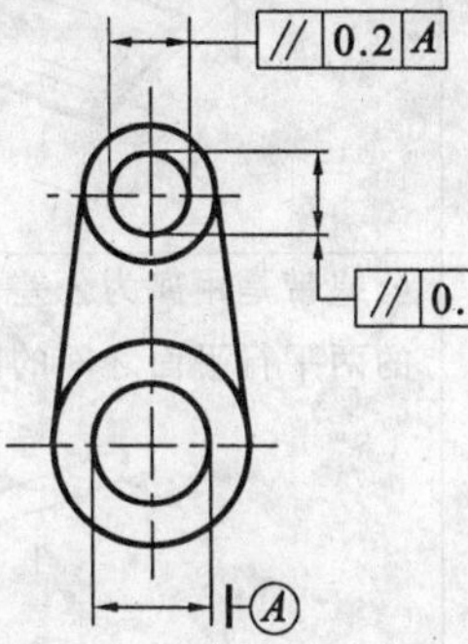
		在任意方向时，在公差值前加注 ϕ，公差带就是直径为公差值 t，且平行于基准直线（或轴线）的圆柱面内的区域 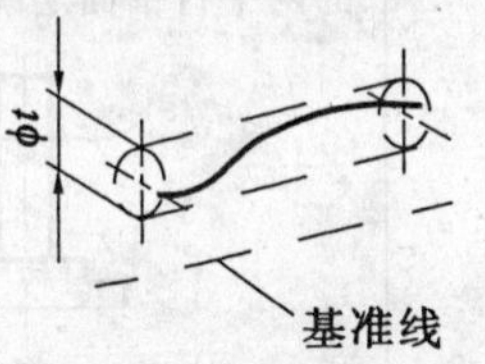	被测轴线必须位于直径为公差值 0.03，且平行于基准轴线的圆柱面内 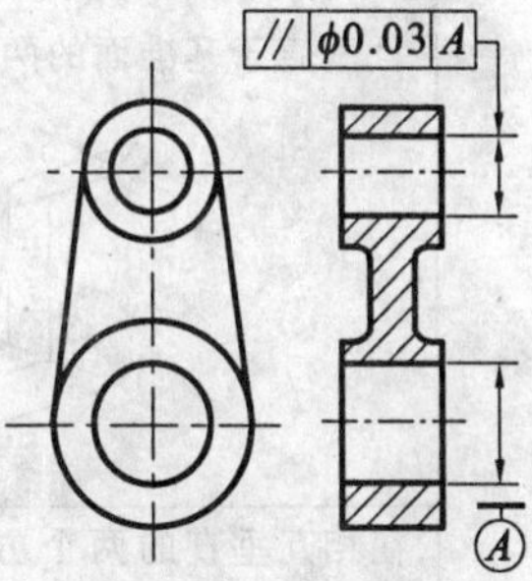
	线对面	公差带是距离为公差值 t，且平行于基准平面两平行平面之间的区域 	被测轴线必须位于距离为公差值 0.01，且平行于基准表面 B（基准平面）的两平行平面之间 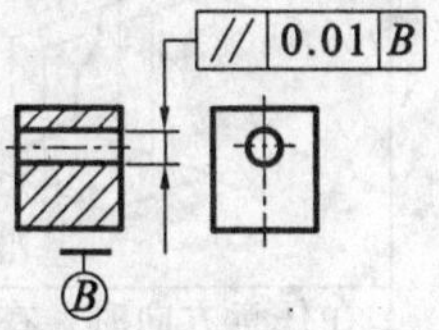
	面对线	公差带是距离为公差值 t，且平行于基准线的两平行平面之间的区域 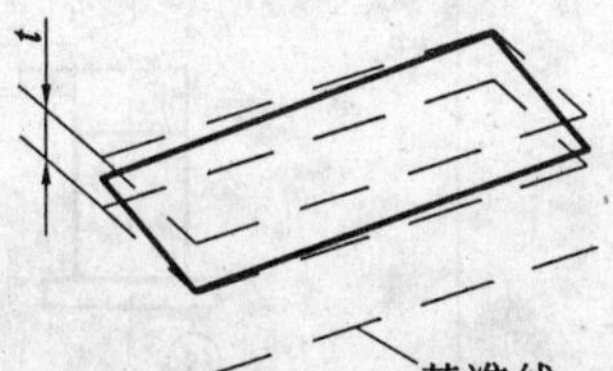	被测表面必须位于距离为公差值 0.01，且平行于基准线的两平行平面之间 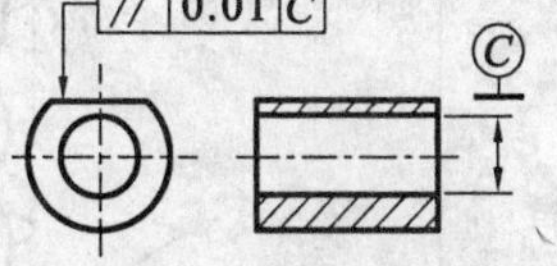

续表

特征		公差带定义	说明
平行度	面对面	公差带是距离为公差值 t，且平行于基准平面两平行平面之间的区域 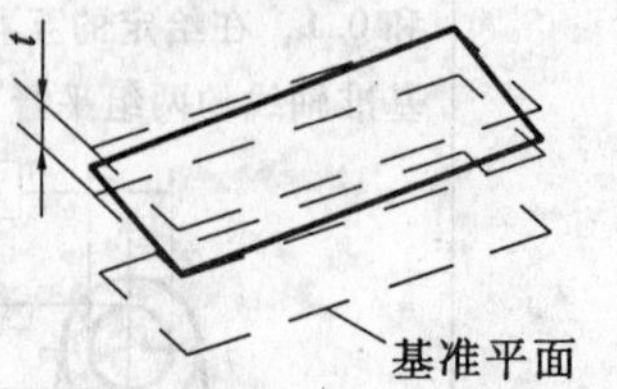	被测表面必须位于距离为公差值 0.01，且平行于基准平面的两平行平面之间 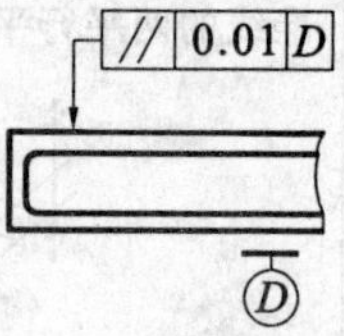
垂直度	线对线	公差带是距离为公差值 t，且垂直于基准线的两平行平面之间的区域 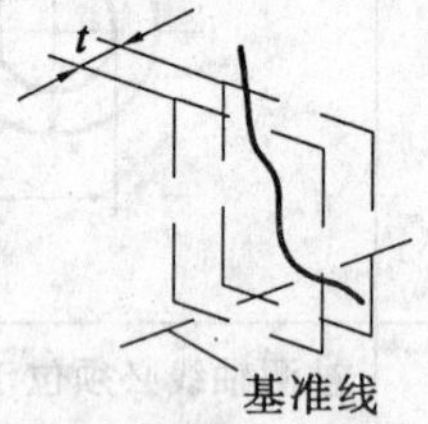	被测轴线必须位于距离为公差值 0.06，且垂直于基准 A（基准轴线）的两平行平面之间 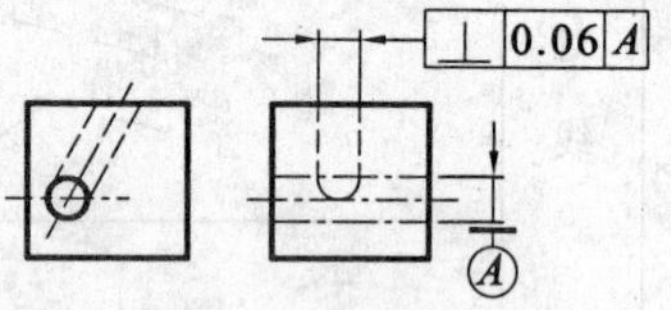
垂直度	线对面	在给定方向上，公差带是距离为公差值 t，且垂直于基准面的两平行平面之间的区域 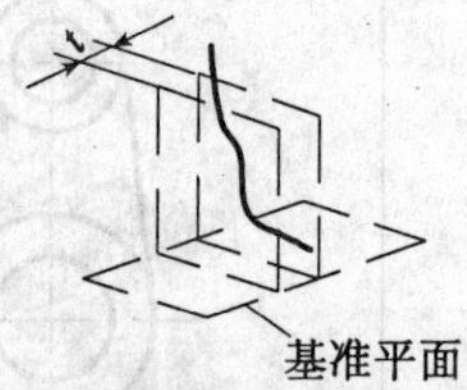	被测轴线必须在给定的投影方向上，位于距离为公差值 0.1，且垂直于基准平面 A 的两平行平面之间 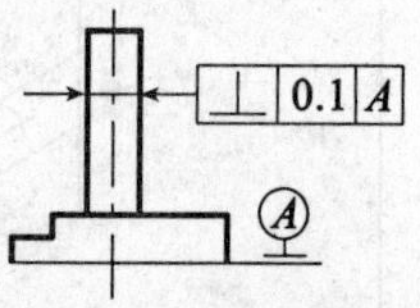
		在相互垂直的两个方向时，公差带是分别垂直于给定方向的距离分别为 t_1 和 t_2，且垂直于基准面的两对平行平面之间的区域 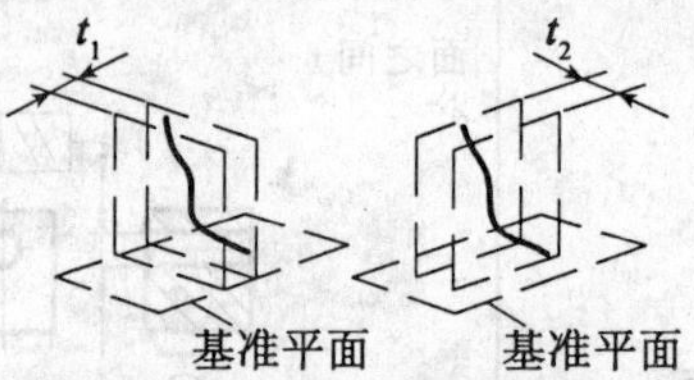	被测轴线必须位于分别垂直于给定方向的距离分别为公差值 0.2 和 0.1 的互相垂直，且垂直于基准平面 A 的两对平行平面之间 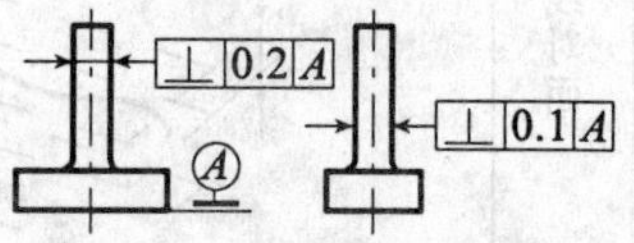
		在任意方向时，在公差值前加注 ϕ，公差带就是直径为公差值 t，且垂直于基准面的圆柱面内的区域 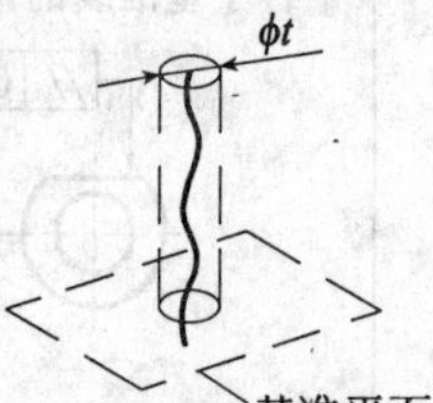	被测轴线必须位于直径为公差值 0.01，且垂直于基准平面的圆柱面内 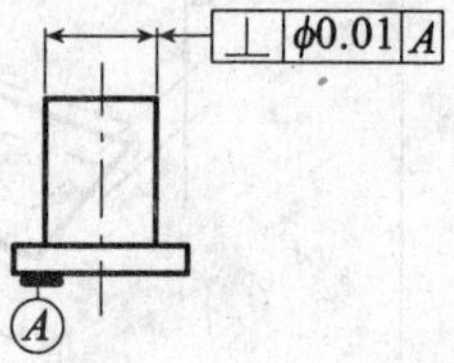

续表

特征		公差带定义	说明
垂直度	面对线	公差带是距离为公差值 t，且垂直于基准线的两平行平面之间的区域 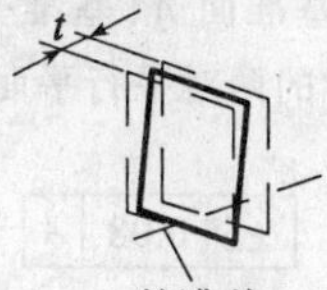	被测面必须位于距离为公差值0.08，且垂直于基准轴线 A 的两平行平面之间 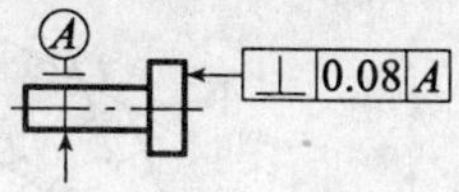
	面对面	公差带是距离为公差值 t，且垂直于基准平面的两平行平面之间的区域 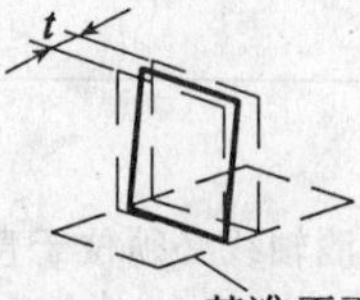	右侧表面必须位于距离为公差值0.08，且垂直于基准平面 A 的两平行平面之间 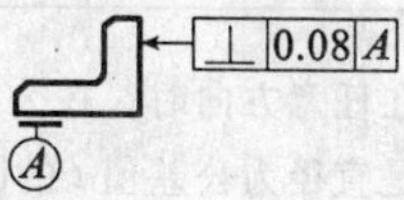
倾斜度	线对线	被测线和基准线在同一平面内时，公差带是距离为公差值 t，且与基准线成一给定角度的两平行平面之间的区域 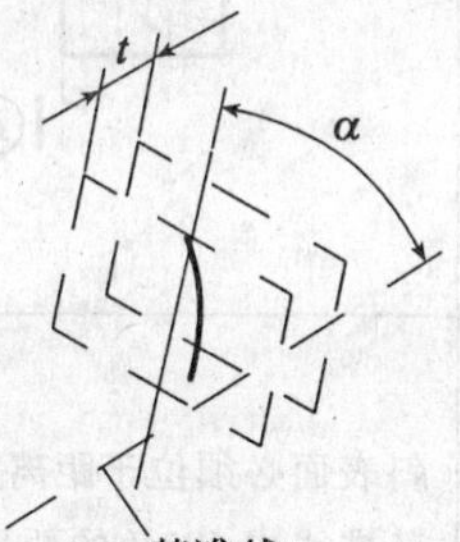	ϕD 的轴线必须位于距离为公差值0.08，且与基准轴线成理论正确角度60°的两平行平面之间 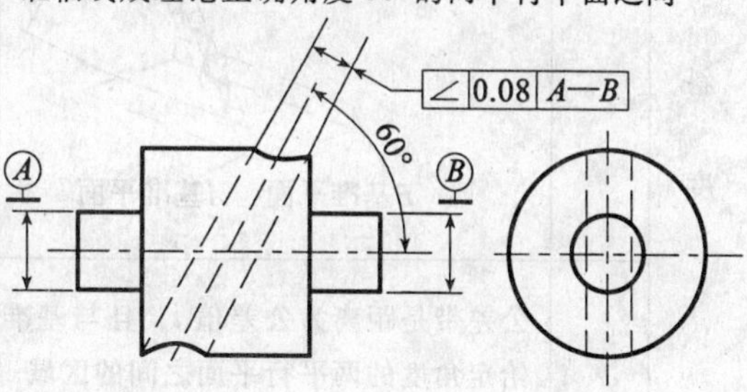
	线对线	被测线和基准线不在同一平面内时，公差带是距离为公差值 t，且与基准成一给定角度的两平行平面之间的区域。如被测线与基准不在同一平面内，则被测线应投影到包含基准轴线并平行于被测轴线的平面上，公差带是相对于投影到该平面的线而言。 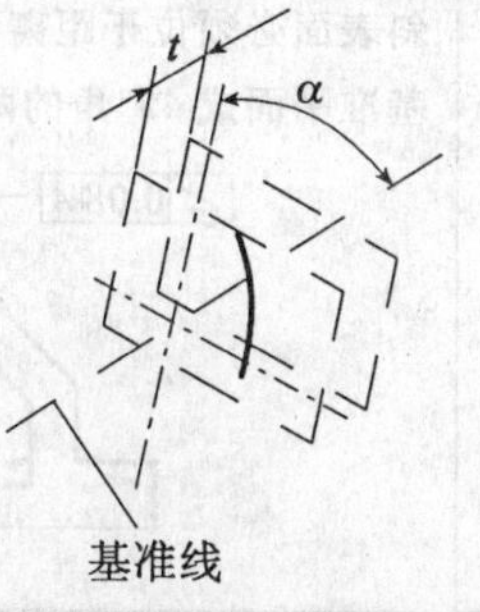	被测轴线投影到包含基准轴线的平面上，它必须位于距离为公差值0.08，且与基准轴线成理论正确角度60°的两平行平面之间 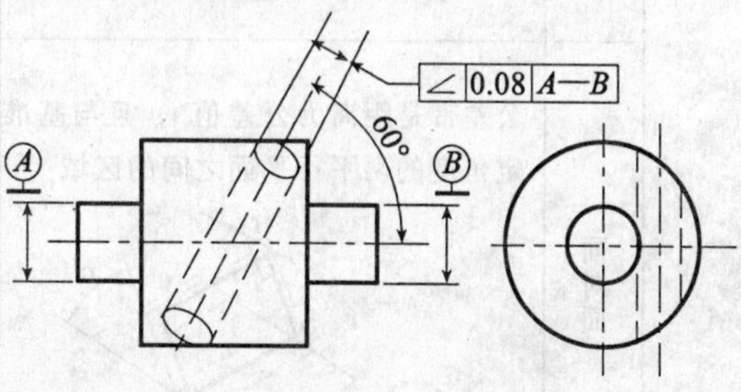

续表

特征		公差带定义	说　明
倾斜度	线对面	在给定方向上，公差带是距离为公差值 t，且与基准成一给定角度的两平行平面之间的区域 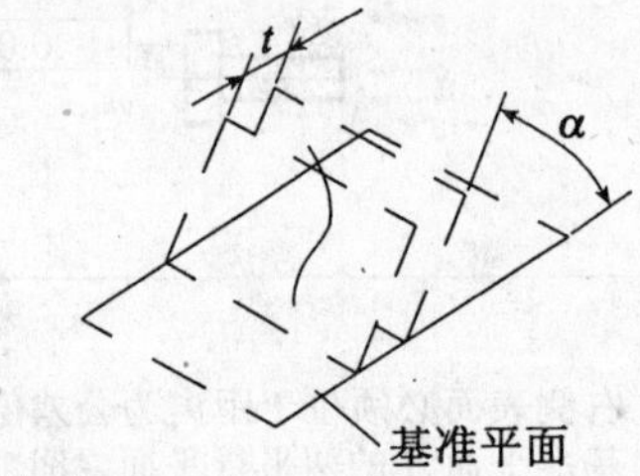	被测轴线必须位于距离为公差值 0.08，且与基准面 A（基准平面）成理论正确角度 $60°$ 的两对平行平面之间 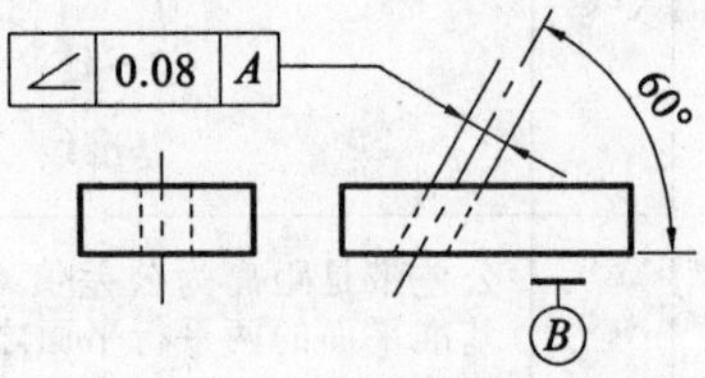
		在任意方向时，在公差值前加注 ϕ，公差带是直径为公差值 t 的圆柱面内的区域，该圆柱面的轴线应与基准平面呈一给定的角度，并平行于基准的平面 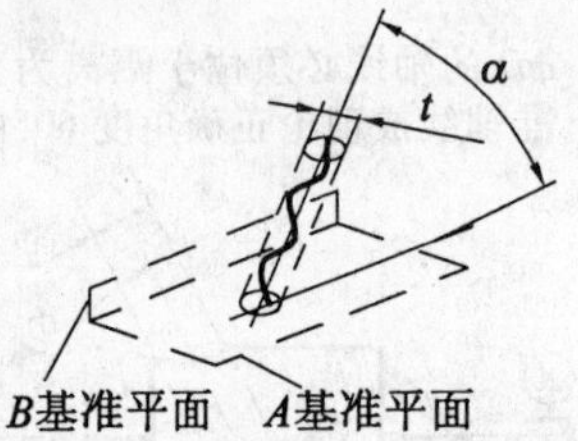	被测轴线必须位于直径为公差值 $\phi 0.1$ 内，且与基准平面 A 成理论正确角度 $60°$，平行于基准平面 B 的圆柱公差带内 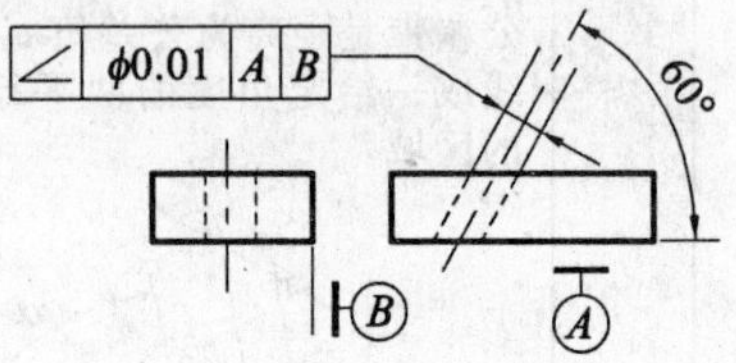
	面对线	公差带是距离为公差值 t，且与基准线成一给定角度的两平行平面之间的区域 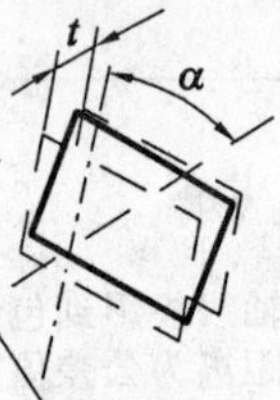	斜表面必须位于距离为公差值 0.05，且与基准线成 $60°$ 角的两平行平面之间 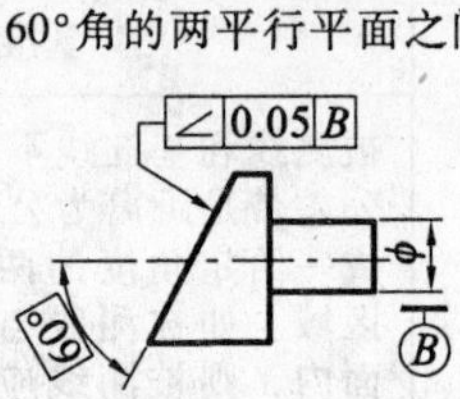
	面对面	公差带是距离为公差值 t，且与基准面成一定角度的两平行平面之间的区域 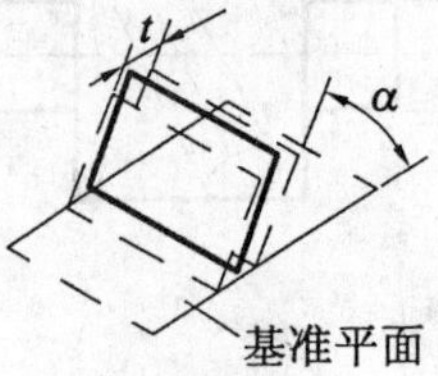	斜表面必须位于距离为公差值 0.05，且与基准平面成 $45°$ 角的两平行平面之间 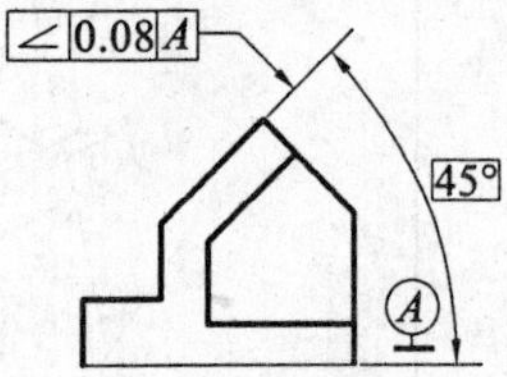

定向公差带相对于基准有确定的方向；而其位置往往是浮动的。定向公差带具有综合控制被测要素的方向和形状的功能。在保证使用要求的前提下，对被测要素给出定向公差后，通常不再对该要素提出形状公差要求。需要对被测要素的形状有进一步的要求时，可再给出形状公差，且形状公差值应小于定向公差值。

3. 定位公差

定位公差是关联实际要素对其具有确定位置的理想要素的允许变动量。理想要素的位置由基准及理论正确尺寸（长度或角度）确定。当理论正确尺寸为零，且基准要素和被测要素均为轴线时，称为同轴度公差（若基准要素和被测要素的轴线足够短，或均为中心点时，称为同心度公差）；当理论正确尺寸为零，基准要素或（和）被测要素为其他中心要素（中心平面）时，称为对称度公差；在其他情况下称为位置度公差。表 4-5 列出了部分定位公差的公差带定义、标注和解释示例。

定位公差带相对于基准具有确定的位置，其中，位置度公差带的位置由理论正确尺寸确定，同轴度和对称度的理论正确尺寸为零，图上可省略不注。定位公差带具有综合控制被测要素位置、方向和形状的功能。在满足使用要求的前提下，对被测要素给出定位公差后，通常对该要素不再给出定向公差和形状公差。如果需要对方向和形状有进一步要求时，则可另行给出定向或（和）形状公差，但其数值应小于定位公差值。

表 4-5　　　　　　　　　　定位公差带定义、标注和解释

特征	公差带定义	说　明
同轴度	点的同轴度公差 公差带是直径为公差值 ϕt，且与基准圆心同心的圆内的区域 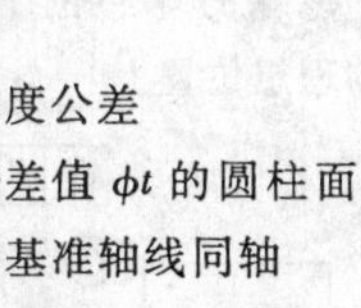	被测（外圆）圆心必须位于直径为公差值 $\phi 0.01$，且与基准圆心同心的圆内 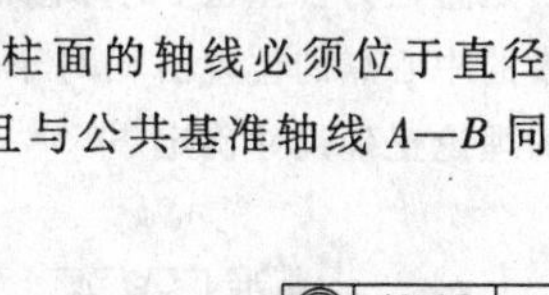
同轴度	轴线的同轴度公差 公差带是公差值 ϕt 的圆柱面内的区域，该圆柱面的轴线与基准轴线同轴	大圆柱面的轴线必须位于直径为公差值 $\phi 0.08$，且与公共基准轴线 $A—B$ 同轴的圆柱面内

续表

特征		公差带定义	说明
对称度		公差带是距离为公差值 t，且相对基准中心平面（或中心线、轴线）对称配置的两平行平面（或直线）之间的区域 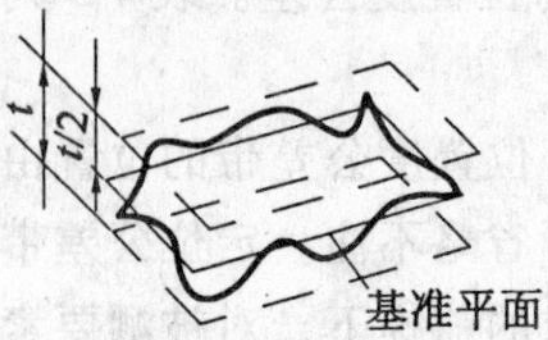	被测中心平面必须位于距离为公差值 0.08，且相对于基准中心平面 A 对称配置的两平行平面之间 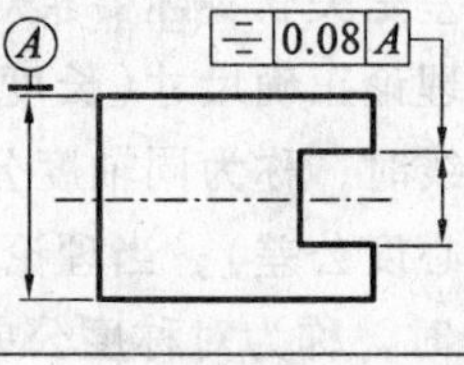
			被测中心平面必须位于距离为公差值 0.08，且相对于公共基准中心平面 $A—B$ 对称配置的两平行平面之间。 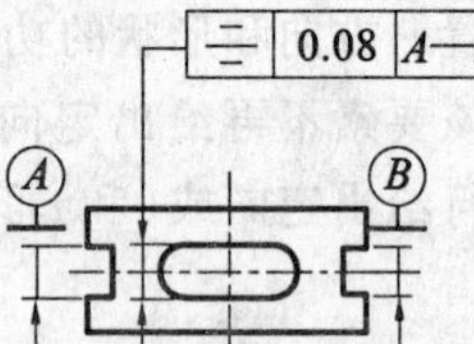
位置度	点的位置度	在给定平面上，公差值前加注 ϕ，公差带是直径为公差值 t 的圆内的区域。圆公差带的中心点的位置由相对于基准 A 和 B 的理论正确尺寸确定 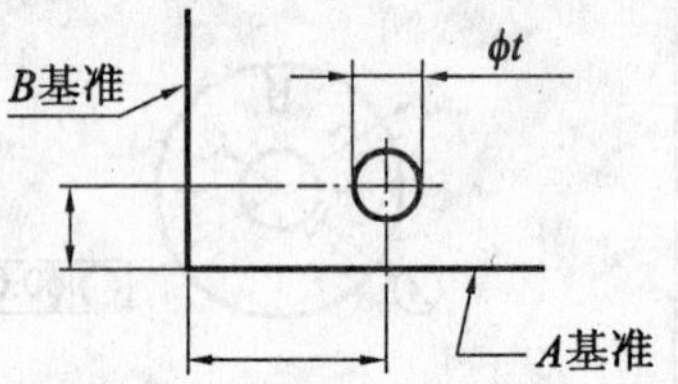	该点必须位于直径为公差值 0.3 的圆内，该圆的圆心位于相对基准 A、B 所确定的点的理想位置上 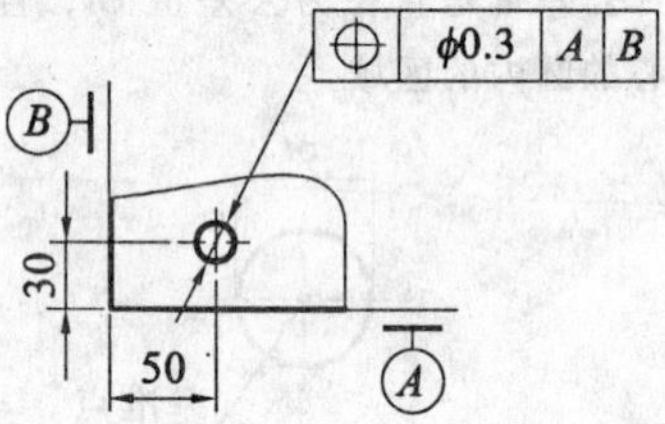
		在任意方向，公差值前加注 $S\phi$，公差带是直径为公差值 t 的球内的区域。球公差带的中心点的位置由相对于基准 A、B 和 C 的理论正确尺寸确定 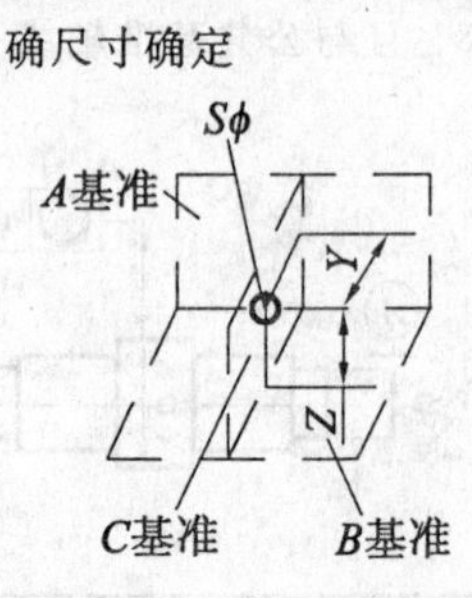	被测球的球心必须位于直径为公差值 0.03 的球内，该球的球心位于相对基准 A、B、C 所确定的理想位置上 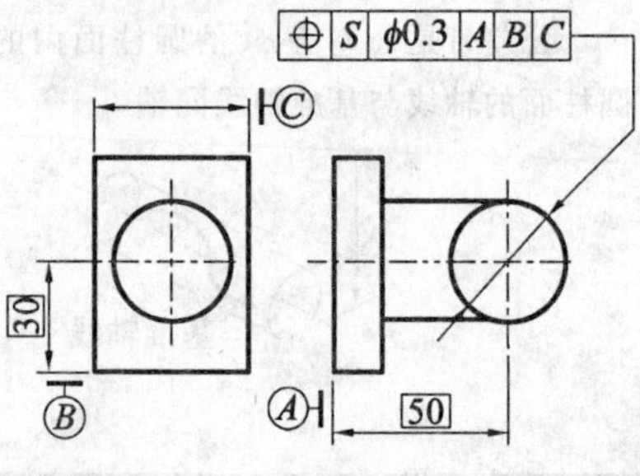

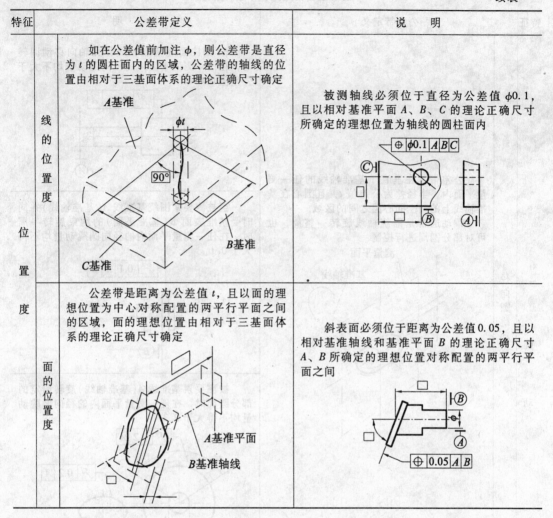

4. 跳动公差

跳动公差是针对特定的检测方式而定义的公差特征项目。它是被测要素绕基准要素回转过程中所允许的最大跳动量，也就是指示器在给定方向上指示的最大读数与最小读数之差的允许值。跳动公差可分为圆跳动和全跳动（见表4-6）。

圆跳动是控制被测要素在某个测量截面内相对基准轴线的变动量。圆跳动又分为径向圆跳动、端面跳动和斜向圆跳动三种。

全跳动是控制整个被测要素在连续测量时相对于基准轴线的跳动量。全跳动分为径向全跳动和端面全跳动两种。

跳动公差适用于回转表面或其端面。跳动公差带的位置具有固定和浮动双重特点，一方面公差带的中心（或轴线）始终与基准轴线同轴，另一方面公差带的半径又随实际要素的变动而变动。跳动公差具有综合控制被测要素的位置、方向和形状的作用。例如，端面全跳动公差可同时控制端面对基准轴线的垂直度和它的平面度误差；径向全跳动公差可控制同轴度、圆柱度误差。

表 4-6　跳动公差带定义、标注和解释

特征	公差带定义	说　明
圆跳动 —— 径向圆跳动	公差带是在垂直于基准轴线的任一测量平面内，半径差为公差值 t，且圆心在基准轴线上的两个同心圆之间的区域。 跳动通常是围绕轴线旋转一整周，也可对部分圆周进行控制	ϕd 圆柱面绕基准轴线作无轴向移动回转时，在任一测量平面内的径向跳动量均不大于公差值 0.05 当被测要素围绕基准线 A（基准轴线）并同时受基准表面 B（基准平面）的约束旋转一周时，在任一测量平面内的径向圆跳动量均不得大于 0.1 被测要素基准线 A（基准轴线）旋转给定的部分圆周时，在任一测量平面内的径向圆跳动量均不得大于 0.2
端面圆跳动	公差带是在与基准轴线同轴的任一半径位置的测量圆柱面上，沿母线方向距离为 t 的两圆之间的距离 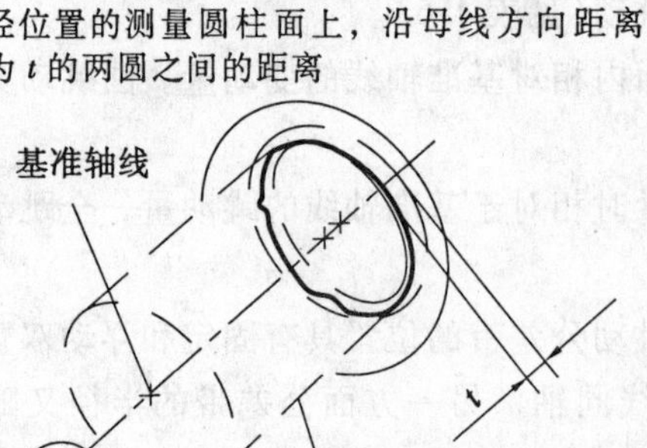	当被测件绕基准轴线无轴向移动旋转一周时，在被测面上任一测量直径处的轴向跳动量均不得大于公差值 0.05 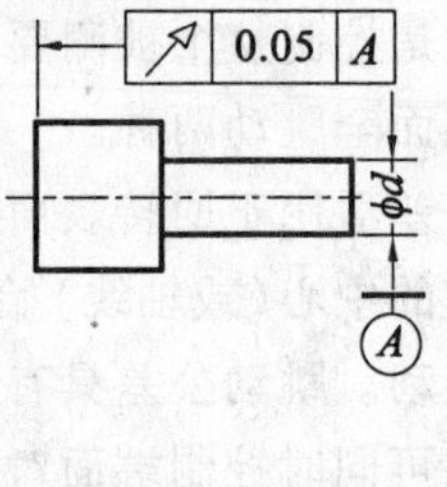

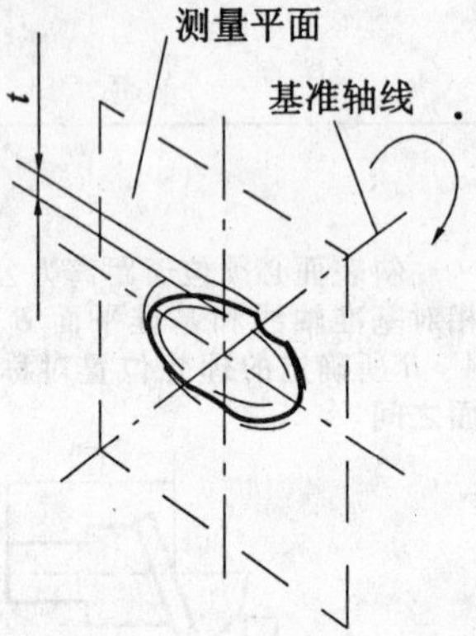

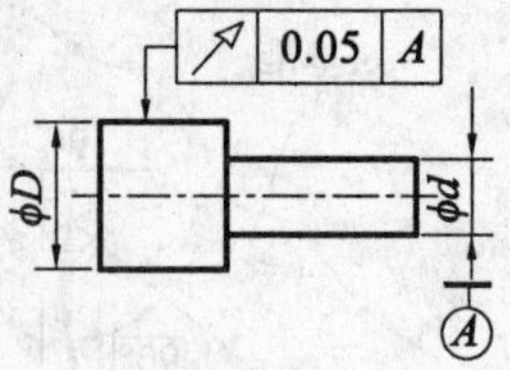

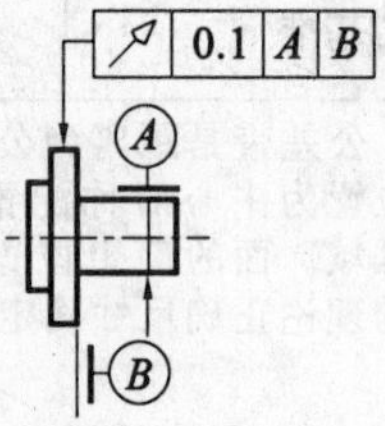

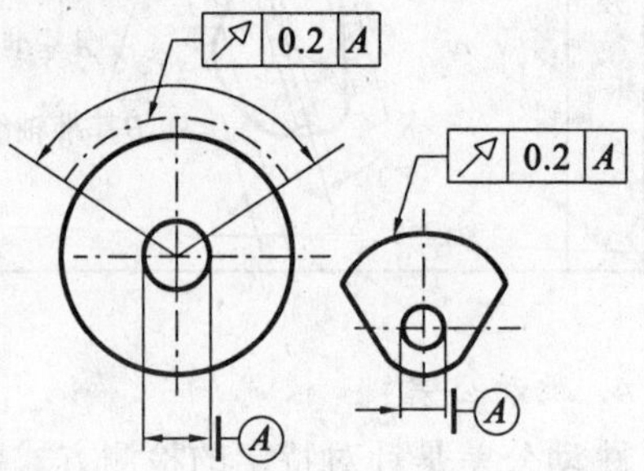

续表

特征	公差带定义	说明
圆跳动 / 斜向圆跳动	公差带是在与基准轴线同轴，且母线垂直与被测表面的任一测量圆锥面上，沿母线方向距离为 t 的两圆之间的区域，除特殊规定外，其测量方向是被测面的法线方向 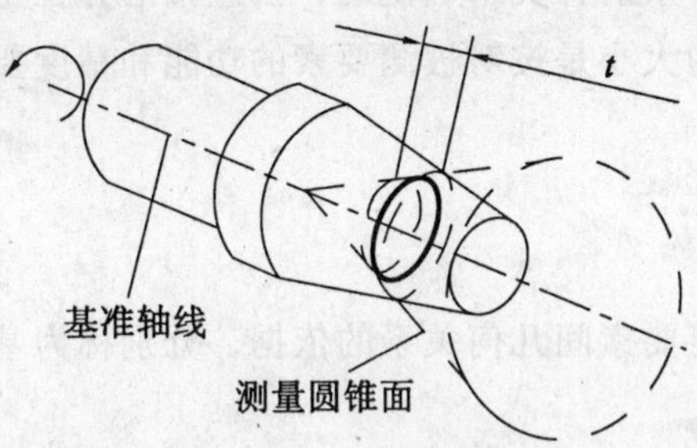	被测件绕基准轴线无轴向移动旋转一周时，在任一测量圆锥面上的跳动量均不得大于 0.05 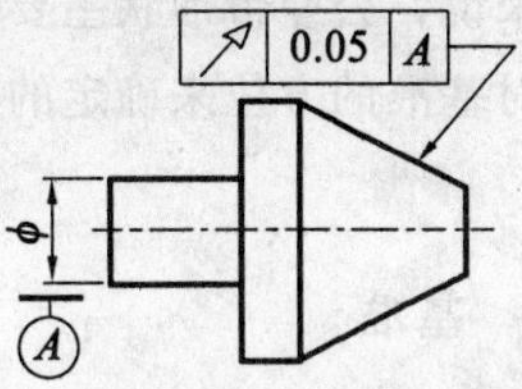
全跳动 / 径向全跳动	公差带是半径差为公差值 t，且与基准轴线同轴的两圆柱面之间的区域 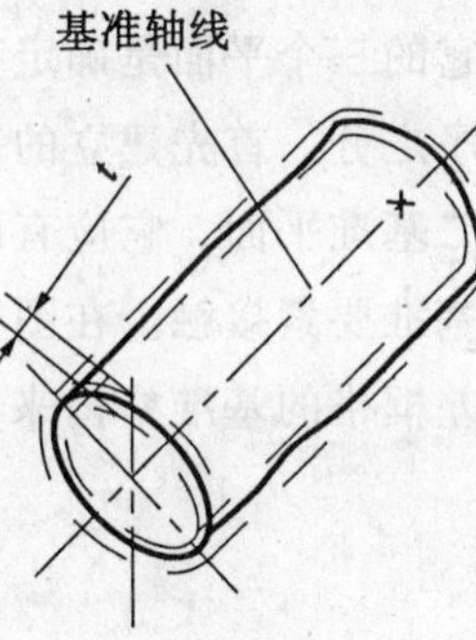	ϕd 表面绕基准轴线作无轴向移动地连续回转，同时，指示计作平行与基准轴线方向的直线移动，在 ϕd 整个表面上的跳动量不得大于公差值 0.2 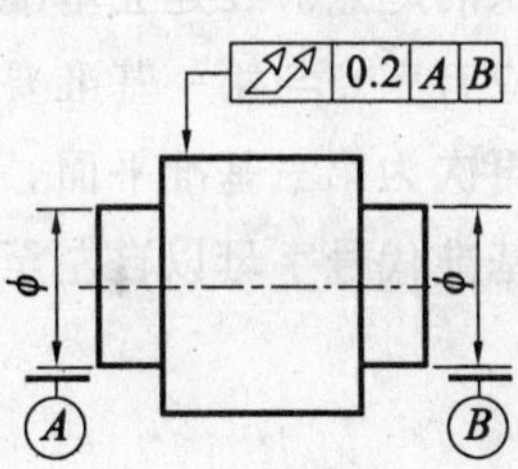
全跳动 / 端面全跳动	公差带是距离为公差值 t，且与基准轴线垂直的两平行平面之间的区域 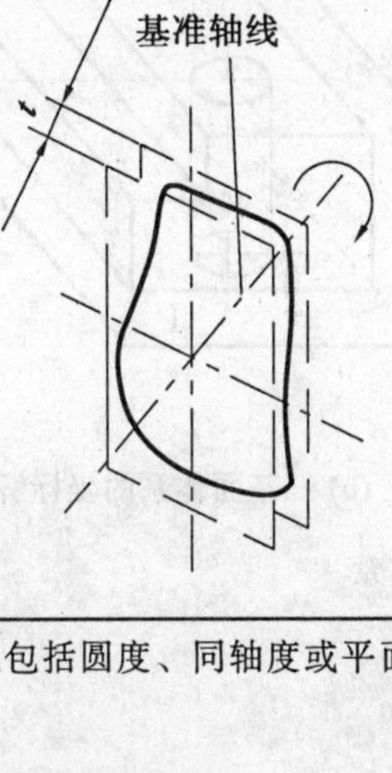	端面绕基准轴线作无轴向的连续回转，同时，指示计作垂直于基准轴线方向的直线移动，此时，在整个端面上的跳动量不得大于 0.05 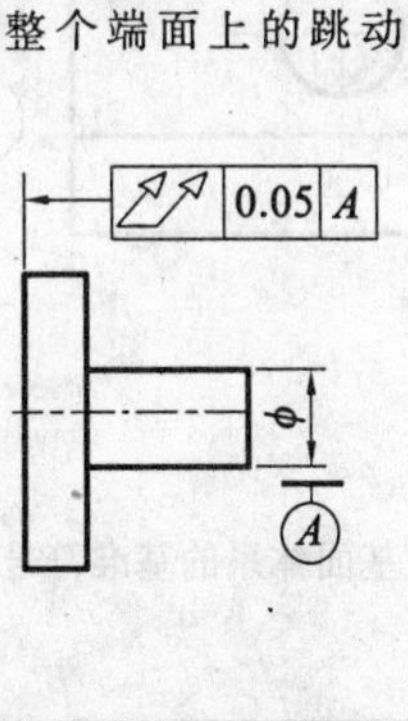

注：圆跳动可能包括圆度、同轴度或平面度、垂直度误差。这些误差的总值不能超过给定的圆跳动公差。

形状、轮廓度、定向、定位和跳动公差之间，既有联系又有区别。有的几个项目公差带形状是相同的，如轴线的直线度、轴线的同轴度、轴线对端面的垂直度、组孔轴线的位置度等，这4个项目的公差带形状都是直径为 ϕt 的圆柱；有的一个项目公差带就有几种不同的形状，如直线度公差带有间距为 t 的两平行直线、间距为 t 的两平行平面和直径为 ϕt 的圆柱3种不同的形状，又如位置度公差带有直径为 ϕt 的圆、直径为 $S\phi t$ 的球、间距为 t 的两平行直线、直径为 ϕt 的圆柱和间距为 t 的两平行平面5种不同的形状。

一般来说，公差带形状主要是随被测要素的种类来确定的，公差带的方位主要是随被测要素相对基准的方位来确定的，公差带的大小是按对被测要素的功能和精度要求来确定的。

4.2.3 基准

基准是理想基准要素的简称，它是确定要素间几何关系的依据，分别称为基准点、基准线和基准平面。

基准有三种：单一基准、组合(公共)基准和三基面体系。单一基准是指由一个要素建立的基准，作为单一基准使用的单个要素是单一基准要素；组合基准是指由两个或两个以上要素建立的一个独立基准，作为单一基准使用的一组要素是组合基准要素；三基面体系是由三个互相垂直的基准平面组成的基准体系，它的三个平面是确定和测量零件上各要素几何关系的起点。在建立基准体系时，基准有顺序之分。首先建立的基准称为第一基准平面，它应有三点与第一基准要素接触；其次为第二基准平面，它应有两点与第二基准要素接触；再次为第三基准平面，它应有一点与第三基准要素接触。在图样上，基准的优先顺序，用基准代号字母以自左至右的顺序注写在公差框格的基准格内来表示，如图4-5所示。

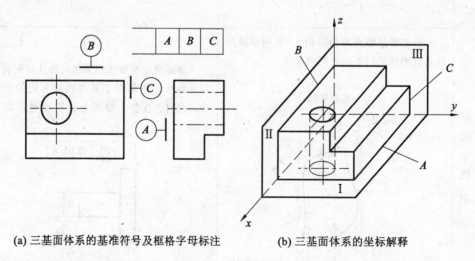

(a) 三基面体系的基准符号及框格字母标注　　(b) 三基面体系的坐标解释

图 4-5　三基面体系

§4.3 形状和位置公差的标注

按形位公差国家标准规定,在图样上,零件几何要素的形位公差要求采用形位公差代号标注。当无法用代号标注时,才允许在技术条件中用文字说明。形位公差代号包括:形位公差有关项目的符号;形位公差框格和指引线;形位公差值和其他有关符号;基准符号。

形位公差代号的画法和标注时应注意的问题如表 4-7 所示。

表 4-7　　　　　　　　　　　　　　　形位公差的标注

画法和注意事项	图　例
1. 公差框格 (1)公差框格为细实线; (2)公差框格分为两格或多格,格中内容如右图示; (3)公差框格可垂直放置,也可水平放置; (4)推荐尺寸按字长决定	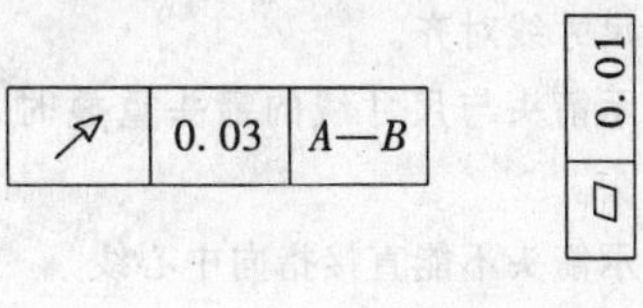 ↗ | 0.03 | A—B　　　0.01
2. 指引线 (1)指引线由箭头和细实线构成; (2)自框格的左端或右端引出,为简便起见,也允许自框格的侧边直接引出; (3)指引线可以曲折,但不得多于两次; (4)指示箭头应指向公差带的宽度或直径方向,对于圆形公差带,指示箭头的方向是公差带直径的方向	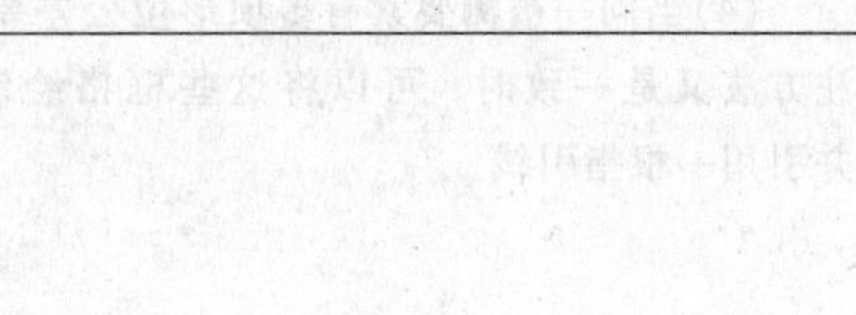
3. 基准代号 (1)基准代号由基准符号、圆圈、连线和相应的字母组成; (2)基准符号为粗短画线,用细实线与框格相连; (3)无论基准代号的方向如何,其字母均应水平书写; (4)圆圈内填写大写拉丁字母,为了避免误解,不得采用 E, I, J, M, O, P, L, R, F。字母高度与图样中字体相同	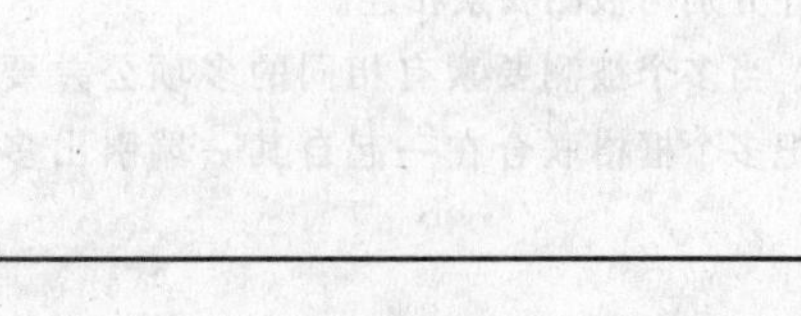 Ⓐ　Ⓑ　Ⓒ

画法和注意事项	图 例
4. 注意事项 (1) 当被测要素为轮廓要素时，指示箭头应指在被测表面的可见轮廓线或其引出线上，并应明显地与尺寸线错开。 对于轮廓要素，该指引线的箭头不得与尺寸线对齐，应与尺寸线至少错开 4mm	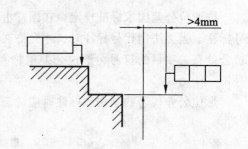
(2) 当被测要素为中心要素时，指示箭头应与该要素的尺寸线对齐。 指示箭头与尺寸线的箭头重叠时，可代替尺寸线的箭头。 指示箭头不能直接指向中心线	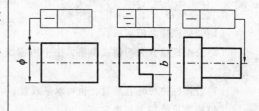
(3) 当被测要素为圆锥体轴线时，指示箭头应与该锥体的直径尺寸线对齐。 如果直径尺寸无法区分圆锥体和圆柱体时，可在锥体内画出空白尺寸线，并将指示箭头与该空白尺寸线对齐	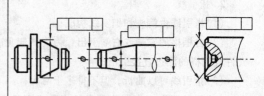
(4) 当同一被测要素有多项形位公差要求，其标注方法又是一致时，可以将这些框格绘制在一起，并引用一根指引线	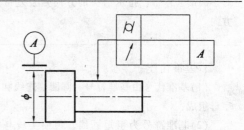
(5) 当多个被测要素有相同的形位公差（单项或多项）要求时，可以在框格的同一端引出多个指示箭头并分别与被测要素相连。 当多个被测要素有相同的多项公差要求时，可以把多个框格联合在一起自其一端引出多个指示箭头	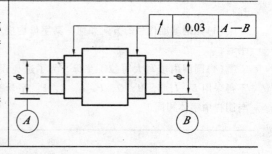

续表

画法和注意事项	图 例
（6）当基准要素为轮廓要素时，基准符号应紧靠基准表面的可见轮廓线或其引出线上。 　　对于轮廓要素，基准符号的连线不得与尺寸线对齐，应与尺寸线至少错开4mm。 　　基准符号的短线不能直接与公差框相连	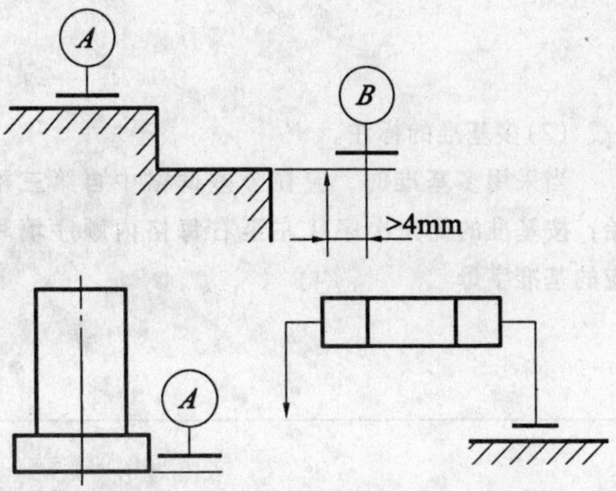
（7）当基准要素为中心要素时，指示箭头应与该要素的尺寸线对齐。 　　指示箭头与尺寸线的箭头重叠时，可代替尺寸线的箭头。 　　基准符号不能直接标注在中心线上	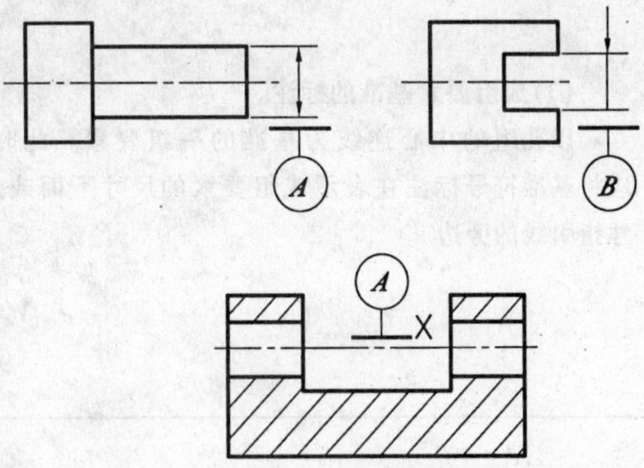
（8）当基准要素为圆锥体轴线时，基准符号的连线应与该锥体的直径尺寸线对齐。 　　如果直径尺寸无法区分圆锥体和圆柱体时，可在锥体内画出空白尺寸线，并将基准符号的连线与该空白尺寸线对齐	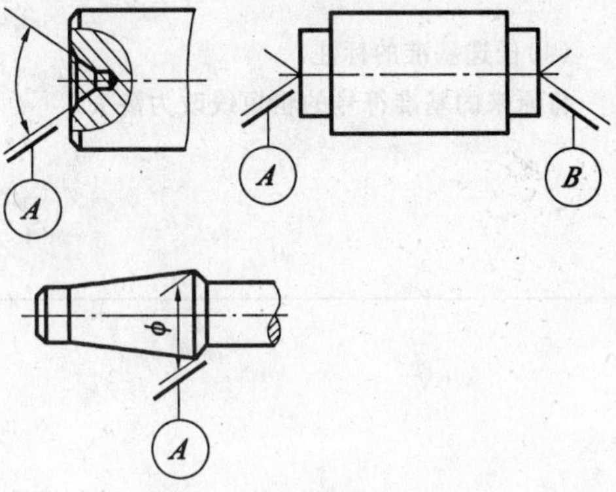

5. 其他标注问题

（1）组合基准标注。

由两个要素组成一个基准使用，如公共轴心线、公共中心平面

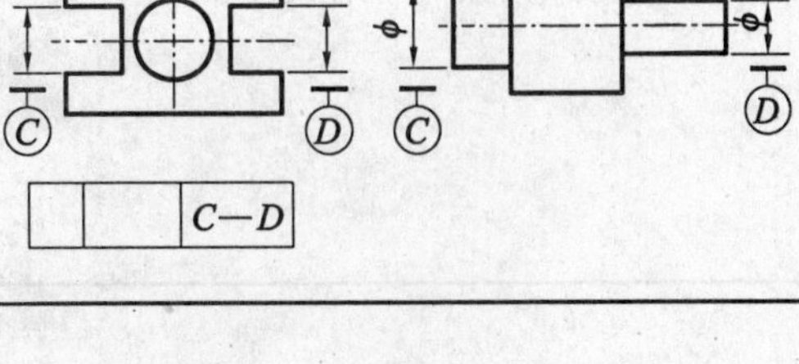

续表

画法和注意事项	图 例
（2）多基准的标注。 当采用多基准时，应在公差框格中自第三格开始，按基准的优先次序从左至右每格内顺序填写相应的基准字母	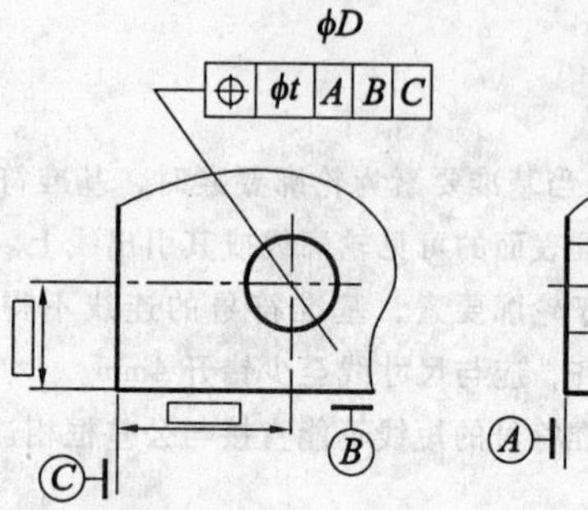
（3）成组要素基准的标注。 以孔组的中心连线为基准的一组要素。此时，应将基准符号标注在表示成组要素的尺寸下面或尺寸指引线的旁边	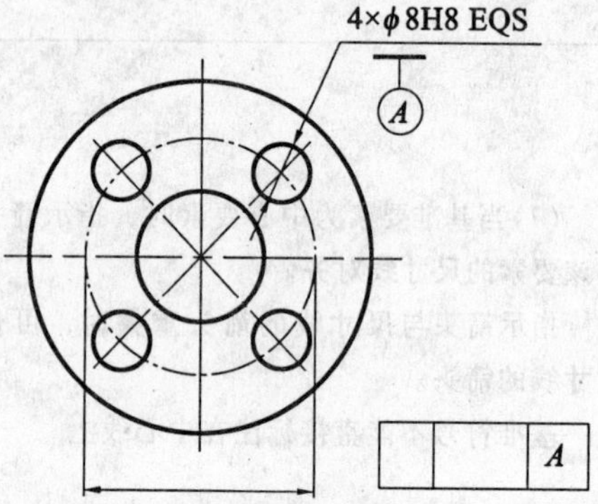
（4）任选基准的标注。 将原来的基准符号的粗短线改为箭头	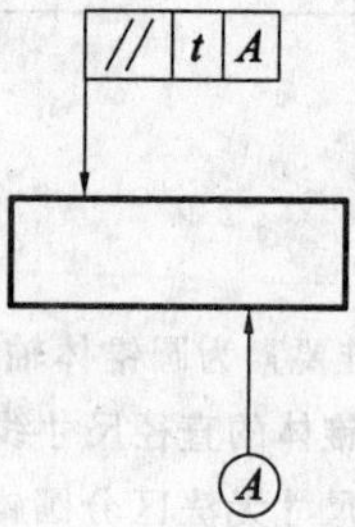
（5）局部基准的标注。 如果只要求要素的某一部分作为基准，用粗点画线表示该局部基准，并加注尺寸	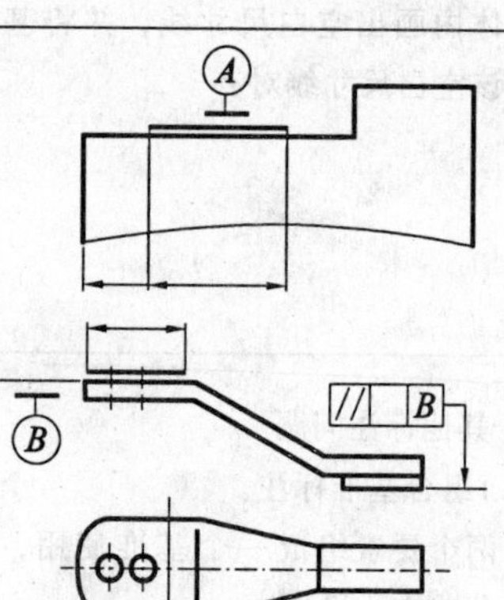

续表

画法和注意事项	图　例
(6)中心孔基准的标注。 当中心孔用局部放大图直接绘出时，则基准符号标注在角度尺寸线上。 当中心孔用代号标出时，则基准符号与中心孔代号一起标注	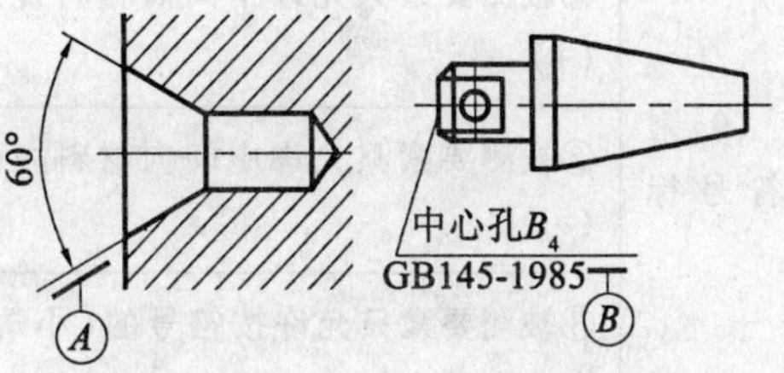
(7)基准目标的标注。 当需要在基准要素上指定某些点、线或局部表面来体现各基准平面时，应该标注基准目标。当基准目标为点时，用×表示；当基准目标为线时，用线实线表示，并在棱边上加×表示；当基准目标为局部表面时，用双点画线绘出该局部表面的图形，并画与水平成45°的细实线	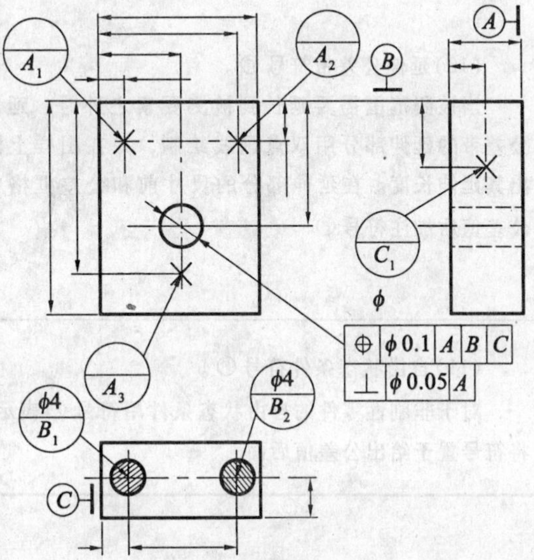
(8)公差值的标注。 ①给出被测要素任一范围：在整个被测表面长向上，任意500mm的长度内，直线度误差不得大于0.02mm	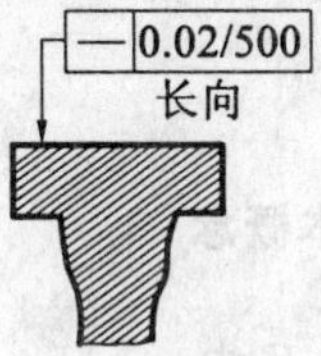
②指定固定位置时，必须直接标注出其位置或用文字附加说明	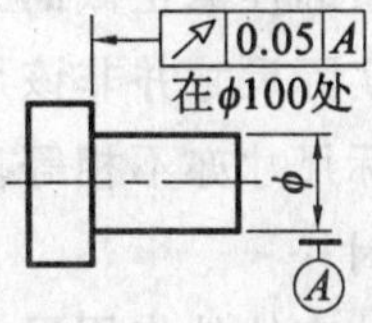
③指定任意范围或任意长度：在整个表面内任意100×100的面积内，平面度误差不得大于0.04mm	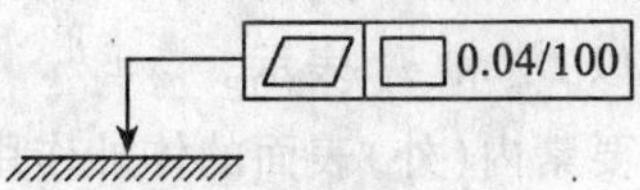

画法和注意事项		图例
(9)附加符号标注。	①被测要素只允许中间向材料外凸起(+)	— | 0.01(+)
	②被测要素只允许中间向材料内凹下(−)	⌗ | 0.08(−)
	③被测要素只允许按符号的(小端)方向逐渐减小(▷)(◁)	// | 0.05(▷) | A // | 0.05(◁) | A
(10)延伸公差带符号 Ⓟ。 当被测范围需要延长到被测要素之外时，延伸公差带的延伸部分用双点画线绘制，并在图样上注出其延伸长度。在延伸部分的尺寸前和公差框格中公差值后加注符号 Ⓟ		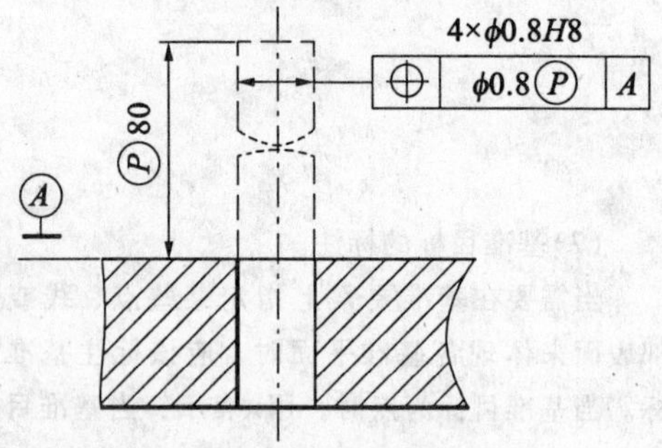 4×φ0.8H8 ⊕ | φ0.8 Ⓟ | A Ⓟ 80
(11)自由状态条件符号 Ⓕ。 对于非刚性零件的自由状态条件用符号 Ⓕ 表示，将符号置于给出公差值后面		○ | 2.8 Ⓕ ⌗ | 0.25 / 0.3 Ⓕ

§4.4 公差原则

4.4.1 基本概念

1. 局部实际尺寸

在实际要素的任意正截面上，两测量点之间的距离称局部实际尺寸。由于存在测量误差，所以局部实际尺寸并非该尺寸的真值。同时由于形状误差的影响，同一实际要素不同部位的局部实际尺寸亦不相等。

2. 作用尺寸

作用尺寸分有体外作用尺寸和体内作用尺寸两种。

(1)体外作用尺寸。体外作用尺寸有内表面的体外作用尺寸和外表面的体外作用尺寸，分别以 D_{fe} 和 d_{fe} 表示。

单一要素内(外)表面的体外作用尺寸 $D_{fe}(d_{fe})$ 是在被测要素的给定长度上，与实际内(外)表面体外相接的最大(最小)理想面的直径或宽度，如图 4-6 所示。

(2)体内作用尺寸。体内作用尺寸同样有内表面的体内作用尺寸和外表面的体内作用

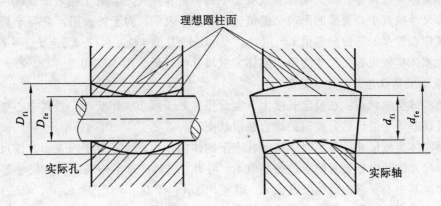

图 4-6 单一要素的作用尺寸

尺寸，分别以 D_{fi} 和 d_{fi} 表示。

单一要素内(外)表面的体内作用尺寸 $D_{fi}(d_{fi})$ 是在被测要素的给定长度上，与实际内(外)表面体内相接的最小(最大)理想面的直径和宽度，如图 4-6 所示。

所以有作用尺寸与实际尺寸之间的关系如下：

$$D_{fe} \leq D_a \leq D_{fi}$$

$$d_{fe} \geq d_a \geq d_{fi}$$

对于关联要素的体外作用尺寸或体内作用尺寸，与实际表面相接的理想面的轴线或中心平面必须与基准保持图样上给定的几何关系。

3. 最大实体状态、尺寸、边界

最大实体状态：实际要素在给定长度上处处位于尺寸极限之内并具有实体最大(即材料最多)时的状态。

最大实体尺寸：即最大实体状态下的尺寸。内、外表面的最大实体尺寸分别用 D_M，d_M 表示，$D_M = D_{min}$，$d_M = d_{max}$（D_M，d_M 分别为孔的最小极限尺寸和轴的最大极限尺寸）。

边界：由设计给定的具有理想形状的极限包容面。边界的尺寸为极限包容面的直径或距离。

尺寸为最大实体尺寸的边界称为最大实体边界，用 MMB 表示。

4. 最小实体状态、尺寸、边界

最小实体状态：实际要素在给定长度上处处位于尺寸极限之内，并具有实体最小(即材料最小)时的状态。

最小实体尺寸：最小实体状态下的尺寸。对于内表面，它为最大极限尺寸，用 D_L 表示对于外表面，它为最小极限尺寸，用 d_L 表示。即 $D_L = D_{max}$，$d_L = d_{min}$。

最小实体边界：尺寸为最小实体尺寸的边界，用 LMB 表示。

对于关联要素，其最小实体边界的中心要素必须与基准保持图样上给定的几何关系。

5. 最大实体实效状态、尺寸、边界

最大实体实效状态：在给定长度上，实际要素处于最大实体状态，且中心要素的形状或位置误差等于给出公差值时的综合极限状态。

最大实体实效尺寸：最大实体实效状态下的体外作用尺寸。对于内表面，该尺寸等于最大实体尺寸减其中心要素的形位公差值 t，用 D_{MV} 表示；对于外表面，它等于最大实体尺寸加其中心要素的形位公差值 t，用 d_{MV} 表示。即 $D_{MV} = D_{min} - t$，$d_{MV} = d_{max} + t$。

最大实体实效边界：尺寸为最大实体实效尺寸的边界，用 MMVB 表示。

6. 最小实体状态、尺寸、边界

最小实体实效状态：在给定长度上，实效要素处于最小实体状态，且其中心要素的形状或位置误差等于给出的公差值的综合极限状态。

最小实体实效尺寸：最小实体实效状态下的体内作用尺寸。对于内表面，该尺寸等于最大极限尺寸加其中心要素的形位公差值 t，用 D_{LV} 表示；对于外表面，该尺寸等于最小极限尺寸减其中心要素的形位公差值 t，用 d_{LV} 表示。即 $D_{LV} = D_{max} + t$，$d_{LV} = d_{min} - t$。

最小实体实效边界：尺寸为最小实体实效尺寸的边界，用 LMVB 表示。

4.4.2 独立原则

独立原则（IP）是指图样上给定的形位公差与尺寸公差是彼此独立相关的，并应分别满足要求。具体说来，遵守独立原则时，尺寸公差仅控制局部实际尺寸的变动量，而不控制要素的形位误差。另一方面，图标上给定的形位公差与被测要素的局部实际尺寸无关，不论其局部实际尺寸大小如何，被测要素均应在给定的形位公差带内，并且其形位误差允许达到最大值。

如图 4-7 所示零件遵循独立原则。轴线的直线度误差不允许大于 $\phi 0.02\text{mm}$，不受尺寸公差带控制；圆柱任一横截面的圆度误差不允许大于 0.01；实际尺寸可在 24.967～25mm 之间，也不受轴线直线度公差带，截面圆度公差带控制；并且不论轴的局部实际尺寸为多少，其形状误差均应在相应给定的形状公差内。

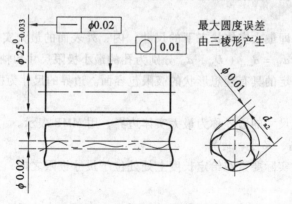

图 4-7 独立原则的应用

采用独立原则时，形位公差和尺寸公差在图样上单独标注，没有任何联系符号。

4.4.3 最大实体原则

最大实体原则（MMP）：是指被测要素或（和）基准要素偏离最大实体状态时，形状、定向、定位公差获得补偿的一种公差原则。

零件要素应用最大实体要求时,要求实际要素遵守最大实体实效边界,即要求其实际轮廓处处不得超越该边界,当其实际尺寸偏离最大实体尺寸时,允许其形位误差值超出图样上给定的公差值,而要素的局部实际尺寸应在最大实体尺寸与最小实体尺寸之间。

采用最大实体原则时,应在形位公差值或基准字母后加注符号Ⓜ。

最大实体原则可用于被测要素,也可用于基准要素或同时使用。

被测中心要素的形位公差与其相应轮廓要素的尺寸公差遵守最大实体原则时,要求:

对于孔 $D_{max} \geq D_a \geq D_{min}$

对于轴 $d_{max} \geq d_a \geq d_{min}$

实际尺寸和形位误差的综合结果(作用尺寸)不得超越实际边界。

(1)图样上形位公差框格内公差值后标注Ⓜ,表示最大实体要求用于被测要素,如图4-8所示,表示轴 $\phi 20_{-0.3}^{0}$ 的轴线直线度公差采用最大实体要求,当被测要素处于最大实体状态时,其轴线直线度公差为 $\phi 0.1mm$。该轴满足要求:

实际尺寸为 $\phi 19.7 \sim \phi 20mm$

实际轮廓不超出最大实体实效边界,即其体外作用尺寸不大于最大实体实效尺寸 D_{MV}

$$D_{MV} = D_M + t = 20 + 0.1 = 20.1mm$$

当处于最小实体状态时,轴线直线度误差允许达到最大值,即等于图样上给出的形位公差值($\phi 0.1mm$)与尺寸公差(0.3)之和($\phi 0.4mm$)。

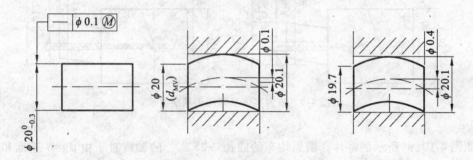

图 4-8 最大实体原则用于被测要素

(2)图样上公差框格中基准字母后面标注符号Ⓜ时,表示最大实体要用于基准要素。

基准要素应遵守的边界有两种情况:当基准要素本身采用最大实体要求时,其相应的边界为最大实体实效边界;基准要素本身不采用最大实体要求时,其相应的边界为最大实体边界。

如图 4-9 所示,表示最大实体要求应用与轴 $\phi 12_{-0.05}^{0}$ 的轴线对轴 $\phi 25_{-0.05}^{0}$ 的轴线的同轴度公差,并同时应用于基准要素。当被测要素处于最大实体状态时,其轴线对基准 A 的同轴度公差为 $\phi 0.04mm$,被测轴应满足要求:

实际尺寸为 $\phi 11.95 \sim \phi 12mm$;

实际轮廓不超出关联最大实体实效边界,即其关联体外作用尺寸不大于关联最大实体实效尺寸 d_{MV}

$$d_{MV} = d_M + t = 12 + 0.04 = 12.04mm$$

当被测轴处于最小实体状态时，其轴线对基准 A 轴线的同轴度误差允许达到最大值，即等于图样给出的同轴度公差（$\phi 0.04$mm）于轴的尺寸公差（0.05mm）之和（$\phi 0.09$mm）。当基准 A 的实际轮廓处于最大实体边界上，即其体外作用尺寸等于最大实体尺寸 $d_M = \phi 25$mm 时，基准轴线不能浮动；当基准 A 的实际轮廓偏离最大实体边界，即其体外作用尺寸偏离最大实体尺寸 $d_M = \phi 25$mm 时，基准轴线可以浮动。当体外作用尺寸等于最小实体尺寸 $d_L = \phi 24.95$mm 时，其浮动范围达到最大值 $\phi 0.05$mm（$= d_M - d_L = 25 - 24.95$）。

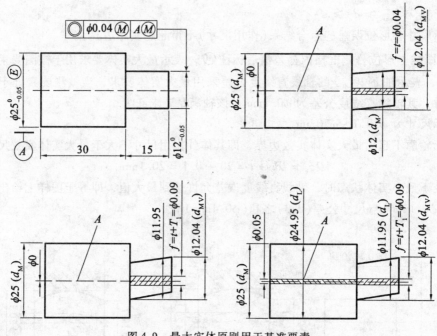

图 4-9 最大实体原则用于基准要素

如图 4-10(a) 所示的零件，圆周均布的四孔 $\phi 25^{+0.033}_{\ 0}$ 的轴线对于由 A、B 基准和理论正确尺寸 $\boxed{\phi\ 90}$ 确定的理想位置的位置度公差，不仅与其尺寸公差按最大实体原则相关，而且与第二基准 B（$\phi 40^{+0.039}_{\ 0}$）的尺寸公差相关，同时，第二基准 B 对第一基准 A 的垂直度公差与其尺寸公差要求遵守包容原则。其含义如下：

(1) 基准要素的边界为 $\phi 40$mm，且轴线垂直于 A 面的理想圆柱面（关联最大实体边界）；被测要素的边界是直径为 $\phi 24.96$mm，且轴线在几何图框上的四个理想圆柱面。几何图框是直径等于理论正确尺寸 $\boxed{\phi\ 90}$、轴线垂直于 A 面，且与基准 B 同轴的理想圆柱面上均匀分布的四条素线。若基准孔处处为最大实体尺寸，被测孔均处处为最大实体尺寸，则各被测孔的轴线对其理想位置的位置度误差可达 $\phi 0.1$mm。

(2) 若第二基准 B 偏离最大实体边界，则关联最大实体边界的轴线可以相对实际基准轴线有所偏离，其允许变动范围为直径等于基准要素 B 的关联作用尺寸与其最大实体尺寸之差的圆柱面内的区域。显然，其最大可能的允许变动范围为直径等于基准要素 B 的尺寸公差的圆柱面内的区域，如图 4-10(b) 所示。若把被测要素的几何图框及其关联实效边界和相应的位置度公差带作为一个整体，则上述区域即为此整体相对于实际基准轴线允许变动的范围。基准 B 的最大实体边界必须垂直第一基准 A，故被测要素几何图框及其关联实效边界和位置公差带，只允许在垂直基准 A 的条件下，相对于实际基准轴线作位置的浮动。

(3) 图样上的形位公差框格中，在被测要素形位公差值后面符号 Ⓜ 之后标注 Ⓡ 时，则表示被测要素遵守最大实体要求的同时遵守可逆要求。

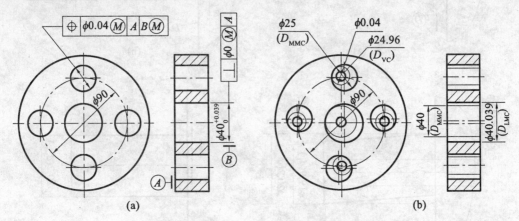

图 4-10 成组要素的位置度公差与基准要素相关

可逆要求用于最大实体要求时，除了具有上述最大实体要求用于被测要素时的含义外，还表示当形位误差小于给定的形位公差时，也允许实际尺寸超出最大实体尺寸；当形位误差为零时，允许以尺寸的超出量最大值作为形位公差值，从而实现尺寸公差与形位公差的相互转换。此时，被测要素仍遵守最大实体实效边界。

图 4-11 所示为可逆要求用于最大实体要求的情况。表示被测轴不得超出其最大实体实效边界，即其体外作用尺寸不超出最大实体实效尺寸(MMVS)$\phi 20.2 \text{mm}$；所有局部实际尺寸应为 $\phi 19.9 \sim \phi 20 \text{mm}$，轴线的垂直度公差可根据其局部实际尺寸在 $0 \sim 0.3 \text{mm}$ 之间变化，例如：如果所有局部实际尺寸都是 $\phi 20 \text{mm}(d_M)$，则轴线的垂直度误差可为 $\phi 0.2 \text{mm}$，如图 4-11(b) 所示；如果所有局部实际尺寸都是 $\phi 19.9(d_L)$，则轴线垂直度误差可为 $\phi 0.3 \text{mm}$，如图 4-11(c) 所示；如果轴线的垂直度误差为零，则局部实际尺寸可为 $\phi 20.2 \text{mm}$，如图 4-11(d) 所示。

4.4.4 包容原则

包容原则(EP)是指要求实际要素处处不得超越具有理想形状包容面(最大实体边界)的一种公差原则。

被测中心要素的形位公差与其轮廓要素的尺寸公差遵守包容原则时，要求：

实际轮廓遵守最大实体边界，即其作用尺寸不超出最大实体尺寸：

对于孔　$D_M \geq D_{\min}$

对于轴　$d_M \leq d_{\max}$

局部实际尺寸不超越最小实体尺寸：

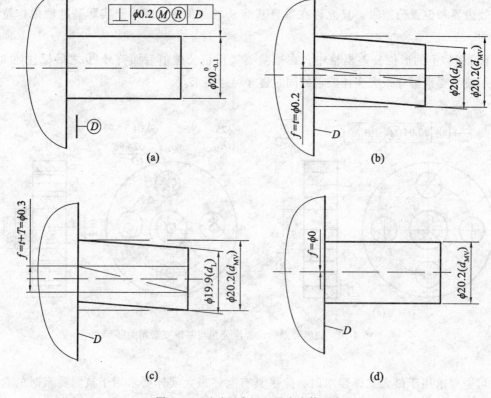

图 4-11 可逆要求用于最大实体要求

对于孔　　$D_a \leq D_{max}$

对于轴　　$d_a \geq d_{min}$

包容原则用于单一要素时,要求尺寸公差后加符号 Ⓔ,用于关联要素时,应在形位公差框格公差值后加符号 0 Ⓜ 或 ϕ0 Ⓜ。

如图 4-12 为包容原则用于单一要素。表示外圆柱面的边界是直径为 ϕ35mm(最大实体尺寸)的理想圆柱面,即当外圆柱面的实际尺寸处处为 ϕ35mm 时,不允许有轴线的直线度误差,如图 4-12(b)所示;若实际尺寸偏离最大实体尺寸,才允许轴线有直线度误差,如当轴的实际尺寸处处为 ϕ34.985mm 时,轴线的直线度误差的最大允许值为 ϕ0.015mm,当实际尺寸处处为最小实体尺寸 ϕ34.975mm 时,轴线的直线度误差最大允许值为 ϕ0.025mm(尺寸公差值),如图 4-12(c)所示;轴局部实际尺寸不能小于 ϕ34.975mm。

图 4-13 为包容原则特例。表示外圆柱面的边界是直径为 ϕ35mm(最大实体尺寸)的理想圆柱面,即当外圆柱面的实际尺寸处处为 ϕ35mm 时,不允许有轴线的直线度误差;若实际尺寸偏离最大实体尺寸,才允许轴线有直线度误差,如当轴的实际尺寸处处为 ϕ34.995mm 时,轴线的直线度可达 ϕ0.005mm,当轴的实际尺寸处处为 ϕ34.980mm 时,轴线的直线度误差可达 ϕ0.02mm;若轴的实际尺寸小于 34.980~34.975mm 时,轴线直线度误差不能再增加,仍为 ϕ0.02mm;轴的局部实际尺寸不能小于 ϕ34.975mm。

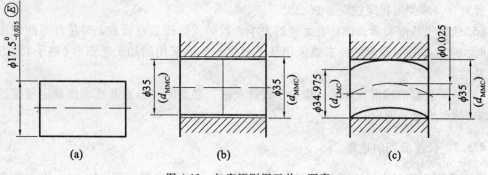

图 4-12 包容原则用于单一要素

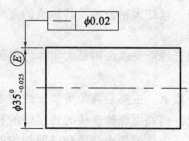

图 4-13 包容原则应用特例

4.4.5 最小实体原则

最小实体要求是控制被测要素的实际轮廓处于最小实体实效边界之内的一种公差要求。当其实际尺寸偏离最小实体尺寸时,允许其形位误差值超出所给出的公差值,从而保证零件的实际轮廓不会超出图样中所限定的边界,以保证零件的强度和壁厚。其标注代号为 Ⓛ。

§4.5 形位公差的选择

形位公差的选用包括基准、公差原则、公差项目和公差值的选择。

4.5.1 基准的选择

(1)基准,通常有设计基准,加工基准和检验基准三种。但经常是不重合的,因此设计者在图样上给定基准时,必须将所选择的指定基准要素,能明确识别与容易辨认,并且解释唯一。当不能避免多义性而影响功能要求时,则必须给定基准。

(2)根据对被测要素的几何关系及设计时的功能要求来选择基准,如果采用多基准,应根据功能要求选择基准的优先顺序。

(3)应选择相互配合或接触的相应要素作为各自的基准,以使计算方便和保证零件的装配互换性。

（4）为便于加工和检验，应选择在夹具、检具中定位的相应要素（零件）作基准（尽量使三者重合，减少累积定位误差）。

（5）选择的基准要素，应具有足够的大小，若必须以铸造或锻造、焊接件等的表面作基准时，应选择相对稳定的要素或采用基准目标，也可采用增加工艺凸台（搭子）的方式作为基准要素。

（6）基准表面的精度或质量，取决于设计要求，必要时可以对基准表面规定所需的控制要求（例如规定平面度）。

4.5.2 公差原则的选择

独立原则应用最广，适用于全部形位公差项目。统计表明，图样中95%以上的要求遵守独立原则。对于尺寸公差与形位公差功能需要分别满足要求时，不论它们的精度要求高低，均采用独立原则。例如，丝杠大径公差及其轴线的直线度公差；飞轮外径公差及其轴线与内孔轴线的同轴公差等。

包容要求主要用于满足配合性能要求，用最大实体边界保证必要的最小间隙或最大过盈的场合。

最大实体要求只用于中心要素，主要是满足可装配性要求的场合，包括大多数无严格要求的非运转的静止配合部位。例如用螺栓连接的连接件的有关位置公差等。

最小实体要求主要用于保证零件的最小壁厚和壁厚均匀的场合。

4.5.3 形位公差项目的选择

形位公差特征项目的选择可从以下几个方面考虑：

（1）零件的几何特征。零件几何特征不同，会产生不同的形位误差。如对圆柱形零件，可选择圆度、圆柱度、轴心线直线度及素线直线度等；平面零件可选平面度；窄长平面可选直线度；槽类零件可选对称度；阶梯轴、孔可选同轴度等。

（2）零件的功能要求。根据零件不同的功能要求，给出不同的形位公差项目。例如，圆柱形零件，当仅需要顺利装配时，可选轴心线的直线度；如果孔、轴之间有相对运动，应均匀接触，或为保证密封性，应标注圆柱度公差以综合控制圆度、素线直线度和轴线直线度（如柱塞与柱塞套、阀芯及阀体等）。又如，为保证机床工作台或刀架运动轨迹的精度，需要对导轨提出直线度要求；对安装齿轮轴的箱体孔，为保证齿轮的正确啮合，需要提出孔心线的平行度要求；为使箱体、端盖等零件上各螺栓孔能顺利装配，应规定孔组的位置度公差等。

（3）检测的方便性。确定形位公差特征项目时，要考虑到检测的方便性与经济性。例如，对轴类零件，可用径向全跳动综合控制圆柱度、同轴度；用端面全跳动代替端面对轴线的垂直度。因为跳动误差检测方便，又能较好地控制相应的形位误差。

其总的原则是：在满足零件功能要求的前提下选取最经济的公差值。

4.5.4 形位公差值的选择

GB/T 1184—1996规定图样中标注的形位公差值有两种形式：未注公差值和注出公差值。

(1)形位公差未注公差值

采用未注公差值,一般不需检验,只有在仲裁时才需检验。为了了解设备的精度,可以对批量生产的零件进行首检或抽检。如果零件的形位误差超出了未注公差值,一般情况下不必拒收,只有影响了零件功能才拒收。

标准对形位公差未注公差值的规定如下:

1)直线度和平面度。直线度和平面度的未注公差值见表4-8。

2)圆度。圆度的未注公差值为其相应的直径公差值,但不能大于表4-11中的径向圆跳动值,因为圆度误差会直接反映到径向圆跳动值中。

3)圆柱度。圆柱度误差由圆度、轴线直线度、素线直线度和素线平行度组成。其中每一项误差均由它们的注出公差值或未注公差值控制。

4)线、面轮廓度。线、面轮廓度误差与该线、面轮廓的线性尺寸或角度尺寸有直接关系,受尺寸公差控制。

5)平行度。平行度的未注公差等于它相应的尺寸公差(两要素间的距离公差)值,或者是平面度和直线度未注公差值中的较大者。

6)垂直度。垂直度的未注公差值见表4-9。取形成直角的两边中较长的一边作为基准,若两边的长度相等,则可取其中的较大者。

7)倾斜度。倾斜度误差由角度公差控制。

8)对称度。对称度的未注公差值见表4-10。应取两要素中较长的一个作为基准,若两要素长度相等,则可任取其中一个作为基准。

表 4-8　　直线度和平面度未注公差值　　mm

公差等级	基本长度范围					
	~10	>10~30	>30~100	>100~300	>300~1000	>1000~3000
H	0.02	0.05	0.1	0.2	0.3	0.4
K	0.05	0.1	0.2	0.4	0.6	0.8
L	0.1	0.2	0.4	0.8	1.2	1.6

表 4-9　垂直度未注公差值　mm

公差等级	短边基本长度范围			
	~100	>100~300	>300~1000	>1000~3000
H	0.2	0.3	0.4	0.5
K	0.4	0.6	0.8	1
L	0.6	1	1.5	2

表 4-10　对称度未注公差值　mm

公差等级	基本长度范围			
	~100	>100~300	>300~1000	>1000~3000
H	0.5	0.5	0.5	0.5
K	0.6	0.6	0.8	1
L	0.6	1	1.5	2

9）同轴度：同轴度误差会直接反映到径向圆跳动值，但径向圆跳动还包括圆度误差。因此在极限情况下，同轴度未注公差值可取表 4-11 中的径向圆跳动值。

10）位置度：位置度误差是一项综合误差，不需要另规定位置度的未注公差值，可分项考虑。

11）圆跳动：径向、端面和斜向圆跳动的未注公差值见表 4-11。

表 4-11　　　　　　　　　　圆跳动未注公差值　　　　　　　　　　　　mm

公差等级	公差值
H	0.1
K	0.2
L	0.5

对于圆跳动未注公差值，应选取设计给出的支承面作为基准要素。若无法选择支承面，则对于径向圆跳动应取两要素中较长者为基准要素。若两要素长度相等，则任取一要素作为基准要素。对于端面和斜向圆跳动，其基准必然是支承面的轴线。

（2）形位公差注出公差值

形位公差注出公差值的选用方法常用的有计算法和类比法。计算法是根据零件功能通过计算确定公差值，比较复杂，应用不多。类比法是根据经验估计或参考类似产品的行为公差应用，来确定公差值。形位公差值的选用包括公差等级的选用和公差值的确定。形位公差值及其选用见表 4-12 ~ 表 4-19。

形位公差的公差等级的选用：

各类形位公差一般分为 12 个公差等级。1 级最高（圆度、圆柱度 0 级为最高），公差值最小；12 级最低，公差值最大。对于线（面）轮廓度暂未制订标准公差。位置度由于实践尚不充分，仅规定了标准公差值系列，没有规定公差等级。对于螺纹连接（或其他类似情况）的孔的位置度公差值可按一定方法计算。

选用公差等级的基本原则，是在满足零件功能的要求的前提下，考虑到零件的结构工艺特点、加工和检测条件，尽量选用较低的公差等级。一般常用类比法，一般件的重要处常用 6，7，8 级，精密件的重要处常用 3，4，5 级。

对于下列情况，考虑到加工的难易程度和除主参数外其他参数的影响，在满足零件功能要求的前提下，适当降低 1 ~ 2 级选用：

1）孔相对于轴；

2）细长和比较大的轴或孔；

3）距离较大的轴或孔；

4）宽度较大（一般大于 1/2 长度）的零件表面；

5）线对线和线对面相对于面对面的定向公差。

表 4-12　　　　　　　　　　直线度、平面度

主参数 L/mm	公差等级											
	1	2	3	4	5	6	7	8	9	10	11	12
	公差值 μm											
≤10	0.2	0.4	0.8	1.2	2	3	5	8	12	20	30	60
>10~16	0.25	0.5	1	1.5	2.5	4	6	10	15	25	40	80
>16~25	0.3	0.6	1.2	2	3	5	8	12	20	30	50	100
>25~40	0.4	0.8	1.5	2.5	4	6	10	15	25	40	60	120
>40~63	0.5	1	2	3	5	8	12	20	30	50	80	150
>63~100	0.6	1.2	2.5	4	6	10	15	25	40	60	100	200
>100~160	0.8	1.5	3	5	8	12	20	30	50	80	120	250
>160~250	1	2	4	6	10	15	25	40	60	100	150	300
>250~400	1.2	2.5	5	8	12	20	30	50	80	120	200	400
>400~630	1.5	3	6	10	15	25	40	60	100	150	250	500
>630~1000	2	4	8	12	20	30	50	80	120	200	300	600
>1000~1600	2.5	5	10	15	25	40	60	100	150	250	400	800
>1600~2500	3	6	12	20	30	50	80	120	200	300	500	1000
>2500~4000	4	8	15	25	40	60	100	150	250	400	600	1200
>4000~6300	5	10	20	30	50	80	120	200	300	500	800	1500
>6300~10000	6	12	25	40	60	100	150	250	400	600	1000	2000

主参数图例：

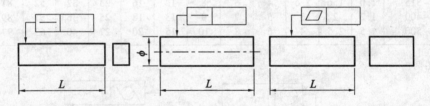

表 4-13　　　　　　　　　　直线度、平面度公差等级应用

公差等级	应 用 举 例
1，2	精密量具、测量仪器以及精度要求极高的精密机械零件。如零级样板尺寸，零级宽平尺，工具显微镜等精密测量仪器的导轨面，喷油嘴针阀体端面平面度，油泵柱塞套端面的平面度等
3	0，1级宽平尺工作面，1级样板平尺的工作面，测量仪器圆弧导轨的直线度，测量仪器的测杆等
4	零级平板，测量仪器的V型导轨，高精度平面磨床的V型导轨和滚动导轨
5	1级平板，2级宽平尺，平面磨床的导轨、工作台，液压龙门刨床导轨面，柴油机进气、排气阀门导杆等

续表

公差等级	应用举例
6	普通机床导轨面、柴油机机体结合面等
7	2级平板，机床主轴箱结合面，液压泵盖、减速器壳体结合面等
8	机床传动箱体、挂轮箱体、溜板箱体、柴油机汽缸体，连杆分离面，缸盖结合面，汽车发动机缸盖，曲轴箱结合面，液压管件和法兰管连接面等
9	自动车床床身底面，摩托车曲轴箱体，汽车变速箱壳体，手动机械的支承面等

表4-14　　　　　　　　　　　圆度、圆柱度

主参数 d 或 D /mm	公差等级												
	0	1	2	3	4	5	6	7	8	9	10	11	12
	公差值 μm												
≤3	0.1	0.2	0.3	0.5	0.8	1.2	2	3	4	6	10	14	25
>3～6	0.1	0.2	0.4	0.6	1	1.5	2.5	4	5	8	12	18	30
>6～10	0.12	0.25	0.4	0.6	1	1.5	2.5	4	6	9	15	22	30
>10～18	0.15	0.25	0.5	0.8	1.2	2	3	5	8	11	18	27	43
>18～30	0.2	0.3	0.6	1	1.5	2.5	4	6	9	13	21	33	52
>30～50	0.25	0.4	0.6	1	1.5	2.5	4	7	11	16	25	39	62
>50～80	0.3	0.5	0.8	1.2	2	3	5	8	13	19	30	46	74
>80～120	0.4	0.6	1	1.5	2.5	4	6	10	15	22	35	54	87
>120～180	0.5	1	1.2	2	3.5	5	8	12	18	25	40	63	100
>180～250	0.8	1.2	2	3	4.5	7	10	14	20	29	46	72	115
>250～315	1.0	1.6	2.5	4	6	8	12	16	23	32	52	81	130
>315～400	1.2	2	3	5	7	9	13	18	25	36	57	89	140
>400～500	1.5	2.5	4	6	8	10	15	20	27	40	63	97	155

主参数图例：

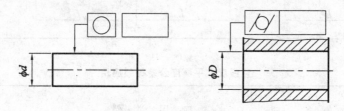

表4-15　　　　　　　　　圆度、圆柱度公差等级的应用

公差等级	应用举例
0，1	高精度量仪主轴，高精度机床主轴，滚动轴承的滚珠和滚柱等
2	精密量仪主轴、外套、阀套、高压油泵胶塞及套、纺锭轴承、高速柴油机进、排气门，精密机床主轴轴颈，针阀圆柱表面，喷油泵柱塞及柱塞套等
3	高精度外圆磨床轴承，磨床砂轮主轴套筒，喷油嘴针，阀体，高精度轴承内、外圈等

续表

公差等级	应用举例
4	较精密机床主轴、主轴箱孔,高压阀门,活塞,活塞销,阀体孔,高压油泵柱塞,较高精度滚动轴承配合轴,铣削动力头箱体孔等
5	一般计量仪器主轴、测杆外圆柱面,陀螺仪轴颈,一般机床主轴轴颈及轴承孔,柴油机、汽油机的活塞、活塞销,与P6级滚动轴承配合的轴颈等
6	一般机床主轴及前轴承孔,泵、压缩机的活塞、汽缸,汽油发动机凸轮轴,纺机锭子,减速传动轴轴颈,高速船用发动机曲轴、拖拉机曲轴主轴颈,与P6级滚动轴承配合的外壳孔,与P0级滚动轴承配合的轴颈等
7	大功率低速柴油机曲轴轴颈、活塞、活塞销、连杆、汽缸,高速柴油机箱体轴承孔,千斤顶或压力油缸活塞,机车传动轴,水泵及通用减速器转轴轴颈,与P0级滚动轴承配合的外壳孔等
8	低速发动机、大功率曲柄轴轴颈,压气机连杆盖、体,拖拉机汽缸、活塞,炼胶机冷铸轴辊,印刷机传墨辊,内燃机曲轴轴颈,柴油机凸轮轴孔,凸轮轴,拖拉机、小型船用柴油机汽缸套等
9	空气压缩机缸体,液压传动筒,通用机械杠杆与拉杆用套筒孔
10	印染机导布辊,绞车、吊车、起重机滑动轴承轴颈等

表 4-16　　　　　　　　　　平行度、垂直度、倾斜度

主参数 L, d 或 D /mm	公差等级											
	1	2	3	4	5	6	7	8	9	10	11	12
	公差值 μm											
≤10	0.4	0.8	1.5	3	5	8	12	20	30	50	80	120
>10～16	0.5	1	2	4	6	10	15	25	40	60	100	150
>16～25	0.6	1.2	2.5	5	8	12	20	+30	50	80	120	200
>25～40	0.8	1.5	3	6	10	15	25	40	60	100	150	250
>40～63	1	2	4	8	12	20	30	50	80	120	200	300
>63～100	1.2	2.5	5	10	15	25	40	60	100	150	250	400
>100～160	1.5	3	6	12	20	30	50	80	120	200	300	500
>160～250	2	4	8	15	25	40	60	100	150	250	400	600
>250～400	2.5	5	10	20	30	50	80	120	200	300	500	800
>400～630	3	6	12	25	40	60	100	150	250	400	600	1000
>630～1000	4	8	15	30	50	80	120	200	300	500	800	1200
>1000～1600	5	10	20	40	60	100	150	250	400	600	1000	1500
>1600～2500	6	12	25	50	80	120	200	300	500	800	1200	2000
>2500～4000	8	15	30	60	100	150	250	400	600	1000	1500	2500
>4000～6300	10	20	40	80	120	200	300	500	800	1200	2000	3000
>6300～10000	12	25	50	100	150	250	400	600	1000	1500	2500	4000

主参数图例:

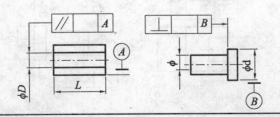
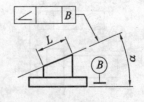

表 4-17　　　　　　　　　　平行度、垂直度、倾斜度公差等级应用

公差等级	应 用 举 例
1	高精度机床、测量仪器、量具等主要工作面和基准面
2，3	精密机床、测量仪器、量具、模具的工作面和基准面,精密机床的导轨,重要箱体主轴孔对基准面的要求,精密机床主轴肩端面,滚动轴承座圈端面,普通机床的主要导轨,精密刀具的工作面和基准面
4，5	普通车床导轨、重要支承面,机床主轴孔对基准的平行度,精密机床重要零件,计量仪器、量具、模具的基准面和工作面,机床床头箱体重要孔,通用减速器壳体孔,齿轮泵的油孔端面,发动机轴和离合器的凸缘,汽缸支承端面,安装精密滚动轴承的壳体孔的凸肩
6，7，8	一般机床的工作面和基准面,压力机和锻锤的工作面,中等精度钻模的工作面,机床一般轴承孔对基准面的平行度,变速器箱体孔,主轴花键对定心直径部位轴线的平行度,重型机械轴承盖端面,卷扬机、手动传动装置中的传动轴,一般导轨、主轴箱体孔,刀架,砂轮架,汽缸配合面对基准轴线,活塞销孔对活塞中心线的垂直度,滚动轴承内、外圈端面对轴线的垂直度
9，10	低精度零件,重型机械滚动轴承端盖,柴油机、煤气发动机箱体曲轴孔、曲轴颈、花键轴和轴肩端面,皮带运输机法兰盘等端面对轴线的垂直度,手动卷扬机及传动装置中的轴承端面、减速器壳体平面等
11，12	零件的非工作面,卷扬机、运输机上用的减速器壳体平面,农业机械的齿轮端面等

表 4-18　　　　　　　　　　同轴度、对称度、圆跳动、全跳动

主参数 d 或 D，B，L/mm	公 差 等 级											
	1	2	3	4	5	6	7	8	9	10	11	12
	公 差 值 　μm											
≤1	0.4	0.6	1.0	1.5	2.5	4	6	10	15	25	40	60
>1～3	0.4	0.6	1.0	1.5	2.5	4	6	10	20	40	60	120
>3～6	0.5	0.8	1.2	2	3	5	8	12	25	50	80	150
>6～10	0.6	1	1.5	2.5	4	6	10	15	30	60	100	200
>10～18	0.8	1.2	2	3	5	8	12	20	40	80	120	250
>18～30	1	1.5	2.5	4	6	10	15	25	50	100	150	300
>30～50	1.2	2	3	5	8	12	20	30	60	120	200	400
>50～120	1.5	2.5	4	6	10	15	25	40	80	150	250	500
>120～250	2	3	5	8	12	20	30	50	100	200	300	600
>250～500	2.5	4	6	10	15	25	40	60	120	250	400	800
>500～800	3	5	8	12	20	30	50	80	150	300	500	1000
>800～1250	4	6	10	15	25	40	60	100	200	400	600	1200
>1250～2000	5	8	12	20	30	50	80	120	250	500	800	1500
>2000～3150	6	10	15	25	40	60	100	150	300	600	1000	2000
>3150～5000	8	12	20	30	50	80	120	200	400	800	1200	2500
>5000～8000	10	15	25	40	60	100	150	250	500	1000	1500	3000
>8000～10000	12	20	30	50	80	120	200	300	600	1200	2000	4000

主参数图例：（当被测要素为圆锥面时，取 $d = \dfrac{d_1 + d_2}{2}$）

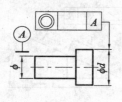 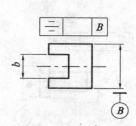 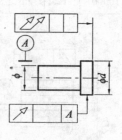

表 4-19　　　　　　　　同轴度、对称度、跳动公差等级应用

公差等级	应用举例
1，2	同轴度或旋转精度要求很高的零件，如精密测量仪器的主轴和顶尖，柴油机喷油嘴针阀等
3，4	机床主轴轴颈，砂轮轴轴颈，汽轮机主轴，测量仪器的小齿轮轴，安装高精度齿轮的轴颈等
5，6，7	这是应用范围较广的公差等级，用于形位精度要求较高，尺寸公差等级为 IT8 及高于 IT8 的零件。如 5 级常用于机床轴颈，测量仪器的测量杆，汽轮机主轴，柱塞油泵转子，高精度滚动轴承外圈，一般精度滚动轴承内圈，回转工作台端面跳动，高精度机床的套筒，安装齿轮机床连接轴的法兰，高精度的快速回转轴，如 7 级用于内燃机曲轴、凸轮轴、齿轮轴、水泵轴、汽车后轮输出轴，电机转子、印刷机传墨辊的轴颈、键槽对称度等
8，9，10	常用于形位精度要求一般，尺寸公差等级 IT9 至 IT11 的零件，如 8 级用于拖拉机发动机分配轴的轴颈，与 9 级精度以下齿轮相配的轴，水泵叶轮，离心泵体，键槽等，9 级用于内燃机汽缸配合面，自行车中轴。10 级用于摩托车活塞、印染机导布辊、内燃机活塞环槽底径对活塞中心，汽缸套外圈对内孔等
11，12	用于无特殊要求，一般尺寸精度按 IT12 或 IT13 制造的零件

4.5.5　形位公差值的确定

按照选定的形位公差项目、公差等级和相应主参数（尺寸）的大小，在相应公差表中即可查出需要的公差值。此外还要考虑下列情况，对已查的公差值进行适当调整：

（1）在同一要素上给出的形状公差值，定向公差值应小于定位公差值。例如要求平行的表面，其平面度公差值应小于平行度公差值；

（2）圆柱形零件的形状公差值（轴线的直线度公差除外），一般情况下应小于其尺寸公差值；

（3）平行度公差值应小于其相应的距离公差值。

§4.6　形位误差的检测

形位误差是指被测实际要素对力学要素的变动量，即加工后实际零件的要素相对图样上给定参数的偏离量。

4.6.1　形位误差及其评定

1. 形状误差

它是指被测实际要素和形状对其理想形状的变动量。

2. 形状误差的评定

在评定形状误差时，用包容被测实际要素，且具有最小宽度 f 或最小直径 ϕf 的包容区域，即最小包容区域表示形状误差。

在评定形状误差时，对于中心要素用一圆柱形面包容，其理想要素位于被测实际要素之中，如图 4-14 所示的理想轴线 L_1。对于轮廓要素用两平行平面或平行直线，其理想要素位于被测实际要素的实体之外且与其相接触，如图 4-15 所示的理想直线 $A_1 - B_1$。

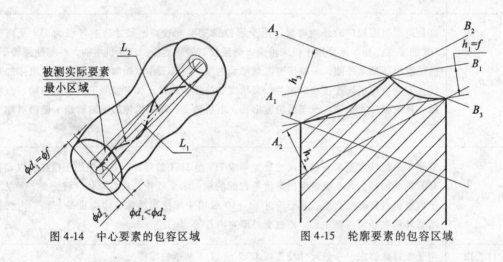

图 4-14 中心要素的包容区域　　　图 4-15 轮廓要素的包容区域

形状误差值是用最小包容区域的宽度或直径表示，而最小包容区域是指包容被测实际要素时具有最小宽度 f 或最小直径 ϕf 的包容区域。各形状误差项目的最小包容区域的形状分别和各自公差带形状相一致，但宽度（或直径）由被测要素本身决定。

形状误差评定的基本原则是符合3最小条件4。最小条件的概念是指被测实际要素对其理想要素的最大变动量为最小。在测量形状误差时，必须按实际形状选定，并使形状误差的边界面为最小。这个调整的前提条件称为最小条件，如图 4-14 中的 $\delta_1 = -\phi f$、图 4-15 中的 $h_1 = f$。

在实际检测中，在满足零件功能要求的前提下允许采用近似方法来评定。如用对角法来评定平板的平面度，用两端点连线法来评定导轨直线度等。但这些偏离最小条件的评定方法，其测得误差值总是偏大的。在仲裁中应按最小条件评定。

3. 位置误差及其评定

位置误差可分为定向误差、定位误差和跳动误差。

定向误差是指被测实际要素相对一具有确定方向的理想要素的变动量，理想要素的方向由基准和理想角度确定。可以用按理想要素方向包容被测实际要素，且具有最小宽度 f 或直径 ϕf 的包容区域，即定向最小包容区域表示定向误差。定向误差值是用定向最小包容区域的广度或直径表示，而定向最小区域是按理想要素的方向来包容被测实际要素时，具有最小宽度 f 或最小直径 ϕf 的包容区域，各定向误差项目的定向最小包容区域的形状分别和各自公差带形状相一致，但宽度（或直径）由被测实际要素本身决定。如图 4-16 所示，图（a）为评定面对面的平行度误差，定向最小包容区域为按与基准平面平行的理想要素的方向来包容实际要素，所形成的最小包容区域，其宽度 f 即为被测面对基准平面的平行度误差;图(b)为评定轴线对基准平面的垂直度误差,定向最小包容区域为包容实际轴线的圆柱体,圆柱体的直径 ϕf 即为实际轴线对基准平面的垂直度误差。

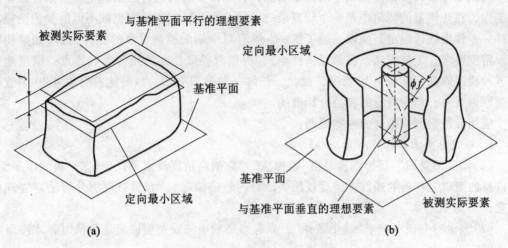

图 4-16 定向误差的包容区域

定位误差是指被测实际要素相对一具有确定位置的理想要素的变动量,该理想要素的位置由基准和理论正确尺寸来确定。对于同轴度和对称度,其理论正确尺寸为零。可以用理想要素定位(包容被测实际要素),且具有最小宽度 f 或最小直径 ϕf 的区域,即定位最小包容区域表示定位误差。定位误差值是用定位最小包容区域的宽度或直径表示,而定位最小区域是指以理想要素定位来包容被测实际要素时,具有最小宽度 f 或最小直径 ϕf 的包容区域,各定位误差项目的定位最小包容区域的形状分别和各自公差带形状相一致,如图 4-17 所示。但宽度(或直径)由被测实际要素本身决定。

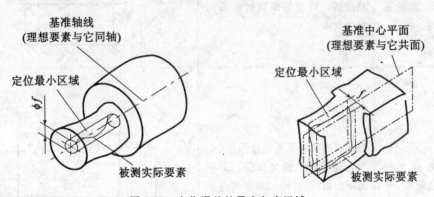

图 4-17 定位误差的最小包容区域

圆跳动误差的评定是将被测实际要素,绕基准轴线作无轴向移动的回转一周,由位置固定的指示器,在给定方向上测得的最大与最小读数之差,即圆跳动项目的概念。全跳动误差的评定是将被测实际要素绕基准轴线作无轴向移动的回转,同时指示器沿理想母线连续移动时,由指示器在给定方向上测得的最大与最小读数之差。

4.6.2 检测原则

确认零件被测要素形位误差的实际状况,首先需要对其进行测量。但测量形位误差这项工作,在几何量的测量中是一个较复杂的课题。为此,国家标准也就不可能如检测规程那样一一作出统计规定。所以,为了统一,唯有对个别的被测对象的各种因素(如结构特点,精度要求、工艺方法及测量经济性等),根据测得或控制的几何参数特点,概括地规定五种检测原则,如表4-20所列。因此,任何一种检测方法,只要能符合表4-20中五种检测原则之一,均是可行的和符合标准的。

应用五种检测原则时的一些说明:

1. 与理想要素比较原则

(1)实际测量时,理想要素是由"模拟法"建立的高精度要素来代替(如平板的水平面、刀口尺的刃口、样板的曲线、圆度仪测头运行的轨迹圆等)。必要时可用分析法建立理想要素。

(2)测量时一般不追求"最小条件",只有当必须确知误差值或出现争执时,才按最小条件评定。

(3)按本原则检测时,形位误差可由两种方法获得、直接法(平板、指示器)和间接法(准直仪等)。

表 4-20　　　　　　　　　　形位误差的检测原则

编号	检测原则名称	说明	示 例
1	与理想要素比较原则	将被测实际要素与其理想要素相比较,测量值由直接法或间接法获得	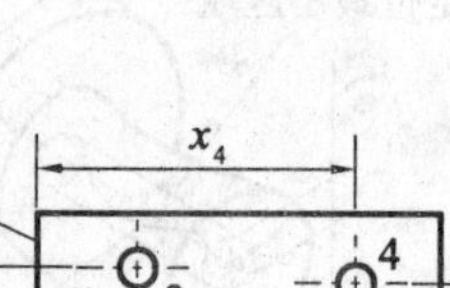
2	测量坐标值原则	测量被测实际要素的坐标值(如直角坐标值、极坐标值、圆柱面坐标值),并经过数据处理获得形位误差值	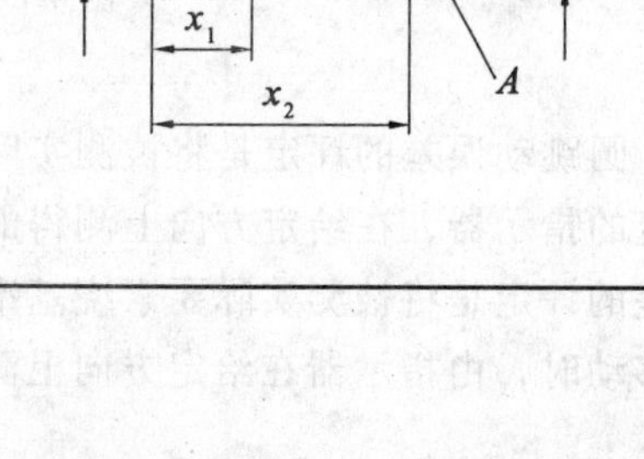

续表

编号	检测原则名称	说明	示 例
3	测量特征参数原则	测量被测实际要素上具有代表性的参数（即特征参数）来表示形位误差值	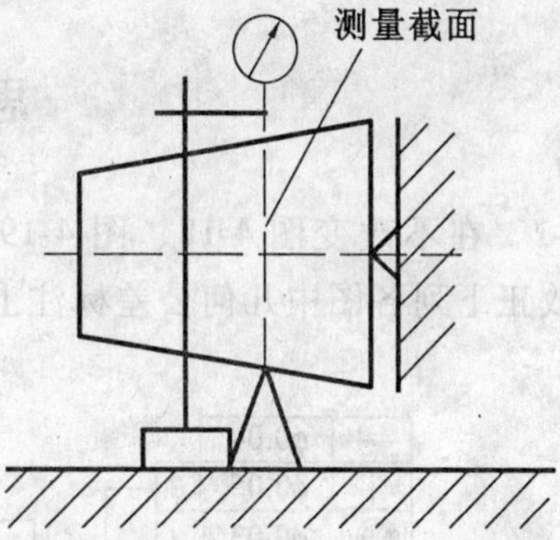
4	测量跳动原则	被测实际要素绕基准轴线回转过程中，沿给定方向测量其对某参考点或线的变动量。变动量是指指示器最大与最小示值之差	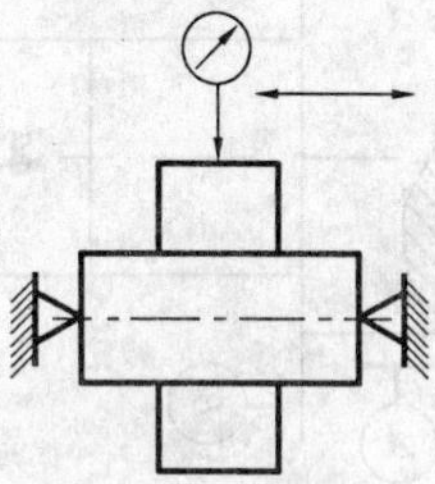
5	控制实效边界原则	检验被测实际要素是否超过实效边界，以判断合格与否	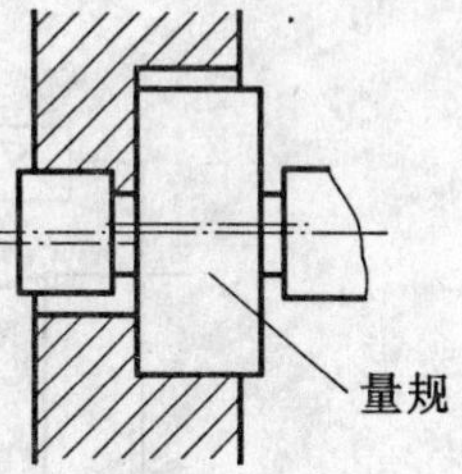

2. 测量坐标值原则

（1）这一原则是通过测量被测实际要素的坐标值，并经过选定的评定方法（数据处理）而获得误差值。

（2）坐标系是泛指的，因此可以用直角坐标系，也可用极坐标系或圆柱面坐标系。

3. 测量特征参数原则

（1）一般由于检测设备或测量部位的限制，只能测量某些不能换算成按定义评定误差值的参数（如两点法测量圆度等），但这些参数在一定程度上能反映被测要素的形位误差。

（2）本测量原则是一种近似测量原则，因此在一定精度要求下，它往往能保证满足检测要求，所以在生产现场应用很广泛。

4. 测量跳动原则

（1）主要限于测量跳动误差项目。

(2)在经济合理的前提下,也可用来代替检测同轴度和某些面对轴线的垂直度。

5. 控制实效边界原则

(1)采用这种原则,主要用来检测被测要素是遵守"相关原则"的。

(2)对这种检测原则测量,其检测工具,通常是采用(综合)位置量规。

思考题与习题 4

4-1 在不改变图 4-18、图 4-19、图 4-20 几何公差项目的前提下,按 GB/T 1182—2008 改正下列各图中几何公差标注上的错误。

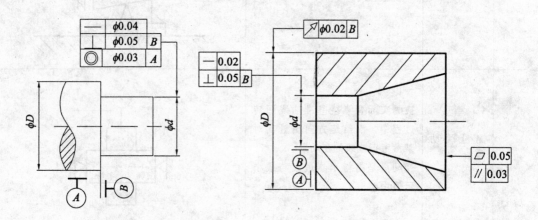

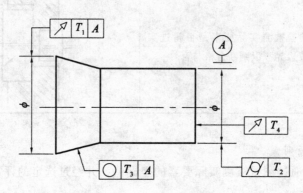

图 4-18 习题 4-1 附图

4-2 将下列技术要求标注在图 4-19 上。

(1)ϕ100h6 圆柱表面的圆度公差为 0.005mm。

(2)ϕ100h6 轴线对 ϕ40P7 孔轴线的同轴度公差为 ϕ0.015mm。

(3)ϕ40P7 孔的圆柱度公差为 0.005mm。

(4)左端的凸台平面对 ϕ40P7 孔轴线的垂直度公差为 0.01mm。

(5)右凸台端面对左凸台端面的平行度公差为 0.02mm。

4-3 将下列技术要求标注在图 4-20 上。

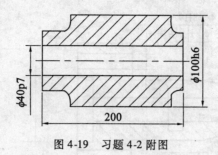

图 4-19 习题 4-2 附图

(1) 圆锥面的圆度公差为 0.01mm, 圆锥素线的直线度公差为 0.02mm。
(2) 圆锥轴线对 ϕd_1 和 ϕd_2 两圆柱面公共轴线的同轴度为 0.05mm。
(3) 端面 I 对 ϕd_1 和 ϕd_2 两圆柱面公共轴线的端面圆跳动公差为 0.03mm。
(4) ϕd_1 和 ϕd_2 圆柱面的圆柱度公差分别为 0.008mm 和 0.006mm。

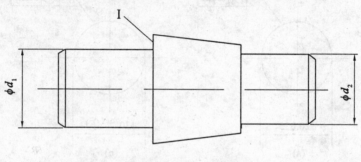

图 4-20 习题 4-3 附图

4-4 按表 4-21 中的内容，说明图 4-21 中的公差代号的含义。

表 4-21   习题 4-4 附表

代 号	解释代号含义	公差带形状
◎ ∅0.04 B		
↗ 0.05 B		
⊥ 0.02 B		
⊕ ∅0.1 A B		

4-5 当被测要素为一封闭曲线（圆）时，如图 4-22 所示，采用圆度公差和线轮廓度公差两种不同标注有何不同？

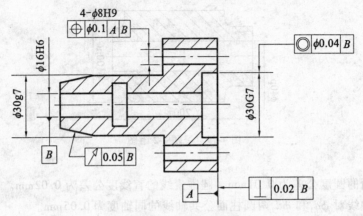

图 4-21 习题 4-4 附图

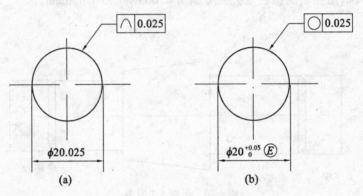

图 4-22 习题 4-5 附图

4-6 比较图 4-23 中垂直度与位置度标注的异同点。

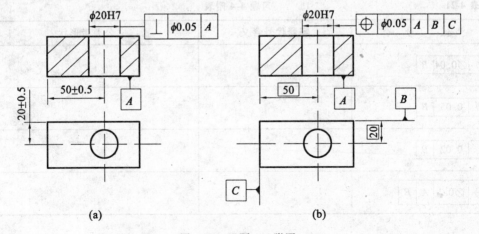

图 4-23 习题 4-6 附图

4-7 试将图 4-24 按要求填入表 4-22 中。

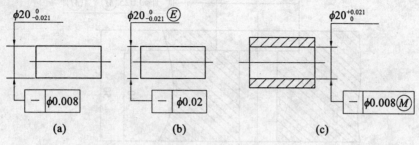

图 4-24 习题 4-7 附图

表 4-22　　　　　　　　　　习题 4-7 附表

图例	采用的公差原则	边界及边界尺寸	给定的几何公差值	可能允许的最大几何误差值
(a)				
(b)				
(c)				

4-8　如图 4-25 所示零件，标注的几何公差不同，它们所要控制的几何误差有何区别？试加以分析说明。

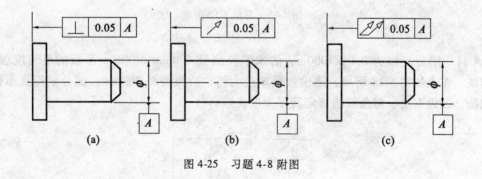

图 4-25 习题 4-8 附图

4-9　如图 4-26 所示，假定被测孔的形状正确。

(1)测得其实际尺寸为 $\phi 30.01\text{mm}$，而同轴度误差为 $\phi 0.04\text{mm}$，求该零件的最大实体实效尺寸。

(2)若测得实际尺寸为 $\phi 30.01\text{mm}$、$\phi 20.01\text{mm}$，同轴度误差为 $\phi 0.05\text{mm}$，问该零件是否合格？为什么？

(3)可允许的最大同轴度误差值是多少？

4-10　若某零件的同轴度要求如图 4-27 所示，今测得实际轴线与基准轴线的最大距离为 $+0.04\text{mm}$，最小距离为 -0.01mm，求该零件的同轴度误差值，并判断是否合格。

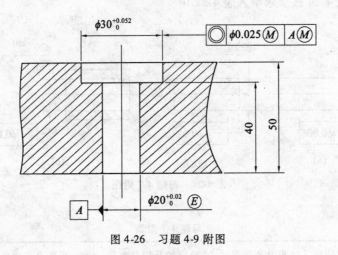

图 4-26 习题 4-9 附图

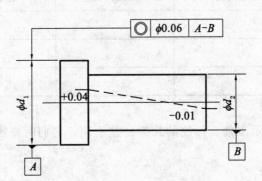

图 4-27 习题 4-10 附图

4-11 用分度值为 0.01/1000mm 的水平仪测量 400mm×400mm 平板的平面度误差，其测线、布点如图 4-28 所示，图中数据单位为格，桥板跨距 200mm。试分别用最小包容区域法、三远点法、对角线法评定其平面度误差。

−2	−2	+15
+20	+5	−5
+15	+30	0

图 4-28 习题 4-11 附图

4-12 用分度值 0.02/1000mm 的水平仪测量一公差为 0.015mm 的导轨的直线度误差，共测量五个节距六个测点，测得数据（单位：格）依次为：0，+1，+4.5，+2.5，−0.5，−1，节距长度为 300mm，问该导轨合格与否？

4-13 从边界、允许的直线度误差和尺寸范围等方面,比较图 4-29 的标注的区别。

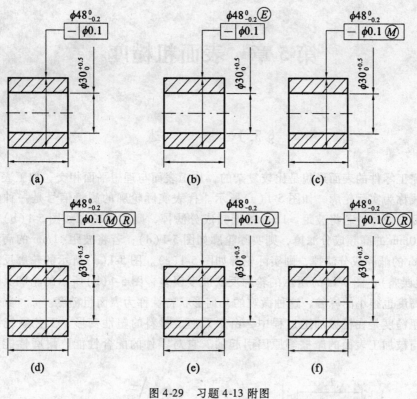

图 4-29 习题 4-13 附图

第5章 表面粗糙度

§5.1 概 述

一个完工零件的表面形貌是比较复杂的,加工表面与理想平面相交,加工表面与理想平面的交线称为实际轮廓,如图 5-1(a)所示。代表实际轮廓的测量信号是一种含多种频率成分的复杂信号。若将波距≥1mm 的低频成分滤掉,则实际轮廓如图 5-1(b)所示;若将波距≤10mm 的高频成分滤掉,则实际轮廓如图 5-1(d);若将波距<1mm 的高频成分和波距>10mm 的低频成分滤掉,则实际轮廓如图 5-1(c)。图 5-1(d)所示的轮廓反映形状误差(直线度误差);图 5-1(c)所示的轮廓反映波度误差;图 5-1(b)所示的轮廓具有许多间距很小、高度也很小的峰谷,这种微观的几何形状特性称为表面粗糙度。

表面粗糙度是在机械加工过程中,由于刀痕、材料的塑性变形、工艺系统的高频振动、刀具与被加工表面的摩擦等原因引起的。它对零件的配合性能、耐磨性能、抗腐蚀

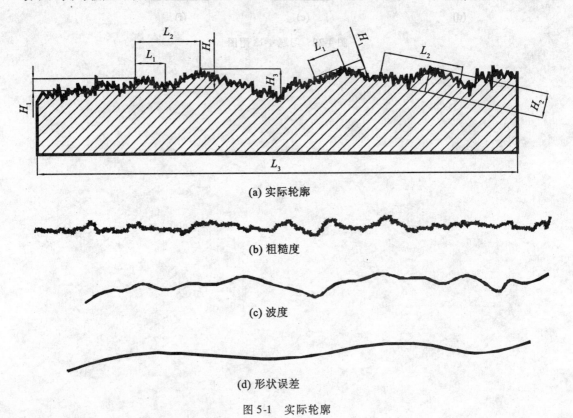

(a) 实际轮廓

(b) 粗糙度

(c) 波度

(d) 形状误差

图 5-1 实际轮廓

性、接触刚度、抗疲劳强度、密封性和外观都有影响。

零件工作表面之间的摩擦会增加能量的耗损。表面越粗糙，摩擦系数就越大，因摩擦而消耗的能量也就越大。表面越粗糙，则两配合表面间的实际有效接触面积就越小，单位面积压力就越大，故更易磨损。零件表面粗糙程度越小，机器或仪器的工作精度越高。

对间隙配合而言，表面粗糙则易于磨损，使间隙很快的增大，乃至破坏配合性质。尤其在尺寸小，公差小的情况下，表面粗糙度对配合性质的影响更大。对过盈配合而言，表面粗糙度会减小实际有效的过盈量，降低连接强度。零件表面越粗糙，对应力集中越敏感，特别是在交变载荷的作用下，影响更大，零件往往因此损坏。因此在零件的沟槽或圆角处要求小的表面粗糙程度。表面越粗糙，积聚在零件表面上的腐蚀性气体或液体就越多，且更容易通过表面的微观凹谷向零件表面渗透，使腐蚀加剧。

§5.2 表面粗糙度的评定

评定表面粗糙度首先要确定评定参数的基准线；确定计算表面粗糙度参数值时所取的实际轮廓长度，即确定取样长度；确定所测实际轮廓的段数，该段数内能客观全面反映表面质量，即确定评定长度。

5.2.1 取样长度和评定长度

(1) 取样长度 l。指用于判断具有表面粗糙特征的一段基准线长度，它在轮廓总的走向上量取。规定和选取取样长度的目的是为了限制和削弱表面波纹度对表面粗糙度测量结果的影响。

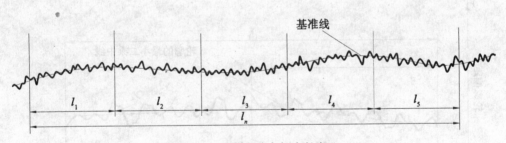

图 5-2 取样长度与评定长度

如图 5-2 所示，$l_1 = l_2 = l_3 = l_4 = l_5 =$ 取样长度。取样长度在轮廓总的走向上量取，它与表面粗糙度的评定参数有关。在取样长度范围内，一般应包含五个以上的轮廓峰和轮廓谷。

(2) 评定长度 l_n。指评定轮廓所必需的一段长度，包括一个或几个取样长度。规定和选取评定长度的目的是为了充分合理反映被测表面的粗糙度的特征。通常是根据零件表面的加工方法来确定评定长度。例如，车削、铣削或刨削表面的微观几何形状比较规则均匀，可以规定较小的评定长度；精磨或研磨的微观几何形状很不规则，则应规定较大的评定长度。一般情况下，取 $l_n = 5l$。表 5-1 列举了取样长度和评定长度的常用值。

表 5-1　　　取样长度 l 评定长度 l_n 的常用值

$R_a/\mu m$	$R_z/\mu m$	l/mm	$l_n = 5l/mm$
≥0.008 ~ 0.02	≥0.025 ~ 0.10	0.08	0.4
>0.02 ~ 0.1	>0.10 ~ 0.50	0.25	1.25
>0.1 ~ 0.2	>0.50 ~ 10.0	0.8	4.0
>0.2 ~ 10.0	>10.0 ~ 50.0	2.5	12.5
>10.0 ~ 80.0	>50 ~ 320	8.0	40

注：①对于微观不平度间距较大的端铣、滚铣及其他大进给走刀量的加工表面，应按标准中规定的取样长度系列选取较大的取样长度值；

②如被测表面均匀性好，测量时也可选用小于 5λ 评定长度值；均匀性较差的表面可选用大于 5λ 的评定长度值。

5.2.2　评定基准

评定表面粗糙度参数值大小的一条参考线称为基准线。常用的有最小二乘中线和算术平均中线。

1. 轮廓的最小二乘中线

具有几何轮廓形状并划分轮廓的基准线，在取样长度内使轮廓上各点的轮廓偏距的平方和为最小。如图 5-3 所示，纵坐标 y 代表轮廓偏距（是指在测量方向上轮廓线上的点至基准线的距离），有 $\sum y_i^2 = \min$。

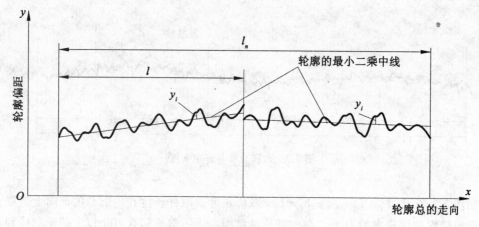

图 5-3　轮廓的最小二乘中线

2. 轮廓的算术平均中线

具有几何轮廓形状，在取样长度内与轮廓走向一致的基准线。在取样长度内由该线划分轮廓使上下两边的面积相等。如图 5-4 所示，轮廓算术平均中线将轮廓分为上下两部分，且 $\sum_{i=1}^{n} F_i = \sum_{i=1}^{n} F_i'$。规定算术平均中线，是为了用图解法近似地确定最小二乘中线，实际工作中,最小二乘中线与算术平均中线相差很小,故可用算术平均中线代替最小二乘中线。

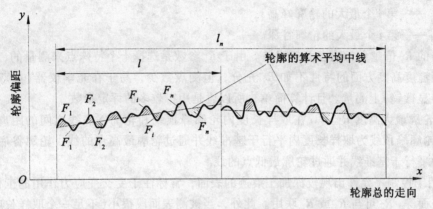

图 5-4 轮廓的算术平均中线

5.2.3 评定参数

表面粗糙度的评定参数主要有高度评定参数,间距参数,轮廓支承长度率等。

1. 高度评定参数(主要评定参数)

(1) 轮廓算术平均偏差 R_a。在取样长度 l 内轮廓偏距绝对值的算术平均值。如图 5-5 所示。x 轴为中线,R_a 用公式表示为

$$R_a = \frac{1}{l} \int_0^l |y(x)| \, dx$$

或近似表示为

$$R_a = \frac{1}{n} \sum_{i=1}^{n} |y_i|$$

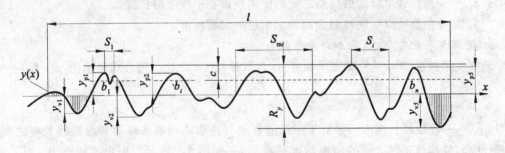

图 5-5 轮廓曲线和表面粗糙度表征参数

测得的 R_a 值越大,则表面越粗糙。R_a 参数能充分反映表面微观几何形状高度方面的特征,一般用电动轮廓仪进行测量,因此是普遍采用的评定参数。

(2) 微观不平度十点高度 R_z。在取样长度内 5 个最大的轮廓峰高的平均值与 5 个最大

的轮廓谷深的平均值之和。如图 5-5 所示，R_z 用公式表示为

$$R_z = \frac{1}{5}\left[\sum_{i=1}^{5} y_{pi} + \sum_{i=1}^{5} y_{vi}\right]$$

式中：y_{pi}——第 i 个最大的轮廓峰高；

　　　y_{vi}——第 i 个最大的轮廓谷深。

测得的 R_z 值越大，则表面越粗糙。由于 R_z 参数是选择十个特殊点来测量的，故在反映表面粗糙度高度方面的特性不如 R_a 充分，但测点数少，易于在光学仪器（如双管显微镜、干涉显微镜）上测量。且计算简单，所以也是用得较多的评定参数。

(3) 轮廓最大高度 R_y。在取样长度内轮廓峰顶线和轮廓谷底线之间的距离。如图 5-5 所示轮廓峰顶线为取样长度内平行于基准线并通过轮廓最高点的线；轮廓谷底线是取样长度内平行于基准线并通过轮廓最低点的线。

R_y 用于控制不允许出现较深加工痕迹的表面，常标注于受交变应力作用的工作表面，如齿廓表面等，R_y 可与 R_a 或 R_z 联用。此外，当被测表面段很小（不足一个取样长度），不适宜采用 R_a 或 R_z 评定时，也常采用 R_y 参数。R_y 值可用电动轮廓仪和光学仪器测得。

2. 间距参数（附加评定参数）

(1) 轮廓微观不平度的平均间距 S_m。在取样长度上 l 内，轮廓微观不平度的间距 S_{mi} 的平均值，如图 4-5 所示，S_m 的数学表达式为

$$S_m = \frac{1}{n}\sum_{i=1}^{n} S_{mi}$$

式中：S_{mi}——含有一个轮廓峰（与中线有交点的峰）和相邻轮廓谷（与中线有交点的谷）的一段中线长度。

　　　n——在取样长度内间距 S_{mi} 的个数。

(2) 轮廓的单峰平均间距 S。在取样长度 l 内，轮廓的单峰间距 S_i 的平均值，如图 4-5 所示，S 的数学表达式为

$$S = \frac{1}{n}\sum_{i=1}^{n} S_i$$

式中：S_m——两相邻单峰的最高点之间的距离投影在中线上的长度。

S_m 和 S 的值可以反映被测表面加工痕迹的细密程度。

3. 轮廓支承长度率 t_p（附加评定参数）

轮廓支承长度率 t_p 是轮廓支承长度 η_p 与取样长度 l 之比。用公式表示为

$$t_p = \frac{\eta_p}{l}$$

式中：η_p——在取样长度内一平行于中线的直线与轮廓峰相截所得的各段截线长度之和。此平行线与轮廓峰顶线之间的距离称水平截距 c。如图 5-5 所示，当水平截距为 c 时，各段截线长度为 $b_1, b_2, \cdots, b_n$ 则 $\eta_p = b_1 + b_2 + \cdots + b_n$。

不同形状的表面轮廓，在水平截距 c 相同时会得出不同的 t_p 值，如图 5-6 所示。图 5-6(a) 的 t_p 值大，表示该轮廓的凸起实体部分较多，即起支承载荷作用的长度上，接触刚度高，承载能力及耐磨性也好。

GB/T 1031—2009 规定，高度特征参数（R_a，R_z，R_y）是基本评定参数，而间距和形状

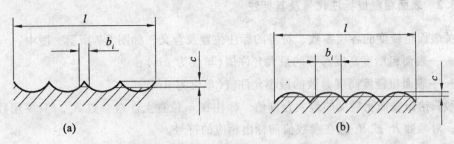

图 5-6　不同形状轮廓的支承长度率

特征参数(S_m, S, t_p)是附加评定参数。在图样上给出表面粗糙度参数时，一般只给出高度特征参数。只有在对零件表面轮廓的细密度有严格要求时，才用 S_m 和 S，若要求轮廓实际接触面积或耐磨性好时，才用 t_p。

§5.3　表面粗糙度的标注

5.3.1　表面粗糙度符号

表面粗糙度符号及其意义见表 5-2。图样上所标注的表面粗糙度符号、代号是该表面完工后的要求。有关表面粗糙度的各项规定应按功能要求给定。如仅需要加工而对表面粗糙度的其他规定没有要求时，允许只标注表面粗糙度符号。

表 5-2　表面粗糙度的符号及其意义

符号	意义及说明
∨	基本符号，表示表面可用任何方法获得。当不加注粗糙度参数值或有关说明(如表面处理、局部热处理状况等)时，仅适用于简化代号标注
∇	基本符号加一短划，表示表面是用去除材料的方法获得，例如，车、铣、钻、磨、剪切、抛光、腐蚀、电火花加工、气割等
∨○	基本符号加一小圆，表示表面是用不去除材料的方法获得，例如铸、或者是用于保持原供应状况的表面(包括保持上道工序的状况)
∨ ∇ ∨○	在上述三个符号的长边上均可加一横线，用于标注有关参数和说明
∨○ ∇○ ∨○	在上述三个符号上均可加一小圆，表示所有表面具有相同的表面粗糙度要求

5.3.2 表面粗糙度标注代号及其标注

有关表面粗糙度的各项参数、符号的标注位置及含义，如图 5-7 所示。图中：

a_1——表面粗糙度高度参数的最大允许值（单位为 μm）；

a_2——表面粗糙度高度参数的最小允许值（单位为 μm）；

一般只给出表面粗糙度的最大允许值，标注在 a_2 位置上。对参数 R_a，只要用数值表示即可；对参数 R_z 或 R_y 应在参数值前标出相应的符号。

b——加工方法，镀涂或其他表面处理。

c——取样长度（单位为 mm）。按表 4-1 选用的取样长度，可省略标注，当有特殊要求时，才须注出。

d——加工纹理方向（见表 5-3）。

e——加工余量（单位为 mm）。

f——粗糙度横向间距参数值，轮廓支承长度率，加括号表示。

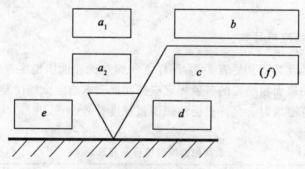

图 5-7 表面特征的标注位置

表 5-3　　　　　　　　　　加工纹理方向符号

符号	示意图及说明	符号	示意图及说明
=	纹理方向平行于注有符号的视图投影面	C	纹理对于注有符号表面的中心线来说是近似同心圆

符号	示意图及说明	符号	示意图及说明
=	纹理方向垂直于注有符号的视图投影面 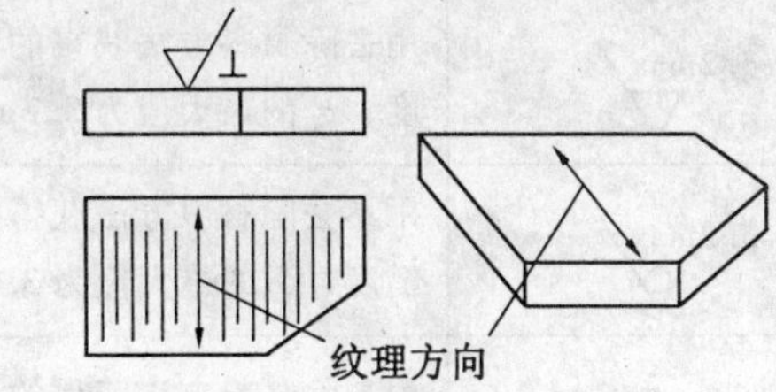	R	纹理对于注有符号表面的中心来说是近似放射形 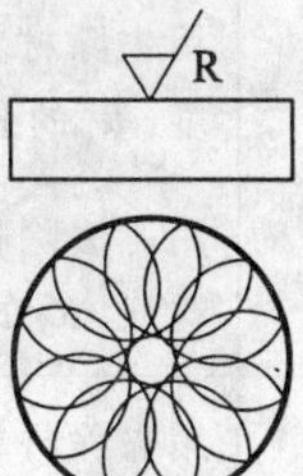
⊥	纹理对注有符号的视图投影面是两个相交的方向 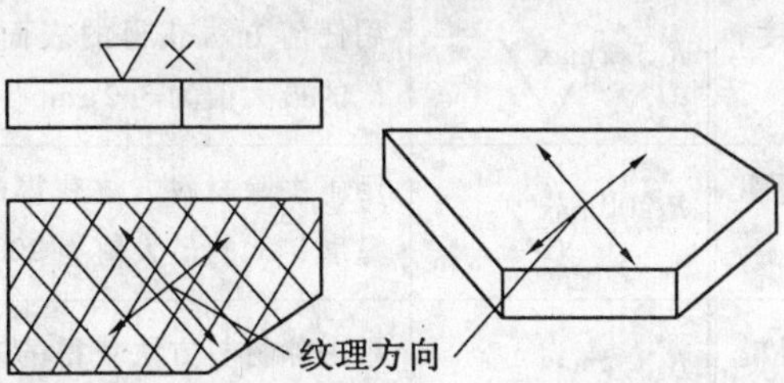	P	纹理无方向或呈凸起的细粒状 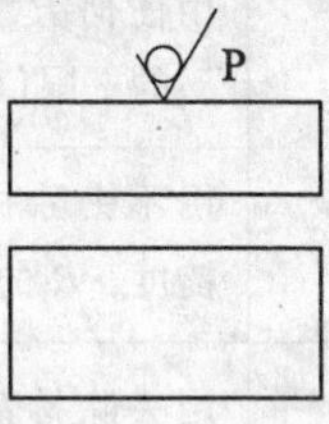
M	纹理呈多方向 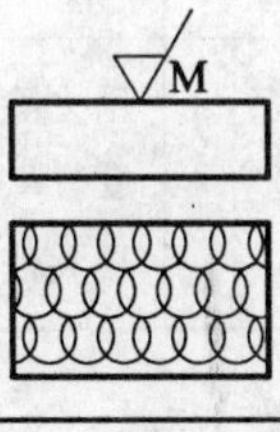		

5.3.3 标注示例

当允许表面粗糙度参数的所有实测值中超过规定值的个数少于总数的 16% 时,应在图样上标注表面粗糙度参数的上限值或下限值。当要求表面粗糙度参数的所有实测值均不得超过规定值时,应在图样上标注表面粗糙度参数的最大值或最小值。表面粗糙度高度参数值的标注见表 5-4。其中轮廓算术平均偏差 R_a 在代号中用数值表示,参数值前可不标注参数代号;粗糙度轮廓微观不平度十点高度 R_z、轮廓最大高度 R_y 值的标注,参数值前需标注出相应的参数代号。参数单位均为微米,不标注单位。取样长度应标注在符号长边的横线下面,见图 5-7。若 GB10610《触针式仪器测量表面粗糙度的规则和方法》第 6.1 条中表 1、表 2 的有关规定选用对应的取样长度时,在图样上可省略标注取样长度。附加评定参数 S,S_m,t_p 标注在符号长边的横线下面,数值写在代号后面。示例见表 5-5。

表 5-4　　表面粗糙度高度参数值的标注示例及其意义

代号	意义	代号	意义
3.2√	用任何方法获得的表面粗糙度，R_a 的上限值为 3.2μm	3.2max√	用任何方法获得的表面粗糙度，R_a 的最大值为 3.2μm
3.2▽	用去除材料方法获得的表面粗糙度，R_a 的上限值为 3.2μm	3.2max▽	用去除材料方法获得的表面粗糙度，R_a 的最大值为 3.2μm
3.2◇	用不去除材料方法获得的表面粗糙度，R_a 的上限值为 3.2μm	3.2max◇	用不去除材料方法获得的表面粗糙度，R_a 的最大值为 3.2μm
3.2 / 1.6 ▽	用去除材料方法获得的表面粗糙度，R_a 的上限值为 3.2μm，R_a 的下限值为 1.6μm	3.2max / 1.6min ▽	用去除材料方法获得的表面粗糙度，R_a 的最大值为 3.2μm，R_a 的最小值为 1.6μm
R_y3.2 √	用任何方法获得的表面粗糙度，R_y 的上限值为 3.2μm	R_y3.2max √	用任何方法获得的表面粗糙度，R_y 的最大值为 3.2μm
R_z200 ◇	用不去除材料方法获得的表面粗糙度，R_z 的上限值为 200μm	R_z200max ◇	用不去除材料方法获得的表面粗糙度，R_z 的最大值为 200μm
R_z3.2 / R_z1.6 ▽	用去除材料方法获得的表面粗糙度，R_z 的上限值为 3.2μm，下限值为 1.6μm	R_z3.2max / R_z1.6min ▽	用去除材料方法获得的表面粗糙度，R_z 的最大值为 3.2μm，最小值为 1.6μm
3.2 / R_y12.5 ▽	用去除材料方法获得的表面粗糙度，R_a 的上限值为 3.2μm，R_y 的上限值为 12.5μm	3.2max / R_y12.5max ▽	用去除材料方法获得的表面粗糙度，R_a 的最大值为 3.2μm，R_y 的最大值为 12.5μm

表 5-5　　附加评定参数的标注

代号	意义
$\overline{a\sqrt{S_m 0.05}}$	轮廓微观不平度的平均间距 S_m 上限值为 0.05mm
$\overline{a\sqrt{S_m 0.05\text{max}}}$	轮廓微观不平度的平均间距 S_m 最大值为 0.05mm
$\overline{a\sqrt{t_p 70\%, c 50\%}}$	水平截距 c 在轮廓最大高度 R_y 的 50% 位置上，支承长度率为 70%（下限值）
$\overline{a\sqrt{t_p 70\%\text{min}, c 50\%}}$	水平截距 c 在 R_y 的 50% 位置上，支承长度率最小值为 70%

表面粗糙度代(符)号应指在可见轮廓线、尺寸线、尺寸界线或它们的延长线上,代(符)号的尖端必须从材料外指向一面。表面粗糙度代号中数字及符号的方向按图5-8、图5-9示例标注。当零件的大部分表面具有相同的表面粗糙度要求时,对其中使用最多的一种符号代号可以统一标注在图样的右上角,并加"其余"两字。

带有横线的表面粗糙度代(符)号标注见图5-10及图5-11。对于这种标注,除非不引起误解,可直接标注在要求的表面上或延长线、尺寸线和尺寸界线上,一般以细实线引出后的水平位置标注,这样不会将有关的内容搞混乱;但在30°位置时必须引出标注。

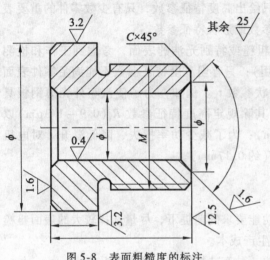

图5-8 表面粗糙度的标注

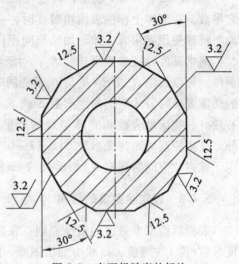

图5-9 表面粗糙度的标注

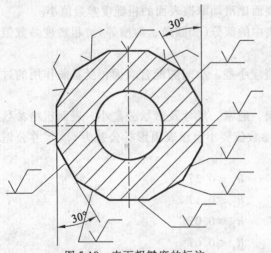

图5-10 表面粗糙度的标注

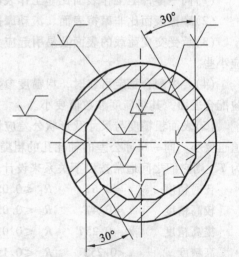

图5-11 表面粗糙度的标注

§5.4 表面粗糙度的选择

零件表面粗糙度一般是采用类比方法确定,其原则是:既要满足表面功能要求,又要考虑其制造成本低。

表面粗糙度的选择包括参数项目和参数数值。

5.4.1 参数项目的选择

GB/T 1031—2009 规定,高度特征参数是基本的评定参数,间距和形状参数是附加评定参数,在图样上标注表面粗糙度时,一般只给出高度特征参数,只有少数零件的重要表面有特殊使用要求时,才附加给出间距特征参数或形状特征参数。

通常高度特征参数可选和 R_a;对于特别粗糙或特别光洁的表面,考虑到工作和检测条件,可以选用 R_z 或 R_y(R_a 与 R_z 不能同时选用);只有当高度特征参数不能满足零件表面的功能要求时,才附加间距参数 S 或 S_m 及形状参数 t_p。例如,为了使汽车外壳薄钢板具有较好的喷涂结合性和光泽美观的外形,对其除规定高度特征参数 $R_a(0.9 \sim 1.3 \mu m)$ 以外,还应控制间距特征参数 $S(0.13 \sim 0.23 mm)$;为了减少功率损失、降低温升,对电机定子硅钢片应同时规定 $R_a(1.6 \sim 3.2 \mu m)$ 和 S(约 $0.17 mm$)。

5.4.2 评定参数值的选用

表面粗糙度参数值的选择原则:在满足功能要求的前提下,尽量选择较大的表面粗糙度参数(除 t_p 外)值,以减小加工困难,降低生产成本。

表面粗糙度参数值的选择通常采用类比法。具有选择时应注意以下几点:

(1)同一零件上工作表面比非工作表面粗糙度参数值小。

(2)摩擦表面比非摩擦表面、滚动摩擦表面比滑动摩擦表面的粗糙度参数值小。

(3)承受交变荷载的表面及易引起应力集中的部分(如圆角、沟槽等),粗糙度参数值应小些。

(4)要求配合稳定可靠时,粗糙度参数值应小些。小间隙配合表面,受重载作用的过盈配合表面,其粗糙度参数值要小。

(5)表面粗糙度与尺寸及形状公差应协调。通常,尺寸及形状公差小,表面粗糙参数值也要小,同一尺寸公差的轴比孔的粗糙度参数值要小。设表面形状公差为 t,尺寸公差为 T,则它们之间通常按以下关系来设计。

普通精度	$t \approx 0.6T$	$R_a \leq 0.05T$	$R_z \leq 0.2T$
较高精度	$t \approx 0.4T$	$R_a \leq 0.025T$	$R_z \leq 0.1T$
提高精度	$t \approx 0.25T$	$R_a \leq 0.012T$	$R_z \leq 0.05T$
高精度	$t < 0.25T$	$R_a \leq 0.15T$	$R_z \leq 0.6T$

必须说明:表面粗糙度的参数值和尺寸公差、形状公差之间并不存在确定的函数关系,如机器、仪器上的手轮、手柄、外壳等部位,其尺寸和形状精度要求并不高,但表面粗糙度值要求却较小。

(6)密封性、防腐性要求高的表面或外行美观的表面粗糙度参数值都应小些。

(7)凡有关标准已对表面粗糙度要求作出规定者(如轴承、量规、齿轮等),应按标准规定选取表面粗糙度参数值。

5.4.3 评定参数值的规定及取样长度、评定长度的选用

标准对表面粗糙度各评定参数数值的规定及取样长度、评定长度的选用要点如下:

(1)在规定表面粗糙度要求时,必须给出表面粗糙度参数值和测量时的取样长度两项基本要求,必要时还要规定表面加工纹理、加工方法等。

(2)表面粗糙度的评定不包括表面缺陷,如沟槽、气孔和划痕等。

(3)对 R_a、R_z、R_y 参数值规定有一般系列值和优先系列值两种,一般系数值为 R10 系列。优先值系列为 R10/3 系列,其数值可从表 5-6 和表 5-7 中选取。

表 5-6　　R_a 的数值　　μm

第一系列	第二系列	第一系列	第二系列	第一系列	第二系列	第一系列	第二系列
	0.008						
	0.010						
0.012			0.125		1.25	12.5	
	0.016		0.160	1.60			16.0
	0.020				2.0		20
0.025		0.20	0.25		2.5	25	
	0.032		0.32				32
	0.040			3.2	4.0		40
0.050		0.40	0.50		5.0	50	
	0.063		0.63				63
	0.080			6.3	8.0		80
0.100		0.80	1.00		10.0	100	

表 5-7　　R_z,R_y 的数值　　μm

第一系列	第二系列	第一系列	第二系列	第一系列	第二系列	第一系列	第二系列	第一系列	第二系列
			0.125		1.25	12.5			125
			0.160				16.0		160
				1.60	2.0		20	200	
0.025		0.20	0.25		2.5	25			250
			0.32						320
	0.032			3.20	4.0		32		
0.050	0.040	0.40	0.50		5.0	50	40	400	
									500
	0.630		0.63						630
	0.080			6.30	8.0		63		
0.100		0.80	1.00		10.0	100	80	800	1000

(4) 在测量参数 R_a 和 R_z 时,标准推荐按表 5-1 选用相应的取样长度 l。采用表中规定的取样长度值时,在图样上可省略取样长度值的标注,当有特殊要求时,设计者可自行规定取样长度值。如被测表面均匀性较好,测量时也可选用小于表 5-1 所规定的长度值;均匀性较差的表面可选用大于表中规定的数值。评定长度 l_n 一般为 $l_n = 5l$。

(5) 轮廓微观不平度平均间距 S_m 和轮廓单峰平均间距 S 的数值可按表 5-8 选用。

(6) 轮廓支承长度率 t_p 的数值可按表 5-9 选用。此时水平截距 c 如用轮廓最大高度 R_y 的百分比表示,则百分数的系数如下:

R_y 的(5, 10, 15, 20, 25, 30, 40, 50, 60, 70, 80, 90)%。

表 5-8　　S_m,S 的数值　　mm

第一系列	第二系列	第一系列	第二系列	第一系列	第二系列	第一系列	第二系列
			0.0125		0.125		1.25
			0.016		0.160	1.60	
			0.020	0.20			2.0
	0.002	0.025			0.25		2.5
	0.003		0.032		0.32	3.2	
	0.004		0.040	0.40			4.0
	0.005	0.050			0.50		5.0
0.006			0.063		0.63	6.3	
	0.008		0.080	0.80			8.0
	0.010	0.100			1.00	12.5	10.0

表 5-9　　t_p(%) 的数值

| 10 | 15 | 20 | 25 | 30 | 40 | 50 | 60 | 70 | 80 | 90 |

§5.5　表面粗糙度的测量

表面粗糙度的测量方法常见的有比较法、光切法、干涉法、针描法、印模法等。

5.5.1　比较法

比较法是将被测表面与比较样块通过人的视觉或触觉,或借助于放大镜、低倍显微镜进行比较,判断其是否接近某一数值的比较样块。它一般适用于生产车间或生产现场,因为比较方法既直观又简便,但这是一种属于定性或极粗糙的定量的方法,它不能得到确切的数值,测量结果往往因人或条件等原因而存在着较大的评定差异,所以不能作为仲裁的方法。

5.5.2　光切法

光切法是应用光切原理来测量表面粗糙度的一种测量方法。常用的仪器是光切显微镜

（又称双管显微镜）。该仪器适宜于测量用车、铣、刨等加工方法所加工的金属零件的平面或外圆表面。光切法主要用于测量 R_z 值，测量范围为 $0.5\sim60\mu m$，也可用于 R_y 的测量。

光切显微镜的工作原理如图 5-12 所示。光切显微镜由两个镜管组成，一个是投影照明镜管，另一个为观测管，两管轴线互成 90°。在照明镜管中由光源 1 发出的光线经聚光镜 2、狭缝 3 及物镜 4 后，以 45°的倾斜角照射在具有微小峰谷的被测工件表面上，形成一束平行的光带，表面轮廓的波峰在 S 点处产生反射，波谷在 S' 点处产生反射。通过观察镜管的物镜，分别成像在分划板 5 上的 a 与 a' 点，从目镜中可以观察到一条与被测表面相似的齿状亮带，通过目镜分划板与测微器，可测出 aa' 之间的距离 N，则被测表面的微观不平度的峰谷高度 h 为

$$h = \frac{N}{V}\cos45° = \frac{N}{\sqrt{2}V}$$

式中：V 为观察镜管的物镜放大倍数。

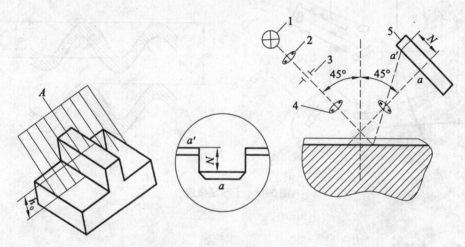

1—光源　2—聚光镜　3—狭缝　4—物镜　5—分划板　6—目镜
图 5-12　光切显微镜的工作原理图

5.5.3　干涉法

干涉法是利用光波干涉原理测量表面粗糙度的一种测量方法。常用的仪器是干涉显微镜。干涉显微镜主要用于测量 R_z 值，测量范围为 $0.05\sim0.8\mu m$，一般用于测量表面粗糙度要求高的表面。

干涉显微镜是利用光波干涉原理测量表面粗糙度。图 5-13(a)所示为干涉显微镜光学系统示意图。由光源 1 发出的光线经聚光镜 2、滤色片 3、光栏 4 及透镜 5 成平行光线，射向底面半镀银的分光镜 7 后分为两束：一束光线通过补偿镜 8、物镜 9 到平面反射镜 10，被 10 反射又回到分光镜 7，再由 7 经聚光镜 11 到反射镜 16，由 16 反向进入目镜 12 的视野；另一束光线向上通过物镜 6，投射到被测零件表面，由被测表面反射回来，通过分光镜 7、聚光镜 11 到反射镜 16，由 16 反射也进入目镜 12 的视野。这样，在目镜 12 的视野内即可观察到这两束光线因光程差而形成的干涉带图形。若被测表面粗糙不平，干涉

带即成弯曲形状(见图 5-13(b))。由测微目镜可读出相邻两干涉带距离 a 及干涉带弯曲高度 b。由于光程差每增加光波波长 λ 的二分之一即形成一条干涉带,故被测表面微观不平度的实际高度为

$$H = \frac{b}{a} \times \frac{\lambda}{2}$$

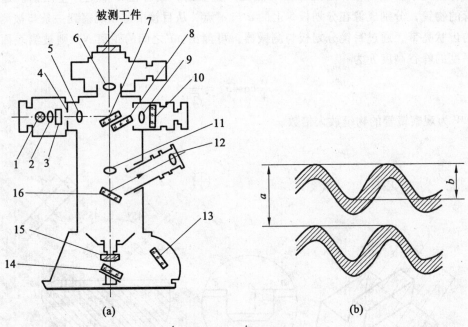

图 5-13 干涉显微镜

5.5.4 针描法

针描法是一种接触式测量表面粗糙度的方法,常用的仪器是电动轮廓仪,该仪器可直接显示 R_a 值,适宜于测量 $R_a = 0.025 \sim 5 \mu m$。

它将一个半径极小的测针沿着被测表面以等速缓慢地运动,工件的微观不平度使测针作上下不规则的运动,传感器将测针的上下微量的位移转换成电信号,经电子装置将信号放大,通入记录器描绘出工件表面轮廓的放大图,或经滤波计算装置把 R_a 等参数值显示出来以及打印。

从仪器的原理来看,有电感式、电容式以及压电式等,高精度的电动轮廓仪一般是电感式的,这类仪器的工作原理如图 5-14 所示。

5.5.5 印模法

对于有些零件上存在着比较小的深孔、盲孔、凹槽、内螺纹以及一些特殊部件的表面,不能用一般的粗糙度仪器直接进行测量,又不便用样块对照。对这样的表面要进行测量,则可采用印模法。

印模法是一种间接评定被测表面粗糙度的方法。它是利用一些无流动性和无弹性的塑

性材料,贴合在被测表面上,它的制作应有一套合理的工艺,将被测表面的轮廓复制成印模,然后对印模进行测量。以印模的测量结果作为该被测部位粗糙度值。

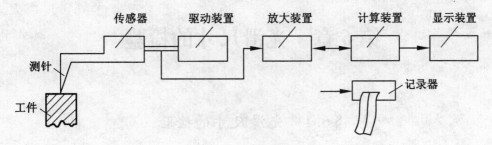

图 5-14 针描法原理图

思考题与习题 5

5-1 表面粗糙度的含义是什么?对零件工作性能有什么影响?

5-2 什么是取样长度、评定长度?为什么要规定取样长度和评定长度?

5-3 评定表面粗糙度常用的参数有哪几个?分别论述其含义、代号和适用场合。

5-4 选择表面粗糙度参数值时应考虑哪些因素?

5-5 常用的表面粗糙度测量方法有哪几种?

5-6 试将下列技术要求标注在图 5-15 上。

(1)上、下表面粗糙度值 R_a 分别不允许大于 $0.8\mu m$ 和 $1.6\mu m$,左、右侧面表面粗糙度 R_z 值分别不允许大于 $6.4\mu m$ 和 $3.2\mu m$;

(2)大端圆柱面为不去除处材料表面,其表面粗糙度值 R_a 不允许大于 $1.6\mu m$,小端圆柱面表面粗糙度 R_z 值不允许大于 $0.8\mu m$。

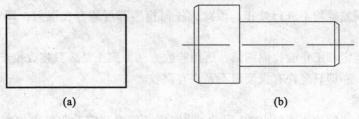

图 5-15 习题 5-6 附图

第6章 光滑尺寸的检验

§6.1 光滑尺寸的检验

检验光滑工件尺寸时，可使用通用测量器具，也可使用极限量规。通用测量器具能测出工件实际尺寸的具体数值，能够了解产品质量情况，有利于对生产过程进行分析。但多数计量器具通常只用于测量尺寸，而无法测量工件上可能存在的形状误差。

量规检验尺寸的特征是判断被测零件是否在规定的极限尺寸范围内，以确定零件是否合格，它不能测出零件的实际尺寸。用量规检验零件方便、迅速并能保证零件的互换性。但是无论采用通用测量器具，或是使用极限量规对工件进行检验，都有测量误差存在。

为保证足够的测量精度，如何处理测量结果以及如何正确地选择计量器具，国家标准《光滑工件尺寸的检验》对此都作了相应的规定。本节主要讨论关于验收原则、安全裕度与验收极限的确定问题。

6.1.1 工件验收原则、安全裕度与尺寸验收极限

1. 工件验收原则

由于测量误差对测量结果的影响，当真实尺寸位于极限尺寸附近时，按测得尺寸验收工件就有可能把实际尺寸超过极限尺寸范围的工件误认为合格而被接受（误收）；也可能把实际尺寸在极限尺寸范围内的工件误认为不合格而被废除（误废）。而且车间的实际情况是，工件合格与否，一般只按一次测量来判断。对于温度、压陷效应，以及计算器具和标准器的系统误差等均不进行修正，因此，任何检验都可能存在误判，即产生"误收"或"误废"。

国家标准规定和工作验收原则是：所用验收方法原则上是应只接收位于规定的尺寸极限之内的工件，亦即只允许有误废而不允许有误收。

2. 验收方案

为了保证上述验收原则（即防止误收）的实施，采取规定验收极限的方法，即采用安全裕度来抵消测量的不确定度。验收极限是检验工件尺寸时判断合格与否的尺寸界限。

确定工件尺寸的验收极限，有下列两种方案：

方案 1　验收极限是工件规定的最大实体极限（MML）和最小实体极限（LML）分别向工件公差带内移动一个安全裕度 A 来确定，简称内缩方案，如图 6-1 所示。A 值按工件公差（IT）的 10% 确定，其数值见表 6-1。

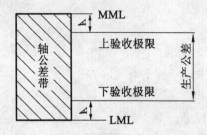 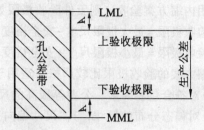

图 6-1 验收方案之内缩方案

表 6-1 安全裕度(A)与计量器具的不确定度允许值(μ_1)

公差等级		6					7					8				
基本尺寸/mm		T	A	μ_1			T	A	μ_1			T	A	μ_1		
大于	至			Ⅰ	Ⅱ	Ⅲ			Ⅰ	Ⅱ	Ⅲ			Ⅰ	Ⅱ	Ⅲ
—	3	6	0.6	0.54	0.9	1.4	10	1.0	0.9	1.5	2.3	14	1.4	1.3	2.1	3.2
3	6	8	0.8	0.72	1.2	1.8	12	1.2	1.1	1.8	2.7	18	1.8	1.6	2.7	4.1
6	10	9	0.9	0.81	1.4	2.0	15	1.5	1.4	2.3	3.4	22	2.2	2.0	3.3	5.0
10	18	11	1.1	1.0	1.7	2.5	18	1.8	1.7	2.7	4.1	27	2.7	2.4	4.1	6.1
18	30	13	1.3	1.2	2.0	2.9	21	2.1	1.9	3.2	4.7	33	3.3	3.0	5.0	7.4
30	50	16	1.6	1.4	2.4	3.6	25	2.5	2.3	3.8	5.6	39	3.9	3.5	5.9	8.8
50	80	19	1.9	1.7	2.9	4.3	30	3.0	2.7	4.5	6.8	46	4.6	4.1	6.9	10
80	120	22	2.2	2.0	3.3	5.0	35	3.5	3.2	5.3	7.9	54	5.4	4.9	8.1	12
120	180	25	2.5	2.3	3.8	5.6	40	4.0	3.6	6.0	9.0	63	6.3	5.7	9.5	14
180	250	29	2.9	2.6	4.4	6.5	46	4.6	4.1	6.9	10	72	7.2	6.5	11	16
250	315	32	3.2	2.9	4.8	7.2	52	5.2	4.7	7.8	12	81	8.1	7.3	12	18
315	400	36	3.6	3.2	5.4	8.1	57	5.7	5.1	8.4	13	89	8.9	8.0	13	20
400	500	40	4.0	3.6	6.0	9.0	63	6.3	5.7	9.5	14	97	9.7	8.7	15	22
公差等级		9					10					11				
基本尺寸/mm		T	A	μ_1			T	A	μ_1			T	A	μ_1		
大于	至			Ⅰ	Ⅱ	Ⅲ			Ⅰ	Ⅱ	Ⅲ			Ⅰ	Ⅱ	Ⅲ
—	3	25	2.5	2.3	3.8	5.6	40	4	3.6	6.0	9.0	60	6.0	5.4	9.0	14
3	6	30	3.0	2.7	4.5	6.8	48	4.8	4.3	7.2	11	75	7.5	6.8	11	17
6	10	36	3.6	3.3	5.4	8.1	58	5.8	5.2	8.7	13	90	9.0	8.1	14	20
10	18	43	4.3	3.9	6.5	9.7	70	7.0	6.3	11	16	110	11	10	17	25
18	30	52	5.2	4.7	7.8	12	84	8.4	7.6	13	19	130	13	12	20	29
30	50	62	6.2	5.6	9.3	14	100	10	9.0	15	23	160	16	14	24	36
50	80	74	7.4	6.7	11	17	120	12	11	18	27	190	19	17	29	43
80	120	87	8.7	7.8	13	20	140	14	13	21	32	220	22	20	33	50
120	180	100	10	9.0	15	23	160	16	14	24	36	250	25	23	38	56
180	250	115	12	10	17	26	185	18	17	28	42	290	29	26	44	65
250	315	130	13	12	19	29	210	21	19	32	47	320	32	29	48	72
315	400	140	14	13	21	32	230	23	21	35	52	360	36	32	54	81
400	500	155	16	14	23	35	250	25	23	38	56	400	40	36	60	90

采用内缩方案验收，则工件验收极限如下：

上验收极限＝最大极限尺寸－安全裕度(A)

下验收极限＝最小极限尺寸＋安全裕度(A)

内缩方案的验收极限比较严格，适用于如下尺寸：

(1) 对符合包容要求、公差等级高的尺寸。

(2) 对偏态分布的尺寸，其"尺寸偏向边"的尺寸。

(3) 对符合包容要求的尺寸，当工艺能力指数 $C_p \geq 1$（当工件遵循正态分布时，工艺能力指数 $C_p = \dfrac{T}{6\sigma}$，T 为工件的公差，σ 为加工设备的标准偏差）时，其最大实体极限一边的尺寸按内缩方案验收工件，可使误收率大大减少，这是保证产品质量的一种安全措施，但使误废率有所增加，从统计规律来看，误废量与总产量相比毕竟是少量。

方案2 验收极限分别等于规定的最大实体极限(MML)和最小实体极限(LML)，即 A 值等于零，此方案使误收和误废可能发生。

这种方案的验收极限比较宽松，适用于如下情况：

(1) 工艺能力指数 $C_p \geq 1$ 的尺寸。

(2) 符合包容要求的尺寸。

(3) 非配合尺寸和一般的尺寸。

(4) 偏态分布的尺寸，其"尺寸非偏向边"的尺寸。

6.1.2 测量器具的选择

测量工件所产生的"误收"和"误废"是由于不确定度而产生的。不确定度(u)用以表征测量过程中，各项误差综合影响沿测量结果分散程度的误差界限，它反映了由于测量误差的存在而对被测量不能肯定的程度。

测量不确定度由两部分组成：计量器具的不确定度 u_1 和测量条件的不确定度 u_2。计量器具的不确定度 u_1 是表征由计量器具内在误差（包括调整仪器和标准器具的不确定度），所引起的测得的实际尺寸对真实尺寸可能分散的一个范围；测量条件的不确定度 u_2 是表征测量过程中，由温度、压陷效应及工件形状误差等因素所引起的，测得的实际尺寸对真实尺寸可能分散的一个范围。显然，测得的实际尺寸分散范围越大，测量误差越大，即测量不确定度越大。

u_1 与 u_2 对测量不确定度的影响程度是不同的，u_1 的影响较 u_2 的影响大，一般按2:1的关系处理，取 $u_1 \approx 0.9A$，$u_2 \approx 0.45A$。由于 u_1，u_2 都是独立的随机变量，因此，其综合结果也是随机变量，并且应不超出安全裕度 A。

$$u = \sqrt{u_1^2 + u_2^2} \approx 1.00A \tag{6-1}$$

按表6-1中规定的计量器具所引起的测量不确定度的允许值(u_1)（简称计量器具的测量不确定度允许值）来选择计量器具。选择时，应使所选用的计量器具的测量不确定度数值等于或小于选定的 u_1 值。

计量器具的测量不确定度允许值(u_1)按测量不确定度(u)与工件公差的比值分档：对 IT6~IT11 的分为Ⅰ，Ⅱ，Ⅲ三档，对 IT12~IT18 的分为Ⅰ，Ⅱ两档。测量不确定度(u)的Ⅰ，Ⅱ，Ⅲ三档值，分别为工件公差为1/10，1/6，1/4。三个档次的 u_1 见表6-1。

选用 u_1 时,一般情况下优先选用Ⅰ档,其次选用Ⅱ档、Ⅲ档。然后,按表6-2所列普通计量器具的测量不确定度 u_1' 的数值,选择合适的计量器具。具体选用方法如下:

(1) $u_1' \leq u_1$ 原则。所选择的计量器具的测量不确定值 u_1' 应不大于 u_1 值。

(2) $0.4 u_1' \leq u_1$ 原则。当使用形状与工件形状相同的标准器进行比较测量时,千分尺的测量不确定值 u_1' 降低为原来的40%。

(3) $0.6 u_1' \leq u_1$ 原则。当使用形状与工件形状不相同的标准器进行比较测量时,千分尺的测量不确定值 u_1' 降低为原来的60%。

表 6-2 计量器具的不确定度 mm

尺寸范围		比较仪的测量不确定度 u_1			
大于	至	分度值为0.0005(放大倍数2000)	分度值为0.001(放大倍数1000)	分度值为0.002(放大倍数500)	分度值为0.005(放大倍数250)
—	25	0.0006	0.0010	0.0017	
25	40	0.0007			
40	65	0.0008	0.0011	0.0018	0.0030
65	90				
90	115	0.0009	0.0012	0.0019	
115	165	0.0010	0.0013		
165	215	0.0012	0.0014	0.0020	
215	265	0.0014	0.0016	0.0021	0.0035
265	315	0.0016	0.0017	0.0022	

尺寸范围		指示表的不确定度 u_1			
大于	至	分度值为0.001的千分表(0级在全程范围内,1级在0.2内)分度值为0.002的千分表在1级范围内	分度值为0.001,0.002,0.005的千分表(1级在全程范围内)分度值为0.01的百分表(0级在任意1mm内)	分度值为0.01的百分表(0级在全程范围内,1级在任意1mm内)	分度值为0.01的百分表(1级在全程范围内)
—	25	0.005	0.010	0.018	0.030
25	40				
40	65				
65	90				
90	115				
115	165				
165	215	0.006			
215	265				
265	315				

续表

尺寸范围		千分表和游标卡尺的不确定度			
大于	至	分度值0.01外径千分尺	分度值0.01内径千分尺	分度值0.02游标卡尺	分度值0.05游标卡尺
—	50	0.004			
50	100	0.005	0.008		0.050
100	150	0.006		0.020	
150	200	0.007			
200	250	0.008	0.013		
250	300	0.009			
300	350	0.010			0.100
350	400	0.011	0.020		
400	450	0.012			
450	500	0.013	0.025		
500	600				
600	700		0.030		
700	1000				0.150

  选择计量器具除考虑测量不确定度外，还要考虑其适用性及检验成本。

  计算器具的使用性能要适应被测工件的尺寸、结构、被测部位、工件重量、材质软硬以及批量大小和检验效率等方面的要求。例如测量尺寸大的零件，一般要选取用上置式的计量器具；仪表中的小尺寸及硬度低、刚性差的工件，宜选用非接触测量方式，即选用光学投影放大、气动、光电等原理的测量仪器；对大批量生产的工件，应选用量规或自动检验机检验，以提高检验效率。另外还要考虑检验成本，在满足测量准确度的前提下，应选用价格较低廉的计量器具。

  例 6-1 被测工件为 $\phi50f8$ mm，试确定验收极限并选择合适的测量器具。

  解：(1) 确定工件的极限偏差为 $\phi50f8\binom{-0.025}{-0.064}$ mm。

  (2) 确定安全裕度 A 和测量器具不确定度允许值 u_1。

  该工件的公差为 0.039mm，从表 6-1 查得 $A=0.0039$ mm，$u_1=0.0035$ mm。

  (3) 选择测量器具。按工件基本尺寸 50mm，从表 6-3 查知，分度值为 0.005mm 的比较仪不确定度 u_1 为 0.0030mm，小于允许值 0.0035mm，可满足使用要求。

  (4) 计算验收极限，如图 6-2 所示。

  上验收极限 $=d_{max}-A=(50-0.025-0.0039)$ mm $=49.9711$ mm

  下验收极限 $=d_{min}+A=(50-0.064+0.0039)$ mm $=49.9399$ mm

  当现有测量器具的不确定度 u_1 达不到"小于或等于第 I 档允许值 (u_1)"这一要求时，可选用表 6-1 中的第 II 档 (u_1)，重新选择测量器具，依次类推，第 II 档 (u_1) 满足不了要求时,可选用第Ⅲ档(u_1)。

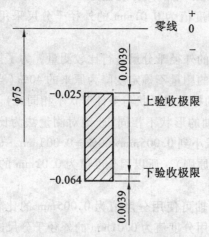

图 6-2 计算验收极限

例 6-2 试确定测量 $\phi 75js8(\pm 0.023)$ Ⓔ 轴时的验收极限,选择适当的计量器具,并分析该轴可否使用分度值为 0.01mm 的外径千分尺进行比较法测量验收。

解:(1)确定验收极限。

$\phi 75js8(\pm 0.023)$ Ⓔ 轴采用包容原则,因此验收极限应按内缩方案确定。从表 6-1 查得安全裕度 $A = 0.0046$mm。其上下验收极限为

$$K_s = L_{\max} - A = (75.023 - 0.0046)\text{mm} = 75.0184\text{mm}$$
$$K_i = L_{\min} + A = (74.977 + 0.0046)\text{mm} = 74.9816\text{mm}$$

图 6-3 为 $\phi 75js8(\pm 0.023)$ Ⓔ 的验收极限图。

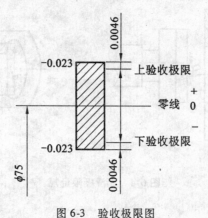

图 6-3 验收极限图

(2)选择计量器具。由表 6-1 按优先选用Ⅰ档的计量器具不确定度允许值的原则,确定 $u_1 = 0.0041$mm。

1)由表 6-3 选用分度值为 0.005mm 的比较仪,其测量不确定度 $u_1' = 0.003$mm $< u_1$,所

以用分度值为0.005mm的比较仪能满足测量要求。

2)当没有比较仪时,由表6-2选用分度值为0.01mm的外径千分尺,其测量不确定度$u_1'=0.005\text{mm}>u_1$,显然用分度值为0.01mm的外径千分尺采用绝对测量法,不能满足测量要求。

3)用分度值为0.01mm的外径千分尺进行比较测量,为了提高千分尺的测量精度,采用比较测量法,可使千分尺的测量不确定度降为原来的40%(当使用的标准器形状与工件形状相同)或60%(当使用的标准器形状与工件形状不相同时)。在此,使用75mm量块组作为标准器(标准器形状与轴的形状不相同)改绝对测量法为比较测量法,可使千分尺的测量不确定度由0.005mm减小到0.005mm×60%=0.003mm,显然小于测量不确定度的允许值u_1(即符合$0.6u_1' \leqslant u_1$原则)。所以用分度值为0.01mm的外径千分尺进行比较测量,是能满足测量要求的。

结论:若有比较仪,该轴可使用分度值为0.005mm的比较仪进行比较法测量验收;若没有比较仪,该轴还可使用分度值为0.01mm的外径千分尺进行比较法测量验收。

§6.2 光滑极限量规

6.2.1 量规的作用及种类

1. 量规的作用

光滑极限量规(GB/T 1957—2006)用于检验遵守包容要求,即"ER"的大批量生产的单一实际要素,多用来判定圆形孔、轴的合格性,如图6-4所示。

孔用光滑极限量规称塞规,如图6-4(a)所示。塞规分通端(通规)和止端(止规)。

轴用光滑极限量规,又称环规或卡规,如图6-4(b)所示。

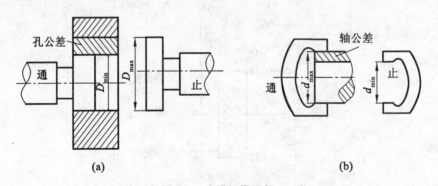

图6-4 光滑极限量规

用光滑限量规检验孔、轴,有如下特点:

(1)量规是一种没有刻度的专用定值检验工具,其外形与被检验对象相反。例如,检验孔的量规为塞规,可认为是按一定尺寸精确制成的轴;检验轴的量规为环规与卡规,可认为是按一定尺寸精确制成的孔。

(2)极限量规一般都是成对使用,并分为通规与止规。通规的作用是防止工作尺寸超出最大实体尺寸；止规的作用是防止工件尺寸超出最小实体尺寸。因此，通规应按工件最大实体尺寸制成，止规应按工件最小实体尺寸制成(见图6-4)。

(3)检验时，如果通规能通过工件，而止规不能通过，则认为工件是合格的。用这种方法检验，能够保证工件的互换性，而且迅速方便。

2. 量规的分类

量规按其用途不同可分为工作量规、验收量规及校对量规三类。

(1)工作量规。加工工件的操作者使用，通规应是新的或磨损较少的。工作量规的通规用代号"T"表示，止规用代号"Z"表示。

(2)验收量规。验收量规是检验部门或用户代表在验收零件时所使用的量规。验收量规一般不专门制造，它是与工作量规相同类型且已磨损较多但未超过磨损极限的量规。这样就可保证由生产工人自检合格的工件，检验人员验收时也一定合格。

(3)校对量规。专门为检验轴工件用的工作量规制造的，由于轴用工作量规的测量较困难，使用过程中易磨损变形，所以必须有校对量规。校对量规分为：

TT——制造轴用通规用的校对量规(通过，新通规合格)。

ZT——制造轴用止规用的校对量规(通过，新止规合格)。

TS——检验轴用旧通规报废用的校对量规(通过，轴用旧通规磨损到极限，应报废处理)。

6.2.2 量规的形状

由于工件存在形状误差，虽然工件实际尺寸位于最大与最小极限尺寸范围内，但该工件装配时可能发生困难或者装配后达不到规定的配合要求。因此，对于要求遵守包容原则的孔和轴，应按极限尺寸判断原则(即泰勒原则)验收。

首先，引入作用尺寸的概念(见图6-5)。

孔的作用尺寸：在配合面全长上，与实际孔内接的最大理想轴的尺寸。

轴的作用尺寸：在配合面全长上，与实际轴外接的最小理想孔的尺寸。

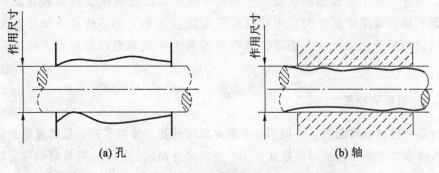

图6-5 作用尺寸

若工件没有形状误差，则其作用尺寸等于实际尺寸。

泰勒原则规定如下：

(1) 孔或轴的作用尺寸不允许超过最大实体尺寸。即 $D_\text{M} \geqslant d_\text{min}$，$d_\text{M} \leqslant d_\text{max}$。

(2) 在任何位置上的实际尺寸不允许超过最小实体尺寸。即 $D_\text{a} \leqslant d_\text{max}$，$d_\text{a} \geqslant d_\text{min}$。

通规用于控制工件的体外作用尺寸，它的测量面理论上应具有与孔或轴相应的完整表面，其定形尺寸等于工件的最大实体尺寸，且测量长度等于配合长度。因此通规称为全形量规。止规用于控制工件的实际尺寸，它的测量面理论上应为两点状的（避免形状误差的干扰），其定形尺寸等于工件的最小实体尺寸。

分析量规形状对检验结果的影响参看图 6-6。孔的实际轮廓已超出尺寸公差带，应为废品。用全形通规检验时，不能通过。用两点状止规检验，虽然沿 X 方向不能通过，但沿 Y 方向却能通过，于是，该孔被正确地判断为废品；反之，若用两点状通规检验，则可能沿 Y 方向通过，用全形止规检验，则不能通过。这样，由于量规形状不正确，就把该孔误判断为合格品。

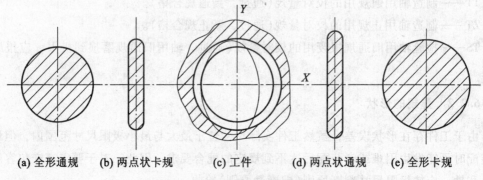

(a) 全形通规　　(b) 两点状卡规　　(c) 工件　　(d) 两点状通规　　(e) 全形卡规

图 6-6　量规形状对检验结果的影响

但实际生产中所用的量规，并不完全遵守泰勒原则。

例如，对尺寸大于 100mm 的孔，通规也很少制成圆柱形全形轮廓，因为这样会过于笨重。同样，对于检验轴的量规，不论尺寸大小，通规都很少做成具有全形轮廓的环规，因其检验效率很低，而且不能检验正在顶尖上加工的零件及曲轴等。为了发现轴的形状误差是否超出尺寸公差带，可在轴的若干断面和直径方向用卡规进行多次检验解决。

6.2.3　量规的精度

量规是一种精密检验工具，但实际上就是精密的孔、轴类零件。虽然量规的制造精度比工件高得多，但不可能绝对准确地按某一指定尺寸制造。因此，对量规同样要规定制造公差以保证其精度。

量规公差带的大小及位置，取决于工件公差带大小与位置、量规用途以及量规公差制。

1. 工作量规的公差

为了确保产品质量,国际 GB 1957—2006 规定量规公差带不得超越工件公差带。孔用和轴用工作量规公差带分别如图 6-7、6-8 所示。图中,T 为量规尺寸公差(制造公差),Z 为通规尺寸公差带的中心到工件最大实体尺寸之间的距离,称为位置要素。

通规在使用过程中会逐渐磨损,为了使它具有一定的寿命,需要留出适当的磨损储量,即规定磨损极限,其磨损极限等于被检验工件的最大实体尺寸。由于止规遇到合格工件时不通过,不会磨损,所以不需要磨损储量。

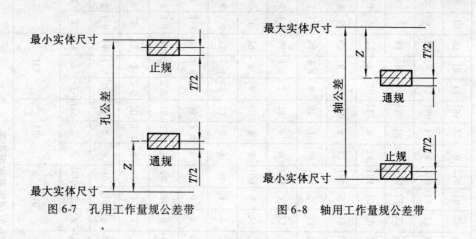

图 6-7 孔用工作量规公差带　　图 6-8 轴用工作量规公差带

国标对基本尺寸至 500mm,公差等级自 IT6～IT16 的孔和轴都规定了量规公差,其数值见表 6-3。

2. 校对量规的公差

校对量规有三种,分别用 TT,ZT 及 TS 表示。TT 与 ZT 用于制造轴用工作量规时,分别校对通规与止规。TS 用于校对使用中轴用通规磨损。

校对量规的尺寸公差带完全位于被校对量规的制造公差和磨损极限内,如图 6-8 所示,校对量规的尺寸公差 TP 等于被校对量规尺寸公差 T 的一半,即 TP = T/2,形状误差应控制在其尺寸公差带范围内。

由于校对量规精度很高,制造困难,目前测量技术又有了提高,因此在生产实践中将逐步用量块或测量仪器代替校对量规。但在某些行业,由于产品的特点或者小尺寸的轴用量规,还需要用到校对量规。

3. 量规的形位公差与表面粗糙度

国家标准规定工作量规的形状和位置误差,应在工作量规制造公差范围内,并提出进一步要求,即形位公差值应等于量规制造公差的 50%。考虑到制造和测量的困难,当量规制造公差小于或等于 0.002mm 时,其形状和位置公差为 0.001mm。

校对量规的形位误差,应控制在其制造公差之内,也遵守包容要求。

根据工件尺寸公差等级的高低和基本尺寸的大小,工作量规测量面的表面粗糙度参数 R_a 值为 0.025～0.4μm,见表 6-4。校对量规的表面粗糙度参数 R_a 值应比工作量规的小 50%。

表 6-3　光滑极限量规的尺寸公差 T 和位置要素 Z 值　　μm

基本尺寸 D/mm 大于	至	IT6	T	Z	IT7	T	Z	IT8	T	Z	IT9	T	Z	IT10	T	Z	IT11	T	Z	IT12	T	Z	IT13	T	Z	IT14	T	Z	IT15	T	Z	IT16	T	Z
—	3	6	1	1	10	1.2	1	14	1.6	1.4	25	2	1.6	40	2.4	2	60	3	3	100	4	5	140	6	7	250	9	11	400	14	20	600	20	40
3	6	8	1.4	1.2	12	1.4	2	18	2	1.8	30	2.4	2	48	3.4	2.8	75	4	4	120	5	6	180	7	9	300	11	14	480	16	25	750	25	50
6	10	9	1.6	1.4	15	1.8	2	22	2.4	2	36	2.8	2.4	58	3.6	3	90	5	5	150	6	8	220	8	11	360	13	16	580	20	30	900	30	60
10	18	11	2	1.6	18	2.4	2	27	2.8	2.4	43	3.4	2.8	70	4	3.6	110	6	6	180	7	9	270	10	13	430	15	20	700	24	35	1100	35	75
18	30	13	2.4	2	21	3	2.4	33	3.4	2.8	52	4	3.4	84	5	4	130	7	8	210	8	11	330	12	15	520	18	24	840	28	40	1300	40	90
30	50	16	2.8	2.4	25	3.6	3	39	4	3.4	62	5	4	100	6	5	160	8	9	250	10	14	390	14	18	620	22	28	1000	34	50	1600	50	110
50	80	19	3.4	2.8	30	4.6	3.6	46	5.4	4.6	74	6	5	120	7	6	190	9	11	300	12	16	460	16	20	740	26	30	1200	40	60	1900	60	130
80	120	22	3.8	3.2	35	5.4	4.2	54	6	5.4	87	7	6	140	8	7	220	10	13	350	14	19	540	20	26	870	30	36	1400	46	75	2200	70	150
120	180	25	4.4	3.8	40	6	4.8	63	7	6	100	8	7	160	9	8	250	12	15	400	16	22	630	22	30	1000	35	40	1600	52	90	2500	80	180
180	250	29	4.8	4.4	46	6.2	5.6	72	8	7	115	10	8	185	12	10	290	14	18	460	20	25	720	26	35	1150	40	45	1850	60	100	2900	90	200
250	315	32	5.4	4.8	52	7	6	81	9	8	130	11	10	210	14	12	320	16	20	520	22	29	810	28	40	1300	45	50	2100	66	110	3200	100	220
315	400	36	6	5.4	57	7	7	89	10	9	140	12	11	230	16	14	360	18	22	570	24	32	890	32	45	1400	50	55	2300	74	120	3600	110	250
400	500	40	6	6.2	63	7	8	97	10	10	155	14	12	250	16	16	400	20	24	630	26	36	970	36	55	1550	55	60	2500	80	120	4000	120	280

表 6-4　　　　　　　　　量规工作面的表面粗糙度参数 R_a 值

工作量规	工件基本尺寸/mm		
	~120	120~315	315~500
	表面粗糙度参数 R_a（小于）μm		
IT6 级孔用量规	0.04	0.08	0.16
IT6~IT9 级轴用量规 IT7~IT9 级孔用量规	0.08	0.16	0.32
IT10~IT12 级孔、轴用量规	0.16	0.32	0.63
IT13~IT16 级孔、轴用量规	0.32	0.63	0.63

6.2.4 量规的设计

1. 量规型式的选择

检验圆柱形工件的光滑极限量规型式很多，合理地选择及使用，对正确判断测量结果影响很大。量规型式的选择可参照国际推荐。

测孔时，可用下列几种型式的量规，①全形塞规；②不全形塞规；③片状塞规；④球端杆规。

测轴时，可用下列型式的量规：①环规；②卡规。

2. 量规工作尺寸的计算

量规工作尺寸计算的步骤如下：

(1) 查出被检验工件的极限偏差，计算相应的最大和最小实体尺寸，它们就是量规的基本尺寸（定形尺寸）。

(2) 由本章表 6-4 查出工作量规的制造公差以及位置要素 Z_0。

(3) 按工作量规尺寸公差 T，确定工作量规的形位公差和校对规的尺寸公差 T_p；

(4) 画量规公差带图，计算和标注各种量规的极限偏差和工作尺寸。

3. 量规的材料和技术要求

量规测量面的材料为：合金工具钢；碳素工具钢；渗碳钢及其他耐磨材料或在测量表面镀以厚度大于磨损量的镀铬层、氮化层等耐磨材料。

量规测量表面的硬度对量规使用寿命有一定影响，通常用淬硬钢制造量规，其测量面的硬度为 HRC58~65。

4. 量规测量面的粗糙度

量规测量面的粗糙度按表 6-5 选用。

例 6-3　设计检验孔 $\phi40H7$ Ⓔ 用的工作量规和检验轴 $\phi40f6$ 用的工作量规及其校对规。

解：

(1) 查标准公差数值表、孔轴基本偏差表得到

$$\phi 40\text{H}8(^{+0.025}_{0}\text{mm}) \qquad \phi 40\text{f}7(^{-0.025}_{-0.041}\text{mm})$$

(2) 查表 6-4 得到检验 IT7 孔用的工作量规公差数值 $T = 3\mu\text{m}$，$Z = 4\mu\text{m}$；得到检验 IT6 轴用的工作量规公差数值 $T = 2.4\text{mm}$，$Z = 2.8\text{mm}$；且校对规公差数值 $T_p = 1.2\mu\text{m}$。

(3) 以工件的基本尺寸线为零线，写出所有工作量规、校对规的极限尺寸，并转换成标注尺寸：

ϕ40H7 的通规：$\phi 40^{+0.0055}_{+0.0025} = \phi 40.0055^{0}_{-0.003}$

ϕ40H7 的止规：$\phi 40.025^{0}_{-0.003}$

ϕ40f6 的通规：$\phi 39.975^{-0.0016}_{-0.0040} = \phi 39.971^{+0.0024}_{0}$

ϕ40f6 的止规：$\phi 39.959^{+0.0024}_{0}$

ϕ40f6 的校对规：TT 规为 $\phi 39.9722^{0}_{-0.0012}$

TS 规为：$\phi 39.975^{0}_{-0.0012}$

ZT 规为 $\phi 39.9602^{+0.0012}_{0}$

(4) 画出 ϕ40H7 孔，ϕ40f6 轴及其所有工作量规、校对规的公差带图。并标注出极限偏差，如图 6-9 所示。

(5) 绘制工作量规的工作图并标注几何精度等方面的技术要求。ϕ40f7 的卡规和 ϕ40H8 的塞规的工作图及标注如图 6-10 和图 6-11 所示。

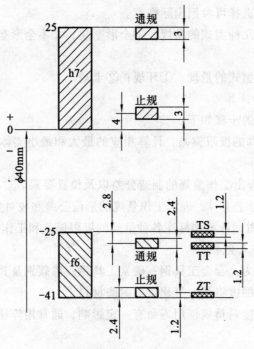

图 6-9 量规公差带图

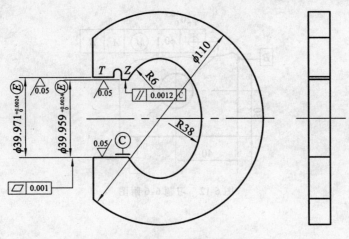

图 6-10　φ40f7 卡规工作图

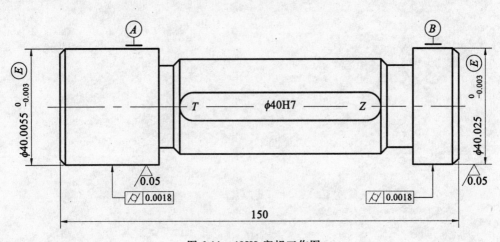

图 6-11　40H8 塞规工作图

思考题与习题 6

6-1　计算检验 φ30p8 轴用工作量规的工作尺寸，并画出量规的公差带图。

6-2　计算检验 φ50H7 孔用工作量规的工作尺寸，并画出量规的公差带图。

6-3　已知某轴 $\phi 30f8_{-0.064}^{-0.025}$ Ⓔ 的实测轴径为 φ29.968mm，轴线直线度误差为 φ0.01mm，试判断该零件的合格性。

6-4　已知某孔 φ48H8 Ⓔ 的实测直径为 φ48.01mm，轴线直线度误差为 φ0.015mm，试判断该零件的合格性。

6-5　用立式光学比较仪测得 φ40D11 的塞规直径为：通规 φ40.1mm，止规 φ40.242mm。试判断该塞规是否合格？

6-6　设计如图 6-12 所示的位置度量规，试计算其各工作部位尺寸，画出位置量规简图。

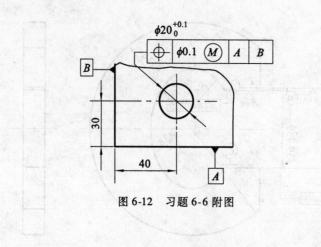

图 6-12　习题 6-6 附图

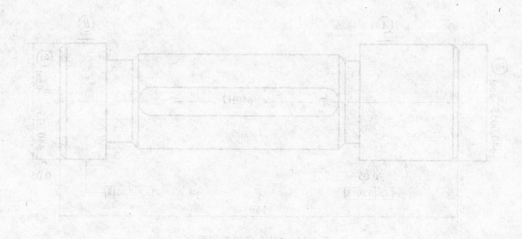

第7章 滚动轴承的极限与配合

滚动轴承是机器上广泛应用的作为一种传动支承的标准部件。一般由内圈、外圈、滚动体(钢球或滚珠)和保持架(又称保持器或隔离圈)所组成。如图7-1所示,内圈与轴颈装配,外圈与孔座装配,滚动体是承载并使轴承形成滚动摩擦的元件,它们的尺寸,形状和数量由承载能力和载荷方向等因素决定。保持架是一组隔离元件,其作用是将轴承内一组滚动体均匀分开,使每个滚动体均匀地轮流承受相等的载荷,并保持滚动体在轴承内、外滚道间正常滚动。

滚动轴承是具有两种互换性的标准零件。滚动轴承内圈与轴颈的配合以及外圈与孔座的配合为外互换,滚动体与轴承内外圈的配合为内互换。

为了实现滚动轴承的互换性要求,我国制定了滚动轴承的公差标准,该标准不仅规定了滚动轴承的尺寸精度、旋转精度和测量方法,还规定了与轴承相配合的壳体孔和轴颈的尺寸精度、配合、形位公差和表面粗糙度等。

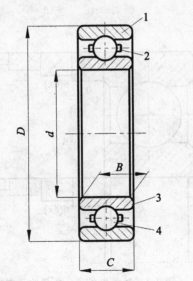

1—外圈 2—保持架 3—内圈 4—滚动体
图 7-1 滚动轴承

§7.1 滚动轴承的公差等级

根据滚动轴承的结构尺寸、公差等级和技术性能等产品特征的符号,滚动轴承国家标准 GB/T 271—2008《滚动轴承分类》将滚动轴承公差等级分为 2，4，5，6，0 五级，其中 2 级精度最高，0 级精度最低（只有深沟球轴承有 2 级；圆锥滚子轴承有 6x 级而无 6 级）。

0 级为普通精度，在机器制造业中的应用最广，主要用于旋转精度要求不高的机构中。例如，普通机床中的变速、进给机构，汽车、拖拉机中的变速机构，普通电机、水泵、压缩机、汽轮机中的旋转机构等。

6(6x)，5，4 级轴承通常称为精密轴承，它们应用在旋转精度要求较高或转速较高的机械中。例如，金属切削机床的主轴轴承（普通机床主轴的前轴承多用 5 级，后轴承多用 6 级，较精密的机床主轴轴承则多采用 4 级），精密仪器、仪表、高速摄影机等精密机械用的轴承。

2 级轴承，1984 年列入标准即 GB 307.3—1984，应用在高精度、高转速的特别精密部位上，如精密坐标镗床和高精度齿轮磨床的主要支承处。

§7.2 滚动轴承的公差与公差带

滚动轴承是标准件，其外圈与壳体孔的配合应采用基轴制，内圈与轴颈的配合采用基孔制。

但对于 0，6，5，4，2 各精度等级的轴承，单一平面平均内（外）径的公差带均为单向制，而且统一采用上偏差为零的布置方案，如图 7-2 所示。

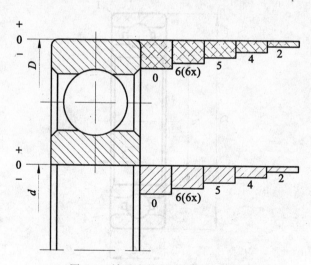

图 7-2 轴承内外径公差带的分布

这样分布主要是考虑在多数情况下，轴承的内圈随轴一起转动时，防止它们之间发生相对运动导致结合面磨损，则两者的配合应是过盈，但过盈量又不宜过大。

若采用《极限与配合》国家标准中的过盈配合，所得过盈量过大；若采用过渡配合则可能出现间隙，不能保证具有一定的过盈。为此，将公差带分布在零线下方，以保证配合获得足够、适当的过盈量。外圈与壳孔的配合通常不能太紧，单一平面平均外径 D_{mp} 的公差带分布在零线的下侧。

轴承外径与外壳配合采用基轴制,轴承孔外径的公差带与 GB/T 1800.2—2009 基轴制的基准轴的公差带虽然都在零线下方,即上偏差为零,下偏差为负值。但是轴承外径的公差值是特定的。因此,轴承外圈与外壳的配合与 GB/T 1800.2—2009 基轴制同名配合相比,配合性质也不相同。

§7.3 滚动轴承的配合公差及选用

7.3.1 滚动轴承的配合

滚动轴承属于标准零件,轴承内圈与轴颈的配合属基孔制的配合,轴承外圈与壳体孔的配合属基轴制的配合。轴颈和壳体孔的公差带均在光滑圆柱体的国标中选择,它们分别与轴承内、外圈结合,可以得到松紧程度不同的各种配合。

GB/T 275—1993《滚动轴承与轴和外壳的配合》,对0级和6级轴承配合的轴颈规定了17种公差带,外壳孔规定了16种公差带,如图7-3所示。

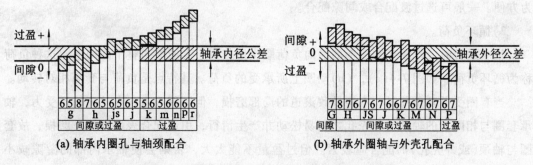

图 7-3 轴承与轴颈以及外壳孔配合的常用公差带

上述公差带只适用于:对轴承的旋转精度和运转平稳性无特殊要求,轴为实心或厚壁钢制轴;外壳为铸钢或铸铁制件,轴承的工作温度不超过100℃的使用场合。

7.3.2 配合的选择

合理地选择滚动轴承与轴颈及外壳孔的配合,可保证机器运转的质量,延长其使用寿命,并使产品制造经济合理。选择时,应考虑的主要因素如下:

1. 负荷类型

轴承转动时,根据作用于轴承上的合成径向负荷相对套圈的旋转情况,可将所受负荷分为局部负荷、循环负荷和摆动负荷三类,如图7-4所示。

1)局部负荷。

轴承运转时,作用于轴承上的合成径向负荷,始终作用于套圈滚道局部区域,这种负荷称为局部负荷,如图7-4(a),(b)所示。轴承受一个方向不变的径向负荷 F_r,固定不

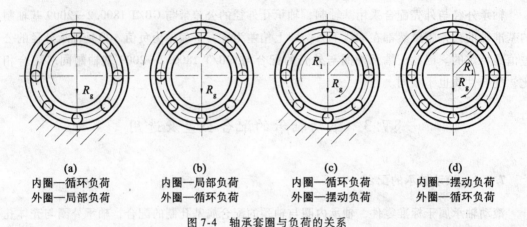

图 7-4 轴承套圈与负荷的关系

转的套圈所受的负荷就是局部负荷。

当套圈受局部负荷时,配合应稍松,可以有不大的间隙,以便在滚动体摩擦力带动下,使套圈相对于轴颈或壳孔表面偶尔有游动可能,从而消除滚道的局部磨损,装拆也较为方便。一般可选过渡配合或间隙配合。

2) 循环负荷。

轴承运转时,作用于轴承上的径向负荷顺次地作用于套圈滚道整个圆周上,这种负荷称为循环负荷,如图 7-4(a),(b)动圈上所承受的负荷。其特点是负荷与套圈相对转动。

当套圈受循环负荷时,不会导致滚道的局部磨损,但圆周滚道各点轮流循环受力,轴承套圈与相配合的轴颈或外壳孔之间易松动并产生滑行,引起配合表面发热、磨损,故套圈与轴颈(或外壳孔)的配合应较紧。但过盈量不能太大,否则会使轴承内部的游隙减小以致完全消失,产生过大的接触应力,导致轴承磨损加快,影响轴承的使用寿命。所以,一般应选择过盈量较小的过盈配合或过盈概率大的过渡配合。

3) 摆动负荷。

作用于轴承上的合成径向负荷与承受的套圈在一定区域内相对摆动,即其负荷向量经常变动地作用在套圈滚道的局部圆周上,该套圈所承受的负荷性质,称为摆动负荷,如图 7-4(c),(d)。承受摆动负荷的套圈,其配合要求与循环负荷相同或略松一些。

2. 负荷的大小

滚动轴承套圈与轴或壳体孔配合的最小过盈,取决于负荷的大小。一般把径向负荷 $P \leqslant 0.07C$ 的称为轻负荷,$0.07C < P \leqslant 0.15C$ 的称为正常负荷,$P > 0.15C$ 的称为重负荷。其中 C 为轴承的额定负荷,即轴承能够旋转 10^6 次而不发生点蚀破坏的概率为 90% 时的载荷值。

当轴承内圈承受循环负荷时,它与轴配合所需的最小过盈 $Y_{\min 计算}$ (mm)可按下式计算

$$Y_{\min 计算}(\text{mm}) = -13Rk/(10^6 b) \tag{7-1}$$

式中：R——轴承承受的最大径向负荷，kN。

　　　k——与轴承系列有关的系数，轻系列 $k=2.8$，中系列 $k=2.3$，重系列 $k=2$。

　　　b——轴承内圈的配合宽度，m。$b=B-2r$，B 为轴承宽度，r 为内圈倒角。

为避免套圈破裂，必须按不超过套圈允许的强度计算其最大过盈 $Y_{\min 计算}$（mm）

$$Y_{\min 计算}(\text{mm}) = -11.4kd[\sigma_p]/[(2k-2)10^3] \tag{7-2}$$

式中：$[\sigma_p]$——允许的拉应力，10^5Pa。轴承钢的拉应力 $[\sigma_p] \approx 400 \times 10^5$Pa。

　　　d——轴承内圈内径，m。

　　　k——同前述含义。

根据计算得到的 $Y_{\min 计算}$，便可从国际《公差与配合》表中选取最接近的配合。

3. 工作温度的影响

轴承工作时，由于摩擦发热和其他热源的影响，套圈的温度会高于相配合零件的温度。内圈的热膨胀会引起与轴颈配合的松动，而外圈的热膨胀则会引起它与外壳配合变紧。因此，轴承工作温度一般应低于100℃，在高于此温度中工作的轴承，应将所选用的配合适当修正。

4. 轴承尺寸大小

随着轴承尺寸增大，选择的过盈配合过盈越大，间隙配合间隙越大。

5. 旋转精度和速度的影响

当机器要求有较高的旋转精度时，要选用较高等级轴承。与轴承相配合的轴和外壳也要选具有较高的精度等级。

对负荷较大、旋转精度要求较高的轴承，为消除弹性变形和振动的影响，应避免采用间隙配合。而对精密机床的轻负荷轴承，为避免孔与轴的形状误差对轴承精度影响，常采用间隙配合。

在其他条件相同的情况下，轴承的旋转速度愈高，配合也应愈紧。

6. 其他因素影响

1）外壳和轴承的结构及材料。

轴承套圈与轴颈或外壳孔配合时，不应产生由于轴颈或外壳孔配合表面存在形位误差而引起的轴承内、外圈的不正常变形。对剖分式外壳，其与轴承外圈宜采用较松的配合，以免外圈产生椭圆变形，但要使外圈不能在外壳内转动。

2）安装与拆卸。

为了安装和拆卸方便，对重型机械采用较松的配合；若要拆卸方便而又要用紧配合，可采用分离式轴承或内圈带锥孔和紧定套或退卸套的轴承。

滚动轴承配合的选择一般用类比法。表 7-1 和表 7-2，7-3，7-4 列出了国标推荐的向心轴承和推力轴承与轴颈和外壳孔配合的公差带代号，可根据实际情况按照表列条件进行选择。

表 7-1　　向心轴承和轴的配合　轴公差带代号

圆柱孔轴承

运转状态		负荷状态	深沟球轴承、调心球轴承和角接触球轴承	圆柱滚子轴承和圆锥滚子轴承	调心滚子轴承	公差带
说明	举例		轴承公称内径/mm			
旋转的内圈负荷及摆动负荷	一般通用机械、电动机、机床主轴、泵、内燃机、正齿轮传动装置、铁路机车车辆轴箱、破碎机等	轻负荷	≤18 >18～100 >100～200 —	— ≤40 >40～140 >140～200	— ≤40 >40～100 >100～200	h5 j6① k6① m6①
		正常负荷	≤18 >18～100 >100～140 >140～200 >200～280 — —	— ≤40 >40～100 >100～140 >140～200 >200～400 —	— ≤40 >40～65 >65～100 >100～140 >140～280 >280～500	j5, js5 k5② m5② m6 n6 p6 r6
		重负荷	— — —	>50～140 >140～200 >200	>50～100 >100～140 >140～200 >200	n6③ p6③ r6③ r7③
固定的内圈负荷	静止轴上的各种轮子，张紧轮、绳轮、振动筛、惯性振动器	所有负荷	所有尺寸			f6 g6① h6 j6
仅轴向负荷			所有尺寸			j6, js6

圆锥孔轴承

所有负荷	铁路机车车辆轴箱	装在退卸套上的所有尺寸	h8(IT6)④⑤
	一般机械传动	装在紧定套上的所有尺寸	H9(IT7)④⑤

注：①凡对精度要求较高的场合，应用 j5, k5, …代替 j6, k6, …。
②圆锥滚子轴承、角接触球轴承配合对游隙影响不大，可用 k6, m6 代替 k5, m5。
③重负荷下轴承游隙应选大于 0 级。
④凡有较高精度或转速要求的场合，应选用 h7(IT5)代替 h8(IT6)等。
⑤IT6, IT7 表示圆柱度公差值。

表 7-2　　向心轴承和外壳孔的配合　孔公差带代号

运转状态		负荷状态	其他状况	公差带[1]	
说明	举例			球轴承	滚子轴承
固定的外圈负荷	一般机械、铁路机车车辆轴箱、电动机、泵、曲轴主轴承	轻、正常、重	轴向易移动，可采用剖分式外壳	H7, G7[2]	
		冲击	轴向能移动，可采用整体或剖分式外壳	J7, JS7	
摆动负荷		轻、正常			
		正常、重		K7	
		冲击	轴向不移动，采用整体式外壳	M7	
旋转的外圈负荷	张紧滑轮、轮毂轴承	轻		J7	K7
		正常		K7, M7	M7, N7
		重		—	N7, P7

注：①并列公差带随尺寸的增大从左到右选择，对旋转精度有较高要求时，可相应提高一个公差等级。
　　②不适用于剖分式外壳。

表 7-3　　推力轴承和轴的配合　轴公差带代号

运转状态	负荷状态	推力球和推力滚子轴承	推力调心滚子轴承[1]	公差带
		轴承公称内径/mm		
仅有轴向负荷		所有尺寸		j6, js6
固定的轴圈负荷		—	≤250	j6
		—	>250	js6
旋转的轴圈负荷或摆动负荷	径向和轴向联合负荷	—	≤200	k6[2]
		—	>200~400	m6
		—	>400	n6

注：①也包括推力圆锥滚子轴承，推力角接触轴承。
　　②要求较小过盈时，可分别用 j6、k6、m6 代替 k6、m6、n6。

表 7-4　　推力轴承和外壳孔的配合　孔公差带代号

运转状态	负荷状态	轴承类型	公差带	备注
仅有轴向负荷		推力球轴承	H8	
		推力圆柱、圆锥滚子轴承	H7	
		推力调心滚子轴承		外壳孔与座圈间间隙为 0.001D（D 为轴承公称外径）
固定的座圈负荷	径向和轴向联合负荷	推力角接触球轴承、推力调心滚子轴承、推力圆锥滚子轴承	H7	
旋转的座圈负荷或摆动负荷			K7	普通使用条件
			M7	有较大径向负荷时

思考题与习题 7

7-1 有一个 0 级滚动轴承 210(外径为 $\phi 90_{-0.015}^{0}$ mm，内径为 $\phi 50_{-0.012}^{0}$ mm)，该轴承与内圈配合的轴用 k5、与外圈配合的孔用 J6，试画出它们的公差与配合示意图，并计算其极限间隙(或过盈)及平均间隙(或过盈)。

7-2 图 7-5 所示为某闭式传动的减速器的一部分装配图，它的传动轴上安装 0 级 6209 深沟球轴承(外径为 $\phi 85$ mm，内径为 $\phi 45$ mm)，它的额定动负荷为 19700N。工作情况：外壳固定；传动轴旋转，转速为 980r/min。承受的径向动负荷为 1300N。试确定：
(1)轴颈和外壳孔的尺寸公差带代号和采用的公差原则；
(2)轴颈和外壳孔的几何公差值和表面粗糙度轮廓幅度参数上限值；
(3)将上述公差要求分别标注在装配图和零件图上。

7-3 试述圆锥角和锥度的定义。它们之间有什么关系？

7-4 某圆锥的锥度为 1:10，最小圆锥直径为 90mm，圆锥长度为 100mm，试求其最大圆锥直径和圆锥角。

7-5 用正弦规测量锥度量规的锥角偏差。锥度量规的锥角公称值为 2°52′31.4″(2.875402°)，测量简图如图 7-6 所示。正弦规两圆柱中心距为 100mm，两测点间的距离为 70mm，两测点的读数差为 17.5μm。试求量块组的计算高度及锥角偏差；若锥角极限偏差为 ±315μrad，此项偏差是否合格？

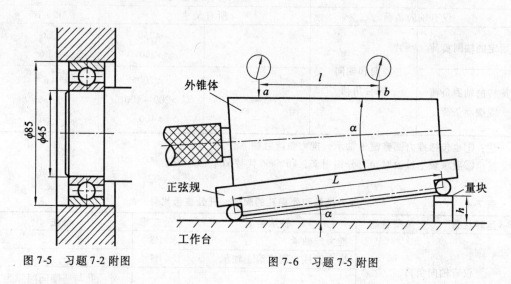

图 7-5 习题 7-2 附图   图 7-6 习题 7-5 附图

7-6 解释下列螺纹标记中各代号的含义：①M20-6H；②M24×2-5g6g-L；③M30×2-6H/5g6g-S；④T36×6-7；⑤T55×12LH-6。

7-7 一对螺纹配合代号为 M20×2-6H/5g6g，试通过查表，写出内、外螺纹的公称直径、大、中、小径的公差、极限偏差和极限尺寸。

7-8 测得某螺栓 M16-6h($d_2 = 14.701$mm,$T_{d2} = 0.16$mm,$P = 2$mm)的单一中径为 14.6mm,$\Delta P_\Sigma = 35\mu$m,$\Delta\alpha_1 = -50'$,$\Delta\alpha_2 = +40'$,试问此螺栓中径是否合格?

7-9 有一 ϕ40H7/m6 的孔、轴配合,采用普通平键联结中的正常联结传递转矩。试确定:

①孔和轴的极限偏差;

②轮毂键槽和轴键槽宽度和深度的基本尺寸及极限偏差;

③孔和轴的直径采用的公差原则;

④轮毂键槽两侧面的中心平面相对于轮毂孔基准轴线的对称度公差值,该对称度公差采用独立原则;

⑤轴键槽两侧面的中心平面相对于轴的基准轴线的对称度公差值,该对称度公差与键槽宽度尺寸公差的关系采用最大实体要求,而与轴直径尺寸公差的关系采用独立原则;

⑥孔、轴和键槽的表面粗糙度轮廓幅度参数及其允许值。

将这些技术要求标注在图 7-7 上。

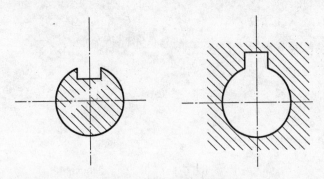

图 7-7 习题 7-9 附图

7-10 矩形花键联结标注为 8×46H7/f7×50H10/a11×9H11/d10,试说明该标注中各项代号的含义?内、外矩形花键键槽和键的两侧面的中心平面对小径定心表面轴线的位置公差有哪两种选择?试述它们的名称及相应采用的公差原则。

7-11 根据国家标准的规定,按小径定心的矩形花键副在装配图上的标注为 6×23H7/g7×26H10/a11×6H11/f9。试确定:

(1)内、外花键的小径、大径、键槽宽度、键宽度的极限偏差;

(2)键槽和键的两侧面的中心平面对定心表面轴线的位置度公差值;

(3)定心表面采用的公差原则;

(4)位置度公差与键槽宽度(或键宽度)尺寸公差及定心表面尺寸公差的关系应采用的公差原则;

(5)内、外花键的表面粗糙度轮廓幅度参数及其允许值。将这些技术要求标注在图 7-8 上。

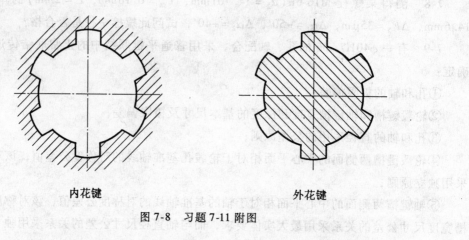

内花键　　　　　　　外花键

图 7-8　习题 7-11 附图

第8章 典型件结合的互换性

§8.1 键与花键结合的互换性

键是普遍应用的一种标准件。键联结是一种可拆联结,常用于轴和齿轮、皮带轮等的联结。在两联结件中,通过键传递扭矩和运动,或以键作为导向件。

键联结可分为单键联结和花键联结两大类。

单键联结分平键、半圆键和楔键三大类型,其中平键包括有普通平键、导向平键和薄型平键;楔键包括普通楔键、钩头楔键和切向键。如表 8-1 所示。

表 8-1 单键的种类

类型		图形	类型		图形
平键	普通平键	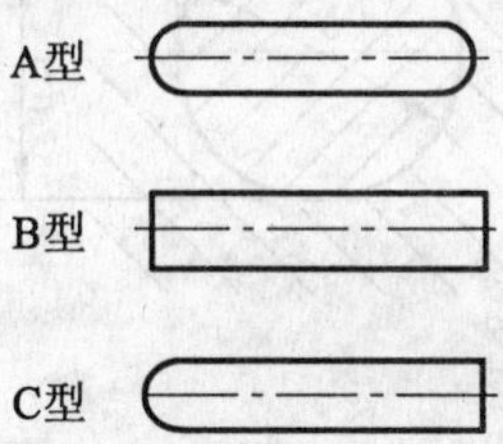 A型 / B型 / C型	半圆键		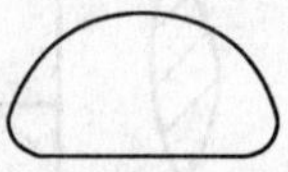
	导向平键	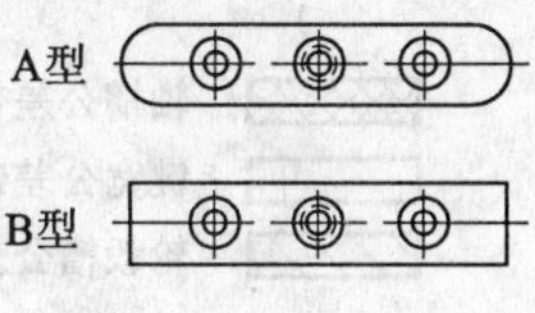 A型 / B型	楔键	普通楔键	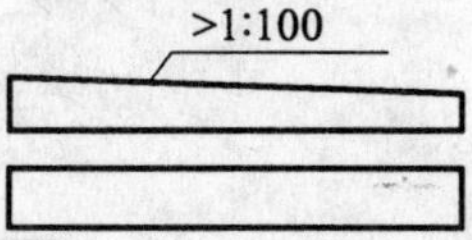 >1:100
	滑键			钩头楔键	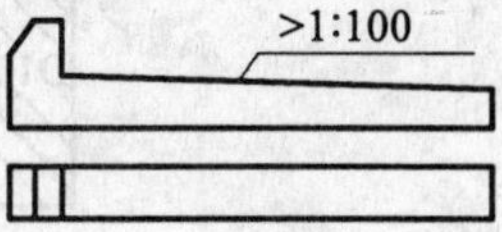 >1:100
		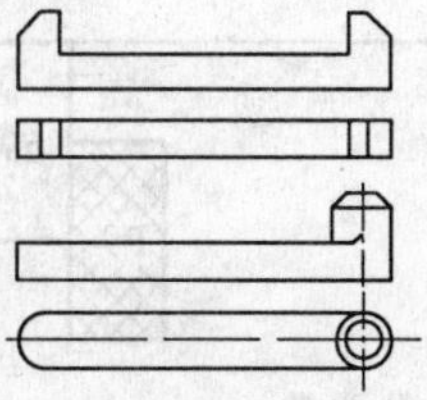		切向键	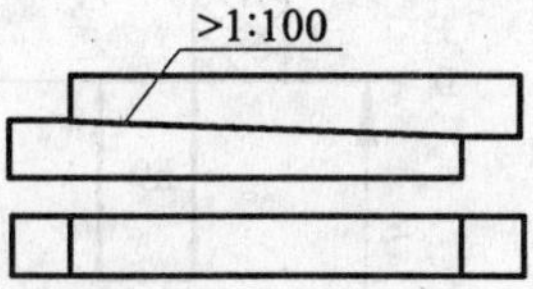 >1:100

平键是靠键侧传递扭矩，其对中良好、装拆方便，普通平键在各种机器上应用最广泛。

半圆键靠侧面传递扭矩，装配方便，适用于轻载和锥形轴端。

楔键以其上、下两面作为工作面，装配时打入轮毂，靠楔紧作用传递扭矩，适用于低速重载、低精度场合。

8.1.1 平键联结的特点及结构参数

平键联结是通过键和键槽侧面的相互接触传递转矩的，键的上表面和轮毂槽底面间留有一定的间隙。因此，键和轴槽的侧面应有充分大的实际有效面积来承受负荷，并且键嵌入轴槽要牢固可靠，以防止松动脱落。所以，键宽与键槽宽 b 是决定配合性质和配合精度的主要参数，为主要配合尺寸，应规定较严的公差，而键长 L、键高 h、轴槽深 t 和轮毂槽深 t_1 为非配合尺寸，其配合精度要求较低。平键联结方式及主要结构参数如图 8-1 所示，键宽与键槽宽 b 的公差带如图 8-2 所示。

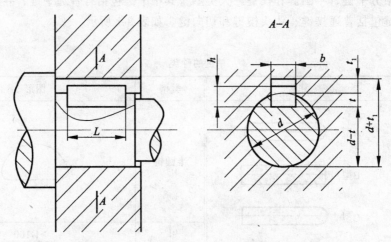

图 8-1 平键联结方式及主要结构参数

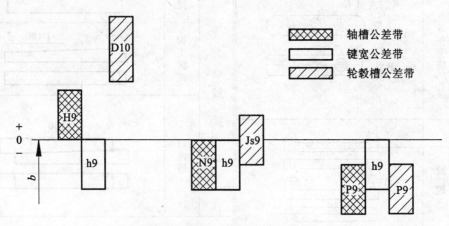

图 8-2 键宽与键槽宽 b 的公差带

8.1.2 平键联结的公差与配合

由于平键为标准件，考虑到工艺上的特点，为使不同配合所用键的规格统一，以利采用精拔型钢来制作，国家标准规定键联结为基轴制配合。为保证键在轴槽上的固紧，同时又便于拆装，轴槽和轮毂槽可以采用不同的公差带，使其配合松紧不同。

国家标准 GB 1095—2003《平键 键槽的剖面尺寸》对轴槽和轮毂键槽各规定了三组公差带，构成三组配合，即一般键联结，较松键联结和较紧联结，其公差带值从 GB 1800.1—2009 中选取。三种配合的应用场合见表 8-2。

表 8-2　　　　　　　　　　平键联结的三组配合及其应用

配合种类	尺寸 b 的公差带			应　用
	键	轴槽	轮毂槽	
较松联结	h9	H9	D10	用于导向平键，轮毂可在轴上移动
一般联结	h9	N9	Js9	键在键槽中和轮毂槽中均固定，用于载荷不大的场合
较紧联结	h9	P9	P9	键在轴槽中和轮毂槽中均牢固地固定，用于载荷较大、有冲击和双向扭矩的场合

键结合中的其他尺寸公差带规定如下：键高 h 的公差带为 h11，键长 L 的公差带为 h14，轴槽长度的公差带为 H14。轴槽深 t 与轮毂槽深 t_1 的极限偏差如表 8-3 所示。

表 8-3　　　　　　　　　　t, t_1 极限偏差　　　　　　　　　　mm

轴	键	键　槽			
		深　度			
公称直径 d	公称尺寸 $b\times h$	轴 t		毂 t_1	
		公称	偏差	公称	偏差
>22~30	8×7	4	+0.20	3.3	+0.20
>30~38	10×8	5		3.3	
>38~44	12×8	5		3.3	
>44~50	14×9	5.5		3.8	
>50~58	16×10	6		4.3	
>58~65	18×11	7		4.4	
>65~75	20×12	7.5		4.9	
>75~85	22×14	9		5.4	
>85~95	25×14	9		5.4	
>95~110	28×16	10		6.4	

此外，为了保证键宽和键槽宽之间具有足够的接触面积和避免装配困难，国家标准还规定了轴槽对轴的轴线和轮毂槽对孔的对称度公差和键的两个配合侧面的平行度公差。轴槽和轮毂槽的对称度公差按 GB/T 1184—1996《形状和位置公差 未注公差值》中附录 B 注出对称度公差 7～9 级选取。当键长 L 与键宽 b 之比大于或等于 8mm 时，键的两侧面的平行度应符合 GB/T 1184—1996 的规定，当 $b \leq 6mm$ 时按 7 级；$b \geq 8 \sim 36mm$ 按 6 级；$b \geq 40mm$ 按 5 级。

同时还规定轴槽、轮毂槽宽 b 的两侧面的表明粗糙度参数 R_a 的最大值为 1.6～3.2μm，轴槽底面、轮毂槽底面的表明粗糙度参数 R_a 的最大值为 6.3μm。

8.1.3 单键的检验

1. 键的检验

若无特殊要求，可用游标卡尺、千分尺等通用量具测量，也可用量规（卡规）检验它的各部分尺寸。

2. 键槽的检验

在单件或小批生产中，一般用通用量具（游标卡尺，外径、内径和深度千分尺等）测量轴槽、轮毂槽的深度与宽度，如可用图 8-3 所示的方法测量轴槽的对称度及倾斜度；在大批和大量生产中，则用专用量规进行检验，对于尺寸可用光滑极限量规检测，对于位置误差可用位置量规检测，如表 8-4 所示。

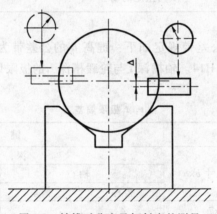

图 8-3　轴槽对称度及倾斜度的测量

表 8-4　　　　　　　　　　键槽检测用量规

检测参数	量规名称及图形	说　明
槽宽 (b)	槽宽 b 用的板式塞规（通　止）	

续表

检测参数	量规名称及图形	说 明
轮毂槽深 ($d+t_1$)	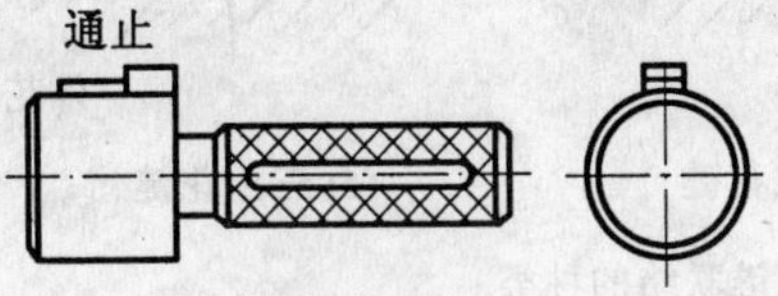 轮毂槽深量规	
轴槽深度 ($d-t$)	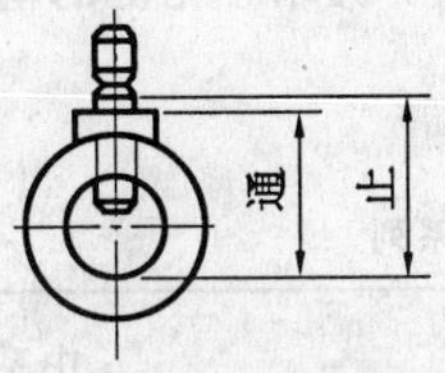 轴槽深度量规	圆环内径作为测量基准,上支杆相当于深度尺
轮毂槽的对称度误差	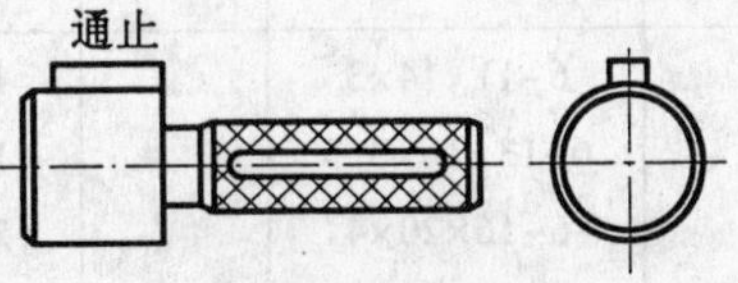 轮毂槽对称性量规	量规能塞入孔内即为合格
轴槽的对称度误差	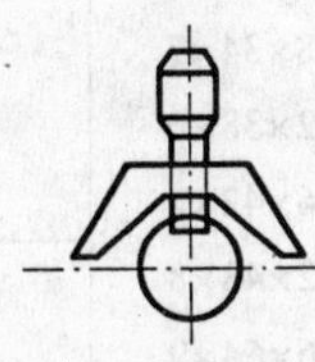 轴槽对称度性量规	带有中心柱的V形块,只有通端,量规能通过轴槽,即为合格

8.1.4 花键结合的互换性

花键结合是多键结合。花键联结按其键形不同,分为矩形花键、渐开线花键和三角花键三种,如图 8-4 所示。目前用得最普遍的是矩形花键。

1. 矩形花键结合

为便于加工和测量,矩形花键的键数为偶数,即 6,8,10 等。按承载能力不同,矩

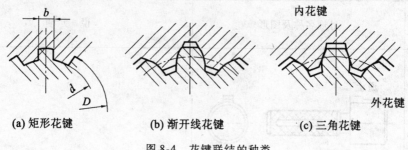

(a) 矩形花键　　(b) 渐开线花键　　(c) 三角花键

图 8-4　花键联结的种类

形花键可分为中、轻两个系列，中系列的键高尺寸较大，承载能力强多用于汽车、拖拉机，轻系列的键高尺寸较小，承载能力相对低多用于机床。花键的基本尺寸系列如表 8-5 所示。

表 8-5　　　　　　　　　　花键的基本尺寸系列　　　　　　　　　　mm

小径 d	轻系列				中系列			
	规格 $N-d \times D \times B$	键数 N	大径 D	键宽 B	规格 $N-d \times D \times B$	键数 N	大径 D	键宽 B
11					6−11×14×3		14	3
13					6−13×16×3.5		16	3.5
16					6−16×20×4		20	4
18					6−18×22×5		22	5
21		6			6−21×25×5	6	25	5
23	6−23×26×6		26	6	6−23×28×6		28	6
26	6−26×30×6		30	6	6−26×32×6		32	6
28	6−28×32×7		32	7	6−28×34×7		34	7
32	8−32×36×6		36	6	8−32×38×6		38	6
36	8−36×40×7		40	7	8−36×42×7		42	7
42	8−42×46×8		46	8	8−42×48×8		48	8
46	8−46×50×9		50	9	8−46×54×9		54	9
52	8−52×58×10	8	58	10	8−52×60×10	8	60	10
56	8−56×62×10		62	10	8−56×65×10		65	10
62	8−62×68×12		68	12	8−62×72×12		72	12
72	10−72×78×12		78	12	10−72×82×12		82	12
82	10−82×88×12		88	12	10−82×92×12		92	12
92	10−92×98×14	10	98	14	10−92×102×14	10	102	14
102	10−102×108×16		108	16	10−102×112×16		112	16
112	10−112×120×18		120	18	10−112×125×18		125	18

矩形花键如图 8-5 所示，主要尺寸有小径 d、大径 D、键（槽）宽 b。

矩形花键联结的结合面有三个，即大径结合面、小径结合面和键侧结合面。要保证三个结合面同时达到高精度的配合是很困难的，也无此必要。实际生产中只要选择其中一个结合面作为主要配合面，对其尺寸规定较高的精度，作为主要配合尺寸。

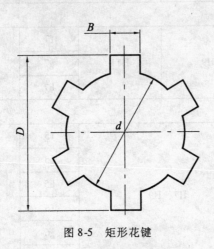

图 8-5　矩形花键

以确定内、外花键的配合性质，并起定心作用。该表面称为定心表面。

花键联结有三种定心方式：小径 d 定心、大径 D 定心和键（槽）宽 B 定心，GB/T 1144—2001 规定矩形花键以小径结合面作为定心表面，即采用小径定心。定心直径 d 的公差等级较高，非定心直径 D 的公差等级较低。但键齿侧面是传递转矩及导向的主要表面，故键（槽）宽 B 应具有足够的精度，一般要求比非定心直径 D 要严格。

2. 矩形花键采用小径定心的优越性

（1）采用小径定心，矩形花键能保证和提高传动精度，提高产品性能和质量。以小径定心，其内外花键的小径可以通过磨削达到所要求的尺寸和形状公差，可用高精度的小径作为加工和传动基准，从而使矩形花键的定心精度高，定心稳定性好。

（2）采用小径定心，有利于提高机器的使用寿命。因为大多数传动零件（如齿轮）都经渗碳、淬火以提高零件的硬度和强度，采用小径定心矩形花键，可用磨削方法消除热处理变形，从而提高机器的使用寿命。

（3）采用小径定心，有利于用齿轮精度标准的贯彻配套。

（5）采用小径定心，可减少刀、量具和工装规格，有利于集中生产和生产管理以及配套协作。

3. 矩形花键的公差与配合

矩形花键配合的精度，按其使用要求分为一般用、精密传动用两种。精密级用于机床变速箱中，其定心精度要求高或传递扭矩较大；一般级适用于汽车、拖拉机的变速箱中。内、外花键的尺寸公差带和装配形式见表 8-6。

表 8-6　　矩形内、外花键的尺寸公差带

内花键		B		外花键			装配形式
d	D	拉削后不热处理	拉削后热处理	d	D	B	
一般用							
H7	H10	H9	H11	f7	a11	d10	滑动
				g7		f9	紧滑动
				h7		h10	固定
精密传动用							
H5	H10	H7, H9		f5	a11	d8	滑动
				g5		f7	紧滑动
				h5		h8	固定
H6				f6		d8	滑动
				g6		f7	紧滑动
				h6		h8	固定

矩形花键联结采用基孔制，可以减少加工和检验内花键拉刀和花键量规的规格和数量，并规定了最松的滑动配合、略松的紧滑动配合和较紧的固定配合。此固定配合仍属于光滑圆柱体配合的间隙配合，但由于形位误差的影响，故配合变紧。对于内、外花键之间要求有相对移动，而且移动距离长、移动频率高的情况，应选用配合间隙较大的滑动联结，以保证运动灵活性并使配合面间有足够的润滑层，如汽车、拖拉机等变速箱中的变速齿轮与轴的联结。对于内、外花键之间虽有相对滑动，但定心精度要求高，传递扭矩大或经常有反向转动的情况，则应选用配合间隙较小的紧滑动联结。对于内、外花键间无轴向移动，只用来传递扭矩的情况，则应选用固定配合。

4. 矩形花键的形位公差

国家标准 GB 1144—1987 对矩形花键的行位公差作了规定：

(1) 为了保证定心表面的配合性质，内、外花键小径（定心直径）的尺寸公差和形位公差的关系必须采用包容要求。

(2) 在大批量生产时，采用花键综合量规来检验矩形花键，因此对键宽需要遵守最大实体要求。对键和键槽只需要规定位置度公差，位置度公差见表 8-7，图样标注如图 8-6 所示。

(3) 在单件、小生产时，对键（键槽）宽规定对称度公差和等分度公差，并遵守独立原则，两者同值，对称度公差见表 8-8，图样标注如图 8-7 所示。

(4) 对于较长的花键，国家标准未作规定，可根据产品性能，自行规定键（键槽）侧对于径 d 轴线的平行度公差。

矩形花键各结合面的表面粗糙度要求见表 8-9。

表 8-7　　　　　　　　　　　　　矩形花键位置度公差值 t_1

键槽宽或键宽 B		3	3.5~6	7~10	12~18
			t_1		
键槽宽		0.010	0.015	0.020	0.025
键宽	滑动、固定	0.010	0.015	0.020	0.025
	紧滑动	0.006	0.010	0.013	0.016

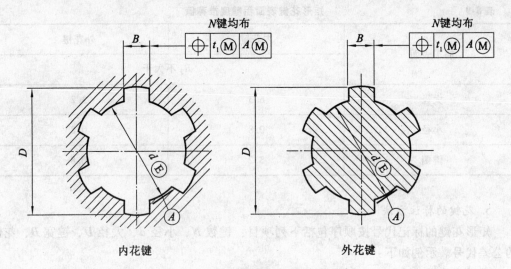

图 8-6　矩形花键位置度公差标注示例

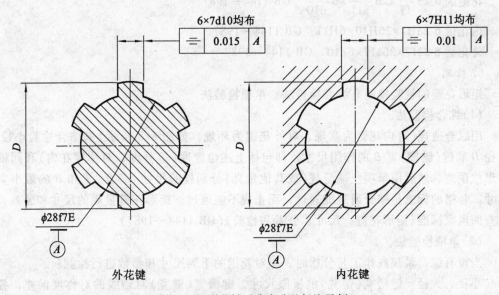

图 8-7　矩形花键对称度公差标注示例

表 8-8　　　　　　　　　　　矩形花键位置度公差值 t_2

键槽宽或键宽 B	3	3.5~6	7~10	12~18
	t_2			
一般用	0.010	0.012	0.015	0.018
精密传动用	0.006	0.008	0.009	0.011

表 8-9　　　　　　　　　　　矩形花键表面粗糙度推荐值

加工表面	内花键	外花键
	R_a 不大于	
大径	6.3	3.2
小径	0.8	0.8
键侧	3.2	0.8

5. 花键的标注方法

矩形花键的标记代号按顺序包括下列项目：键数 N、小径 d、大径 D、键宽 B、花键的公差代号。示例如下：

花键规格 $N\text{-}d \times D \times B$ 如 6-23×26×6

花键副 6-23 $\dfrac{H7}{f7}$ ×26 $\dfrac{H10}{a11}$ ×6 $\dfrac{H11}{d10}$　　GB 1144—1987

内花键 6-23H7×26H10×6H11　　GB 1144—1987

外花键 6-23f7×26a11×6d10　　GB 1144—1987

6. 检测

矩形花键的检验规则有综合检验法，单项检验法。

(1) 综合检验法。

用综合通规(对内花键为塞规，对外花键为环规，如图 8-8 所示)来综合检验小径 d、大径 D 和键(键槽)宽 B 的作用尺寸，即包括上述位置度(等分度、对称度在内)和同轴度等形位误差。然后用单项止端量规(或其他量具)分别检验尺寸 d, D, T 和 B 的最小实际尺寸。合格的标志是综合通规能通过，而止规不能通过。矩形花键量规的尺寸和公差，可以查阅国家标准《矩形花键　尺寸、公差和检验》(GB 1144—1987)。

(2) 单项检验法。

当没有综合量规或作工艺分析时，应对花键的下列尺寸和参数进行检测：

小径、大径、键槽宽(键宽)的极限尺寸，键槽宽(键宽)对轴线的对称度误差，各键槽(键)对轴线的等分度误差。

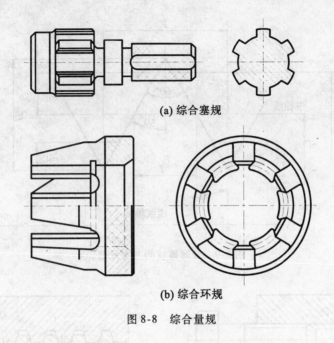

(a) 综合塞规

(b) 综合环规

图 8-8 综合量规

§8.2 螺纹联结的互换性

螺纹的分类及使用要求。螺纹结合在机械中应用十分广泛，按其用途可分为三类：

(1) 普通螺纹。通常称为紧固螺纹，有粗牙细牙两种，用于紧固或连接零件，在使用中的主要要求是具有良好的旋合性和可靠的连接强度。

(2) 传动螺纹。通常指丝杠和测微螺纹，用于传递动力或精确位移。其主要要求是传递动力的可靠性或传递运动的准确性。

(3) 紧密螺纹。用于密封的螺纹结合。主要要求是结合紧密，不漏水、漏气和漏油。

本节主要介绍公制普通螺纹的公差配合及其应用。

8.2.1 普通螺纹的基本牙型

普通螺纹的牙型是在螺纹轴线的剖面上截去原始三角形（两个底边连接着且平行于螺纹轴线的等边三角形，其高用 H 表示）的顶部和底部形成的。顶部截去 $H/8$ 和底部截去 $H/4$ 形成工本牙型，如图 8-9 所示。

图中，P——螺距，指相邻两牙在中经线上对应两点间的轴向距离；α——牙型角，指在螺纹牙型上，两相邻牙侧间的夹角，普通螺纹 $\alpha=60$；$\alpha/2$——牙型半角，牙型角的一半；D，d——内、外螺纹的大径，指与外螺纹牙顶或内螺纹牙底相切的假想圆柱的直径；D_1，d_1——内、外螺纹的小径，指与外螺纹牙底或内螺纹牙顶相切的假想圆柱的直径；D_2，d_2——内、外螺纹的中径，指一个假想圆柱的直径，该圆柱的母线通过牙型上沟槽和凸起宽度相等的地方。此外，螺纹的旋合长度是指两个相互配合的螺纹沿螺纹轴线方向相互旋合部分的长度，如图 8-10 所示。部分螺纹主要几何参数的基本尺寸如表 8-10 所示。

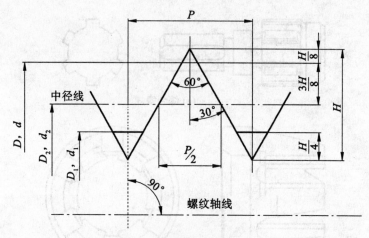

图 8-9 普通螺纹的基本牙型

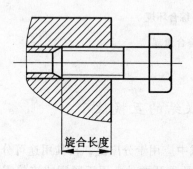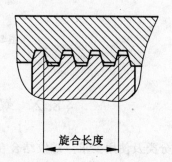

图 8-10 螺纹旋合长度

表 8-10　　　　　　　　　　　普通螺纹的基本尺寸

公称直径 D, d			螺距 P	中径 D_2 或 d_2	小径 D_1 或 d_1
第一系列	第二系列	第三系列			
16			*2	14.701	13.835
			1.5	15.026	14.376
			1	15.350	14.917
			(0.75)	15.513	15.188
			(0.5)	15.675	15.459
	17		1.5	16.026	15.376
			(1)	16.350	15.917

续表

公称直径 D, d			螺距 P	中径 D_2 或 d_2	小径 D_1 或 d_1
第一系列	第二系列	第三系列			
	18		*2.5	16.376	15.294
			2	16.701	15.835
			1.5	17.026	16.376
			1	17.350	16.917
			(0.75)	17.513	17.188
			(0.5)	17.675	17.459
20			*2.5	18.376	17.294
			2	18.701	17.835
			1.5	19.026	18.376
			1	19.350	18.917
			(0.75)	19.513	19.188
			(0.5)	19.675	19.459
	22		*2.5	20.376	19.294
			2	20.701	19.835
			1.5	21.026	20.376
			1	21.350	20.917
			(0.75)	21.513	21.188
			(0.5)	21.675	21.459
24			*3	22.051	20.752
			2	22.701	21.835
			1.5	23.026	22.376
			1	23.350	22.917
			(0.75)	23.513	23.188
		25	2	23.701	22.835
			1.5	24.026	23.376
			(1)	24.350	23.917

内、外螺纹的公差带相对于基本牙型轮廓的位置，是由基本偏差确定的。该标准规定，内螺纹的公差带在零线上方，其基本偏差为下偏差，用 EI 表示；外螺纹的公差带在零线下方，其基本偏差为上偏差，用 es 表示。同时，标准还规定内螺纹有 G 和 H 两个位置，外螺纹有 e，f，g，h 四个位置。H 和 h 的基本偏差为正值，e，f，g 的基本偏差为负

值,见图 8-11。普通内、外螺纹基本偏差表见表 8-11。

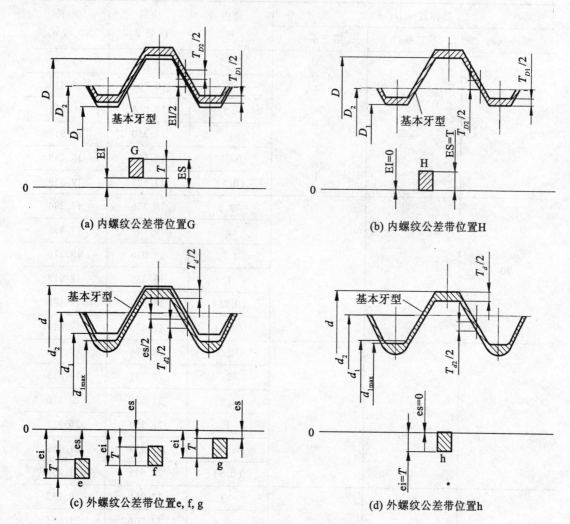

图 8-11 普通螺纹公差带位置

表 8-11　　普通内、外螺纹基本偏差(GB 197—1981)　　μm

螺距 P/mm	内螺纹 D_2, D_1		外螺纹 d, d_2			
	G	H	e	f	G	h
	EI		es			
0.2	+17	0	—	—	−17	0
0.25	+18	0	—	—	−18	0
0.3	+18	0	—	—	−18	0
0.35	+19	0	—	−34	−19	0
0.4	+19	0	—	−34	−19	0
0.45	+20	0	—	−35	−20	0

续表

螺距 P/mm	内螺纹 D_2, D_1		外螺纹 d, d_2			
	G	H	e	f	G	h
	EI		es			
0.5	+20	0	−50	−36	−20	0
0.6	+21	0	−53	−36	−21	0
0.7	+22	0	−56	−38	−22	0
0.75	+22	0	−56	−38	−22	0
0.8	+24	0	−60	−38	−24	0
1	+26	0	−60	−40	−26	0
1.25	+28	0	−63	−42	−28	0
1.5	+32	0	−67	−45	−32	0
1.75	+34	0	−71	−48	−34	0
2	+38	0	−71	−52	−38	0
2.5	+42	0	−80	−58	−42	0
3	+48	0	−85	−63	−48	0
3.5	+53	0	−90	−70	−53	0
4	+60	0	−95	−75	−60	0
4.5	+63	0	−100	−80	−63	0
5	+71	0	−106	−85	−71	0
5.5	+75	0	−112	−90	−75	0
6	+80	0	−118	−95	−80	0

内、外螺纹各直径的公差等级列于表 8-12。

表 8-12　　　　　普通螺纹公差带

螺纹种类	螺纹直径	公差带位置	公差等级
内螺纹	小径 D_1	G—基本偏差 EI 为正值	4, 5, 6, 7, 8
	中径 D_2		4, 5, 6, 7, 8
外螺纹	大径 d	e, f, g—基本偏差 es 为负值	4, 6, 8
	中径 d_2	h—基本偏差 es 为零	3, 4, 5, 6, 7, 8, 9

螺纹各公差等级的公差值按下列公式计算：

外螺纹大径公差：$T_d = K(180^{2/3} - 3.15P^{-1/2})\ \mu m$

外螺纹中径公差：$T_{d2} = K \times 90P^{0.4}d^{0.1}\ \mu m$

内螺纹中径公差：$T_{D2} = K \times 118P^{0.4}d^{0.1}\ \mu m$

内螺纹小径公差：

当 $P = 0.02 \sim 0.8$mm 时，$T_{D1} = K(433P - 190P^{1.22})$ μm

当 $P \geq 1$mm 时，$T_{D1} = K \times 230 P^{0.7}$ μm

式中：d ——公称直径，为所分尺段内首尾两数的几何平均值，mm；

K —— 公差等级系数，其数值大小与公差等级关系规定如下。

公差等级	3	4	5	6	7	8	9
K 值	0.5	0.63	0.8	1	1.25	1.6	2

利用上述关系式计算出的螺纹各直径的公差值列于表 8-13 ~ 8-16。

表 8-13　　　　　　　外螺纹中径公差 T_{d2}　　　　　　　μm

公差直径 d/mm		螺距 P/mm	公差等级						
>	≤		3	4	5	6	7	8	9
11.2	22.4	0.5	45	56	71	90	112	—	—
		0.75	53	67	85	106	132	—	—
		1	60	75	95	118	150	90	236
		1.25	67	85	106	132	170	212	265
		1.5	71	90	112	140	180	224	280
		1.75	75	95	118	150	190	236	300
		2	80	100	125	160	200	250	315
		2.5	85	106	132	170	212	265	335
22.4	45	0.75	56	71	90	112	140	—	—
		1	63	80	100	125	160	200	250
		1.5	75	95	118	150	190	236	300
		2	85	106	132	170	212	265	335
		3	100	125	160	200	250	315	400
		3.5	106	132	170	212	265	335	425
		4	112	140	180	224	280	355	450
		4.5	118	150	190	236	300	375	475

表 8-14　　　　　　　外螺纹大径公差 T_d　　　　　　　μm

螺距 P/mm	公差等级		
	4	6	8
0.5	67	106	—
0.6	80	125	—
0.7	90	140	—

续表

螺距 P/mm	公差等级		
	4	6	8
0.75	90	140	—
0.8	95	150	236
1	112	180	280
1.25	132	212	335
1.5	150	236	375
1.75	170	265	425
2	180	280	450
2.5	212	335	530
3	236	375	600

表 8-15　　　　内螺纹中径公差 T_{D2}　　　　μm

公差直径 D/mm		螺距 P/mm	公差等级				
>	≤		4	5	6	7	8
11.2	22.4	0.5	75	95	118	150	—
		0.75	90	112	140	180	—
		1	100	125	160	200	250
		1.25	112	140	180	224	280
		1.5	118	150	190	236	300
		1.75	125	160	200	250	315
		2	132	170	212	265	335
		2.5	140	180	224	280	355
22.4	45	0.75	95	118	150	190	—
		1	106	132	170	212	—
		1.5	125	160	200	250	315
		2	140	180	224	280	355
		3	170	212	265	335	425
		3.5	180	224	280	355	450
		4	190	236	300	375	475
		4.5	200	250	315	400	500

表 8-16　　　　　　　　　　内螺纹小径公差 T_{d1}　　　　　　　　　　μm

螺距 P/mm	公差等级				
	4	5	6	7	8
0.5	90	112	140	180	—
0.6	100	125	160	200	—
0.7	112	140	180	224	—
0.75	118	150	190	236	—
0.8	125	160	200	250	315
1	150	190	236	300	375
1.25	170	212	265	335	425
1.5	190	236	300	375	475
1.75	212	265	335	425	530
2	236	300	375	475	600
2.5	280	355	450	560	710
3	315	400	500	630	800

8.2.2　螺纹旋合长度与精度等级及其选用

1. 旋合长度及其选用

GB 197—1981 按螺纹公称直径和螺距规定了长、中、短三种旋合长度，分别用代号 L，N，S 表示。其数值见表 8-17。设计时一般选用中等旋合长度 N，只有当结构或强度上需要时，才选用短旋合长度 S 或长旋合长度 L。

2. 精度等级及其选用

标准将螺纹精度定性地分为精密、中等和粗糙三个级别：

精密螺纹——用于要求配合性质变动较小的地方；

中等精度——用于一般的机械、仪器和构件；

粗糙精度——用于精度要求不高或制造比较困难的螺纹，如建筑工程，污浊有杂质的装配环境，以及不重要的连接。

由于螺纹精度是用旋合长度组和公差等级来表示的，显然它们之间有着密切关系。

当旋合长度增加时，螺纹的螺距误差、半角误差及螺纹的形位误差就有可能增加，与原有公差值相比加工精度要相应地提高。

当旋合长度减少时，螺纹的螺距误差、半角误差及螺纹的形位误差就有可能减小，加工起来就会容易些。三种不同旋合长度的螺纹公差等级参见表 8-18 和表 8-19。

表 8-17　螺纹旋合长度　mm

公差直径 D, d >	公差直径 D, d ≤	螺距 P	旋合长度 S ≤	旋合长度 N >	旋合长度 N ≤	旋合长度 L >
11.2	22.4	0.5	1.8	1.8	5.4	5.4
		0.75	2.7	2.7	8.1	8.1
		1	3.8	3.8	11	11
		1.25	4.5	4.5	13	13
		1.5	5.6	5.6	16	16
		1.75	6	6	18	18
		2	8	8	24	24
		2.5	10	10	30	30
22.4	45	0.75	3.1	3.1	9.4	9.4
		1	4	4	12	12
		1.5	6.3	6.3	19	19
		2	8.5	8.5	25	25
		3	12	12	36	36
		3.5	15	15	45	45
		4	18	18	53	53
		4.5	21	21	63	63

3. 公差带与配合的选用

GB/T 197—1981 规定了内外螺纹的选用公差带，见表 8-18 和表 8-19。

表 8-18　内螺纹选用公差带　mm

精度	公差带位置 G / 旋合长度 S	G / N	G / L	H / S	H / N	H / L
精密				4H	(6H)	7H
中等	(5G)	(6G)	(7G)	5H	7H	7H
粗糙		(7G)		4H5H	5H6H	

内螺纹公差带和螺纹公差带可任意组成各种配合。为了保证足够的接触高度，内、外螺纹最好组成 H/g、H/h 或 G/h 的配合。选择时主要考虑以下几种情况：

(1) 为了保证旋合性，内、外螺纹应具有较高的同轴度，并有足够的接触高度和结合强度，通常采用最小间隙为零的配合(H/h)。

(2)需要拆卸容易的螺纹，可选用较小间隙的配合(H/g 或 G/h)。

(3)需要镀层的螺纹，其基本偏差按所需镀层厚度确定。需要涂镀的外螺纹，当镀层厚度为 10μm 时可采用 g，当镀层厚度为 20μm 时可采用 f，当镀层厚度为 30μm 时可采用 e。当内、外螺纹均需要涂镀时，则采用 G/e 或 G/f 的配合。

表 8-19　　　　　　　　　　外螺纹选用公差带　　　　　　　　　　　　　　mm

精度	公差带位置 旋合长度	e			f			g			h		
		S	N	L	S	N	L	S	N	L	S	N	L
精密												*4h	(5h) (4h)
中等			*6e			*6f		(5g) (6g)	【*6g】	(7g) (6g)	3h 4h	*6h	(7h) (6h)
粗糙									8g			(5h) (6h)	(8h)

注：①大量生产的精制紧固件螺纹，推荐采用加【】号的公差带；
　　②带*号的公差带应优先选用，不带*号的公差带其次，加()号的公差带尽可能不用。

(4)在高温条件下工作的螺纹，可根据装配时和工作时的温度来确定适当的间隙和相应的基本偏差，留有间隙以防螺纹卡死。一般常用基本偏差 e。

表 8-18 和表 8-19 中对公差等级给出了"优先"、"其次"和"尽可能不用"的选择顺序。内螺纹的小径公差与中径公差采用相同的等级，也可随螺纹旋合长度的加长或缩短而降低或提高一级。外螺纹的大径公差，在 N 组中与中径公差采用相同的等级；在 S 组中比中径公差低一级；在 L 组中比中径公差高一级。

4. 螺纹在图样上的标注

普通螺纹的完整标记由螺纹代号、螺纹公差带代号和螺纹旋合长度代号三部分组成。

螺纹公差带代号包括中径公差带与顶径(外螺纹大径或内螺纹小径)公差带代号。每个公差带代号皆由表示其大小的公差等级数字和表示其位置的基本偏差字母所组成。若螺纹的中径公差带与顶径公差带不同时，则要分别同时标出，前者表示中径公差带，后者为顶径公差带。若中径与顶径公差带相同时，则只需要标注一个代号，若为中等旋合长度(N)则不标注；若为长旋合长度或短旋合长度，则需要在螺纹公差带代号之后(用"-"隔开)加注"L"或"S"，若特殊需要，可以直接注明旋合长度的实际数值(mm)。对于螺纹副，公差带代号用斜线隔开，左边表示内螺纹公差带代号，右边表示外螺纹公差带代号。

在零件图上：

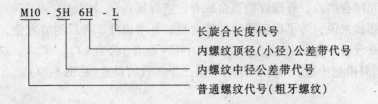

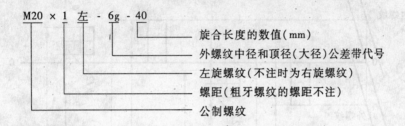

在装配图上：

$\underline{M20} \times \underline{2} - \underline{6H/5g6g}$ 外螺纹中径公差带代号为 5g, 顶径公差带代号为 6g
内螺纹中径和顶径公差带代号

5. 作用中径和中径合格性判断原则

作用中径（D_{2m}, d_{2m}）：螺纹的作用中径是指在规定的旋合长度内，恰好包容实际螺纹的一个假想螺纹的中径。此假想螺纹具有基本牙型的螺距、半角以及牙型高度，并在牙顶和牙底处留有间隙，以保证不与实际螺纹的大、小径发生干涉，故作用中径是螺纹旋合时实际起作用的中径。外螺纹的作用中径 d_{2m} 等于外螺纹的实际中径 d_{2a} 与螺距误差及牙型半角误差的中径补偿值 f_P, $f_{\frac{\alpha}{2}}$ 之和。即：

$$d_{2m} = d_{2a} + (f_P + f_{\frac{\alpha}{2}})$$

内螺纹的作用中径 D_{2m}。等于内螺纹的实际中径 D_{2a} 与螺距误差及牙型半角误差的中径补偿值 f_P, $f_{\frac{\alpha}{2}}$ 之差。即

$$D_{2m} = D_{2a} - (f_P + f_{\frac{\alpha}{2}})$$

对于牙型角 $\alpha = 60°$ 的普通螺纹 $\quad f_P = 1.732 |\Delta P_\Sigma|$

$$f_{\frac{\alpha}{2}} = 0.073 P \left(K_1 \left| \Delta \frac{\alpha_1}{2} \right| + K_2 \left| \Delta \frac{\alpha_2}{2} \right| \right)$$

式中：$f_{\frac{\alpha}{2}}$ ——牙型半角误差的中径补偿值，μm。

$\Delta \frac{\alpha_1}{2}$, $\Delta \frac{\alpha_2}{2}$ ——半角误差，(′)。

K_1, K_2 ——修正系数，其值为：对外螺纹，当牙型半角误差为正值时，K_1（或 K_2）取 2，当牙型半角误差为负值时，K_1（或 K_2）取 3；对内螺纹，当牙型半角误差为正值时，K_1（或 K_2）取 3，当牙型半角误差为负值时，K_1（或 K_2）取 2。

为了使相互结合的内、外螺纹能自由旋合，应保证：$D_{2m} \geq d_{2m}$。

对于普通螺纹来说，为了保证螺纹的旋合性，并考虑加工和检测的方便，没有单独规定中径、螺距及牙型半角的公差，而只规定中径（综合）公差（T_{D2}，T_{d2}）。这个中径（综合）公差用来同时限制中径、螺距及牙型半角三个参数的误差（见图8-12）。

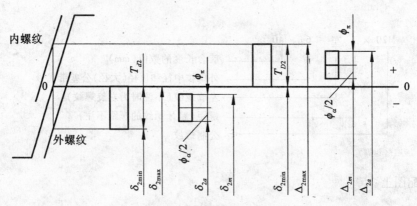

图8-12 作用中径及中径公差

中径公差是评定普通螺纹互换性的主要指标。螺纹中径合格与否的判断原则应符合泰勒原则，即合格的外螺纹，其作用中径（d_{2m}）应小于或等于中径的最大极限尺寸，任何部位的单一中径（或实际中径）应大于或等于中径的最小极限尺寸，亦即

$$\left. \begin{array}{l} d_{2m} \leq d_{2\max} \\ d_{2a} \geq d_{2\min} \end{array} \right\}$$

合格的内螺纹，其作用中径（D_{2m}）应大于或等于中径的最小极限尺寸，任何部位的单一中径（或实际中径）应小于或等于中径的最大极限尺寸，亦即

$$\left. \begin{array}{l} D_{2m} \leq D_{2\min} \\ D_{2a} \geq D_{2\max} \end{array} \right\}$$

6. 螺纹检测

根据使用要求，螺纹检测分为综合检验和单项测量两类。

（1）综合检验

对于大量生产的用于紧固联结的普通螺纹，只要求保证可旋合性和一定的联结强度，其螺距误差及牙型半角误差按公差原则的包容要求，由中径公差综合控制，不单独规定公差。因此，检测时应按照泰勒原则（极限尺寸判断原则），用螺纹量规（综合极限量规）来检验。

螺纹量规有塞规和环规（或卡规）之分，塞规用于检验内螺纹，环规（或卡规）用于检验外螺纹。螺纹量规的通端用来检验被测螺纹的作用中径，控制其不得超出最大实体牙型中径，因此它应模拟被测螺纹的最大实体牙型，并具有完整的牙型，其螺纹长度等于被测螺纹的旋合长度。螺纹量规的通端还用来检验被测螺纹的底径。螺纹量规的止端用来检验被测螺纹的实际中径，控制其不得超出最小实体牙型中径。为了消除螺距误差和牙型半角误差的影响，其牙型应做成截短牙型，而且螺纹长度只有2～3.5牙。

内螺纹的小径和外螺纹的大径分别用光滑极限量规检验。

图 8-13 和图 8-14 分别表示用螺纹量规检验外螺纹和内螺纹的情况。

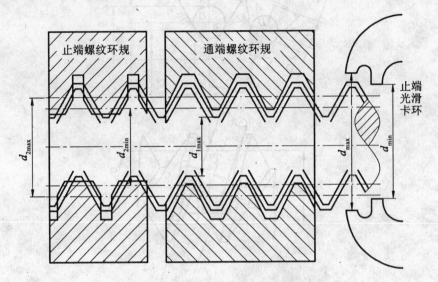

图 8-13　用螺纹量规（环规）检验外螺纹

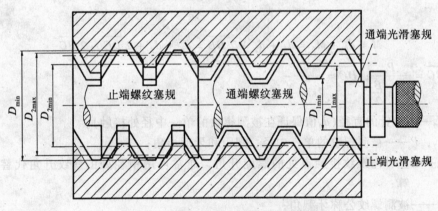

图 8-14　用螺纹量规（塞规）检验内螺纹

(2) 单项测量

单项测量就是分别测量螺纹的每个参数，主要是中径、螺距和牙型半角，其次是顶径和底径，有时还需要测量牙底的形状。

单项测量螺纹参数的方法很多，应用最广泛的是三针法和影像法。

1) 三针法。

三针法主要用于测量精密外螺纹的单一中径（如螺纹塞规、丝杠螺纹等）。测量时，将三根直径相同的精密量针分别放在被测螺纹的牙槽中，然后用精密量仪（如光学计、测长仪等）测出针距 M 值，然后根据公式计算出被测单一中径值 d_2。

从图 8-15 中可以看出：

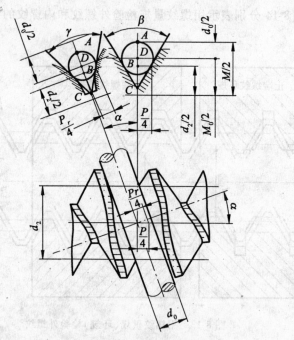

图 8-15 用三针法测量外螺纹的单一中径

$$M = d_0 + M_0 = d_0 + d_2 + 2\overline{DB} = d_0 + d_2 + 2\overline{DC} - 2\overline{BC}$$

式中：$\overline{BC} = \dfrac{P}{4\tan\dfrac{\beta}{2}}$；$\overline{DC} = \dfrac{d_0}{2\sin\dfrac{\gamma}{2}}$

式中：d_0——量针的直径（d_0值保证在被测螺纹的单一中径处接触）；

d_2，P——被测螺纹的单一中径、螺距和牙型半角；

α——量针与螺纹接触点处的螺旋升角，通常可用中径处的螺纹升角代替进行计算；

β——被测螺纹公称牙型角；

γ——通过接触点的法向剖面牙侧切线的夹角。

由图 8-15 可知，β 与 γ 之间的关系为

$$\tan\dfrac{\gamma}{2} = \tan\dfrac{\beta}{2} \cdot \cos\alpha$$

因此可求得被测螺纹中径为

$$d_2 = M\left(1 + \dfrac{1}{\sin\dfrac{\gamma}{2}}\right)d_0 + \dfrac{P}{2\tan\dfrac{\beta}{2}}$$

对于低精度外螺纹中径，还常用螺纹千分尺测量。

2）影像法。

影像法测量螺纹是用工具显微镜将被测螺纹的牙型轮廓放大成像，按被测螺纹的影像测量其螺距，牙型半角和中径。各种精密螺纹，如螺纹量规、丝杠等，均可在工具显微镜

上测量。

8.2.3 圆锥结合的互换性

1. 圆锥结合的特点

圆锥结合在机械制造中占有重要的地位和作用,它与圆柱结合相比,具有如下特点(参考图 8-16)。

(1)内、外配合圆锥的轴线易于对中,能保证有较高的同轴度精度,且经多次装拆仍能保持其同轴度。

(2)配合性质可以调整,即间隙或过盈量可通过内、外圆锥的轴向相对移动来调整,以满足不同的工作要求,且能补偿磨损,延长使用寿命。

(3)配合紧密,具有良好的密封性,并且拆装方便。

(4)具有自锁性,能以较小的过盈量传递较大的扭矩。

但与圆柱配合相比,圆锥结合的结构较为复杂,加工和检测也较为困难,故不如圆柱配合应用广泛。

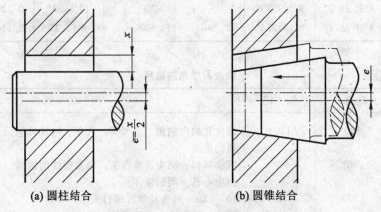

图 8-16 圆锥结合与圆柱结合

2. 圆锥结合的基本参数

圆锥角 指在通过圆锥轴线的截面内,两条素线间的夹角,用符号 α 表示。

圆锥素线角 指圆锥素线与其轴线间的夹角,它等于圆锥角之半,即 $\alpha/2$。

圆锥直径 指与圆锥轴线垂直的截面内的直径,有内、外圆锥的最大直径 D_i, D_e,内、外圆锥的最小直径 d_i, d_e。任意约定截面圆锥直 d_x(距锥面有一定距离)。设计时,一般选用内圆锥的最大直径或外圆锥的最小直径作为基本直径。

圆锥长度 最大圆锥直径截面与最小圆锥直径截面之间的轴向距离。内、外圆锥长度分别用 L_i, L_e 来表示。

圆锥配合长度 指内、外圆锥配合面的轴向距离,用符号 H 表示。

锥度 指圆锥的最大直径与其最小直径之差对圆锥长度之比,用符号 C 表示。即

$$C = \frac{D-d}{L} = 2\tan\frac{\alpha}{2}$$。锥度常用比例或分数表示,例如 $C = 1:20$ 或 $C = 1/20$ 等。

圆锥的锥度与锥角系列已由 GB 157—1989 给出，一般用途的圆锥锥度与锥角系列见表 8-20，其应用见表 8-21。特殊用途的圆锥锥度与锥角系列见表 8-22。

表 8-20　　一般用途圆锥的锥度与锥角系列

基本值		推算值		基本值		推算值		
系列 1	系列 2	圆锥角 α	锥度 C	系列 1	系列 2	圆锥角 α		锥度 C
120°	—	—	—	1:0.2886751		1:8	7°9′9.6″	7.152669°	—
90°	—	—	—	1:0.500000	1:10		5°43′29.3″	5.724810°	—
	75°	—	—	1:0.651613		1:12	4°4′18.8″	4.771888°	—
60°	—	—	—	1:0.866025		1:15	3°49′5.9″	3.818305°	—
45°	—	—	—	1:1.207107	1:20		2°51′51.1″	2.864192°	—
30°	—	—	—	1:1.866025	1:30		1°54′34.9″	1.909682°	—
1:3		18°55′28.7″	18.924644°	—		1:40	1°25′56.4″	1.432320°	—
	1:4	14°15′0.1″	14.250033°	—	1:50		1°8′45.2″	1.145877°	—
1:5		11°25′16.3″	11.421186°	—	1:100		34′22.6″	0.572953°	—
	1:6	9°31′38.2″	9.527283°	—	1:200		17′11.3″	0.286473°	—
	1:7	8°10′16.4″	8.171234°	—	1:500		6′52.3″	0.114592°	—

表 8-21　　锥度与锥角的应用

锥度 C	锥角 α	标记	应用举例
1:0.288675	120°	120°	螺纹孔的内倒角，节气阀，汽车、拖拉机阀门，填料盒内填料的锥度
1:0.500000	90°	90°	沉头螺钉，沉头及半沉头，轴及螺纹的倒角，重型顶尖，重型中心孔，阀销锥体
1:0.651631	75°	75°	10~13mm 沉头及半沉铆钉头
1:0.866025	60°	60°	顶尖，中心孔，弹簧夹头
1:1.207107	45°	45°	沉头及半沉头铆钉
1:1.866025	30°	30°	摩擦离合器，弹簧夹头
1:3	18°55′28.7″	1:3	受轴向力的易拆开的结合面，摩擦离合轴
1:5	11°25′16.3″	1:5	受轴向力的结合面，锥形摩擦离合轴，磨床主轴
1:7	8°10′16.4″	1:7	重型机床顶尖，旋塞
1:8	7°9′9.6″	1:8	联轴器和轴的结合面
1:10	5°43′29.3″	1:10	受轴向力、横向力和扭矩的结合面，电机及机器的锥形轴伸，主轴承调节套筒
1:12	4°46′18.8″	1:12	滚动轴承的衬套
1:15	3°49′5.9″	1:15	受轴向力零件的结合面，主轴齿轮的结合面
1:20	2°51′51.1″	1:20	机床主轴，刀具刀杆的尾部，锥形铰刀
1:30	1°54′34.9″	1:30	锥形铰刀，套式铰刀及扩孔钻的刀杆尾部，主轴颈
1:50	1°8′45.2″	1:50	圆锥销，锥形铰刀，量规尾部
1:100	0°34′22.6″	1:100	受陡震及静变载荷的不需拆开的联结零件
1:200	0°17′11.3″	1:200	受陡震及冲击变载荷的不需拆开的联结件，圆锥螺栓

表 8-22　　　　　　　　　　　特殊用途圆锥的锥度与锥角系列

基本数值	推算值		用途
	圆锥角 α	锥度 C	
18°30′	—	—	1:3.070115	纺织工业
11°54′	—	—	1:4.797451	
8°40′	—	—	1:6.598442	
7°40′	—	—	1:7.462208	
7:24	16°35′39.4″	16.594290°	1:3.428571	机床主轴、工具配合
1:9	6°21′34.8″	6.359660°	—	电池接头
1:16.666	3°26′12.7″	3.436853°	—	医疗设备
1:12.262	4°40′12.2″	4.670042°	—	贾各锥度№2
1:12.972	4°24′52.9″	4.414696°	—	贾各锥度№1
1:15.748	3°38′13.4″	3.637067°	—	贾各锥度№33
1:18.779	3°3′1.2″	3.050335°	—	贾各锥度№3
1:19.264	2°58′24.9″	2.973573°	—	贾各锥度№6
1:20.288	2°49′24.8″	2.823550°	—	贾各锥度№0
1:19.002	3°0′52.4″	3.014554°	—	莫氏锥度№5
1:19.180	2°59′11.7″	2.986590°	—	莫氏锥度№6
1:19.212	2°58′53.8″	2.981618°	—	莫氏锥度№0
1:19.254	2°58′30.4″	2.975117°	—	莫氏锥度№4
1:19.922	2°52′31.4″	2.875402°	—	莫氏锥度№3
1:20.020	2°51′40.8″	2.861332°	—	莫氏锥度№2
1:20.047	2°51′26.9″	2.857480°	—	莫氏锥度№1

基面距　指相互结合的内、外圆锥的基准面间的距离，在圆锥配合中，基面距用来确定内、外圆锥之间的轴向相对位置，用 E_a 符号表示。如图 8-17 所示。

基面距的位置取决于所选的圆锥结合的基本直径，即内圆锥的在大端直径 D_i 或外圆锥的小端直径 d_e，若以 D_i 为基本直径，基面距的位置在圆锥的大端，若以 d_e 为基本直径，则基面距的位置在圆锥的小端。

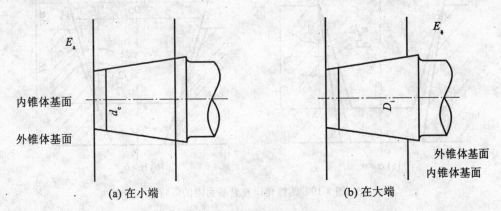

(a) 在小端　　　　　　　　(b) 在大端

图 8-17　圆锥基面距的位置

3. 圆锥几何参数误差对圆锥配合的影响

(1) 圆锥直径误差对基面距的影响

设以内圆锥最大直径为基本直径，基面距位置在大端。若内、外圆锥角和形状均不存在误差，只有内、外圆锥直径误差 ΔD_i，ΔD_e，如图 8-18 所示。此时，基面距误差为

$$\Delta a = -(\Delta D_i - D_e)/2\tan(\alpha/2) = -(\Delta D_i - D_e)/C$$

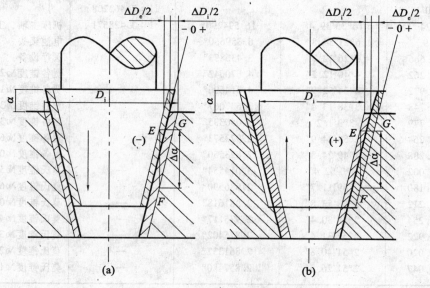

图 8-18 直径误差对基面距的影响

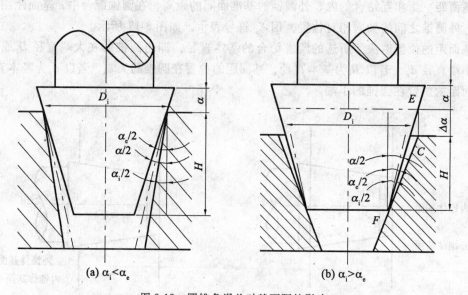

图 8-19 圆锥角误差对基面距的影响

由图 8-18(a) 可知，当 $\Delta D_i > \Delta D_e$ 时，$(\Delta D_i - D_e)$ 的差值为正，$\Delta \alpha$ 为负值，基面距 a "减小"，同理，由图 8-18(b)，当 $\Delta D_i < \Delta D_e$ 时，$(\Delta D_i - \Delta D_e)$ 的差值为负，则 $\Delta \alpha$ 为正

值,基面距 a "增大"。

(2)圆锥角误差对基面距的影响

设以内圆锥最大直径为基本直径,基面距位置在大端,无直径无误差,有圆锥角有误差($-\Delta\alpha_i - \Delta\alpha_e$),且 $\Delta\alpha_i \neq \Delta\alpha_e$,如图 8-19 所示。有两种可能情况:

若内圆锥的锥角 α_i 小于外圆锥角 α_e,即 $\alpha_i < \alpha_e$,此时内圆锥最小圆锥直径增大,外圆锥的最小直径减小,如图 8-19(a)所示。此时,内、外圆锥在大端接触,由此引起的基面距变化小,可以忽略不计。

若内圆锥的锥角 α_i 大于外圆锥角的锥角 α_e,即 $\alpha_i > \alpha_e$,如图 8-19(b)所示圆锥与外圆将在小端接触,若锥角误差引起的基面距增大量为 Δa,可有

$$\Delta a \approx \frac{1}{C} 0.0006 H \left(\frac{\alpha_i}{2} - \frac{\alpha_e}{2} \right)$$

式中:Δa 和 H 单位为 mm;α_i 和 α_e 单位为分(')。

实际上直径误差和锥角误差同时存在,它们对基面距的综合影响如下:

当 $\alpha_i < \alpha_e$ 时,圆锥角误差对基面距的影响很小,可以忽略不计,只计算误差的影响。

当 $\alpha_i > \alpha_e$ 时,直径误差和圆锥角误差对基面距的影响同时存在,其最大可能变动量为

$$\Delta a = \frac{1}{C} \left[(\Delta D_e - \Delta D_i) + 0.0006 H \left(\frac{\alpha_i}{2} - \frac{\alpha_e}{2} \right) \right]$$

所以可以根据基面距允许变动量的要求,在确定圆锥角度和圆锥直径时,按工艺条件选定一个参数的公差,再按上式计算另一个参数公差。

(3)圆锥形状误差对配合的影响

圆锥形状误差 是指在任一轴向截面内圆锥素线直线度误差和任一横向截面内的圆度误差,它们主要影响其配合表面的接触精度。

圆锥公差包括以下方面。

1)圆锥直径公差 T_D 是指圆锥直径的允许变动量,如图 8-20 所示。在圆锥轴向截面内两个极限圆锥所限定的区域就是圆锥直径的公差带。圆锥直径公差带值 T_D,以基本圆锥直径(一般取最大圆锥直径 D)为基本尺寸,按 GB 1800.1—1998 ~ GB/T 1800.4—1998 选其公差,公差等级一般选 IT5 ~ IT8,适用于圆锥的全长 L。

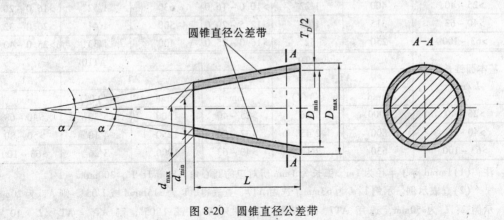

图 8-20 圆锥直径公差带

2）圆锥角公差 AT 是指圆锥角允许的变动量，如图 8-21 所示。在圆锥轴向截面内，由最大和最小极限圆锥角所限定的区域称为圆锥角公差带。国标规定，圆锥角公差 AT 共分 12 个公差等级，用符号 AT1，AT2，…，AT12 表示，部分公差数值见表 8-23，对同一加工方法，基本圆锥长度 L 越大，角度误差越小，故同一公差等级中，L 越大，角度公差值越小。

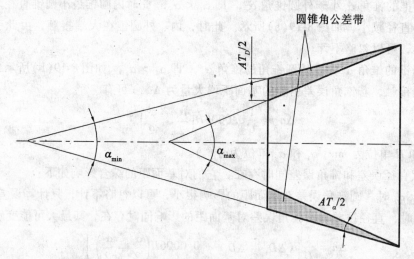

图 8-21 圆锥角公差带

表 8-23　　　　　　　　　　　圆锥角公差

基本圆锥长度 L/mm	AT5			AT6		
	AT_α		AT_D	AT_α		AT_D
	mrad	(')('')	mm	mrad	(')('')	mm
>25~40	160	33''	>4.0~6.3	250	52''	>6.3~10.0
>40~63	125	26''	>5.0~8.0	200	41''	>8.0~12.5
>63~100	100	21''	>6.3~10.0	160	33''	>10.0~16.0
基本圆锥长度 L/mm	AT7			AT8		
	AT_α		AT_D	AT_α		AT_D
	mrad	(')('')	mm	mrad	(')('')	mm
>25~40	400	1'22''	>10.0~16.0	630	1'52''	>16.0~20.5
>40~63	315	1'05''	>12.5~20.0	500	1'41''	>20.0~32.0
>63~100	250	52''	>16.0~25.0	400	1'33''	>25.0~40.0
基本圆锥长度 L/mm	AT9			AT10		
	AT_α		AT_D	AT_α		AT_D
	mrad	(')('')	mm	mrad	(')('')	mm
>25~40	1000	3'26''	>25~40	1600	5'30''	>40~63
>40~63	800	2'45''	>32~50	1250	4'18''	>50~80
>63~100	630	2'10''	>40~63	1000	3'26''	>63~100

注：(1) 1mrad 等于半径为 1m、弧长为 1mm 所对应的圆心角。5mrad≈1''，300mrad≈1'。

(2) 查表示例。示例 1：L 为 63mm，选用 AT7，查表得 AT_α 为 315mrad 或 1'05''，则 AT_D 为 20mm。

示例 2：L 为 50mm，选用 AT7，查表得 AT_α 为 315mrad 或 1'05''，则 $AT_D = AT_\alpha \times L \times 10^{-3} = 315 \times 50 \times 10^{-3}$ mm = 15.75mm，取 AT_D 为 15.8mm。

圆锥的形状公差 TF 包括：

1) 圆锥素线直线度公差。在圆锥轴向截面内，允许实际素线形状的最大变动量，圆锥素线直线度公差带是在给定截面上，距离为公差值 T_F 的两条平行直线间的区域（见图 8-20）。

2) 截面圆度公差。在圆锥轴线法向截面上，允许截面形状的最大变动量。截面圆度公差带是半径差为公差值 T_F 两同心圆间的区域（见图 8-20）。

当圆锥的形状误差需要加以特别控制时，应规定圆锥素线直线度公差和横截面的圆度公差，其值可在国家标准《形状和位置公差》中选取。

3) 给定截面圆锥直径公差 T_{DS} 是指在垂直圆锥轴线的给定截面内，圆锥直径的允许变动量。其公差带如图 8-22 所示。

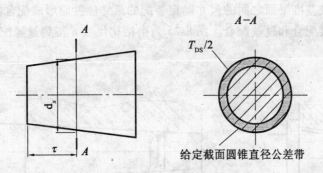

图 8-22　给定截面圆锥直径公差带

一般情况不规定给定截面圆锥直径公差，只有对圆锥工件有特殊需求（如阀类零件中，在配合的圆锥给定截面上要求接触良好，以保证密封性）时，才规定此项公差，但必须同时规定锥角公差 AT，它们间的关系如图 8-23 所示。

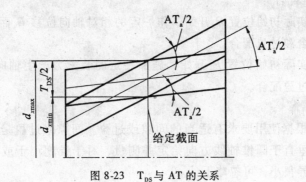

图 8-23　T_{DS} 与 AT 的关系

（4）公差给定方法

按 GB/T 11334—1989 规定圆锥公差的给定方法有两种：

给出圆锥的理论正确圆锥角 α（或锥度 C）和圆锥直径公差 T_D。此时，圆锥角误差和圆锥形状误差均应在极限圆锥所限定的区域内。当圆锥角公差和圆锥形状公差有更高要求时，可再给出圆锥角公差 AT 和圆锥形状公差 T_F。此时 AT 和 T_F 仅占 T_D 的一部分。按这种方法给定圆锥公差时，在圆锥直径公差后边加注符号⑦。

给出给定截面圆锥直径公差 T_{DS} 和圆锥角公差 AT。此时，给定截面圆锥直径和圆锥角应分别满足这两项公差的要求。当对圆锥形状公差有更高要求时，可再给出圆锥形状公差 T_F。

4. 圆锥结合类型

根据圆锥配合形成的方式，将其分为两类：结构型圆锥配合和位移型圆锥配合。

(1) 结构型圆锥配合

由内、外圆锥的结构确定装配的最终位置而形成配合。这种方式可以得到间隙配合、过渡配合。图 8-24 为由轴肩接触得到间隙配合的示例。

由内、外圆锥基准平面之间的尺寸确定装配的最终位置而形成配合。这种方式可以得到间隙配合、过渡配合和过盈配合。图 8-25 为由结构尺寸 a 得到过盈配合的示例。

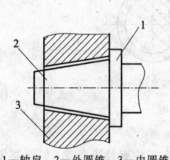

1—轴肩 2—外圆锥 3—内圆锥

图 8-24 由轴肩接触得到间隙配合

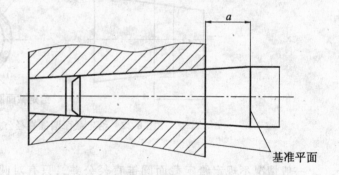

图 8-25 由结构尺寸 a 得到过盈配合

(2) 位移型圆锥配合

由内、外圆锥实际初始位置 P_a 开始，作一定的相对轴向位移 E_a 而形成配合。这种方式可以得到间隙配合和过盈配合。

由内、外圆锥实际初始位置 P_a 开始，施加一定的装配力产生轴向位移而形成配合。这种方式只能得到过盈配合。

(3) 配合要求

1) 圆锥配合应根据使用要求有适当的间隙或过盈。间隙或过盈是在垂直于圆锥表面方向起作用，但按垂直于圆锥轴线方向给定并测量，对于锥度小于或等于 1:3 的圆锥，两个方向的数值差异很小，可忽略不计。

2) 间隙或过盈应均匀，即接触均匀性。为此应控制内、外锥角偏差和形状误差。

3) 有些圆锥配合要求实际基面距控制在一定范围内。

5. 圆锥配合的精度设计

无论结构型圆锥配合或位移型圆锥配合，内、外圆锥通常都给出理论正确的圆锥角和圆锥直径公差带的方法给定公差。

结构型圆锥配合的精度设计方法与光滑圆柱的轴、孔配合类同。按 GB/T 1800.3—

1998 选取公差等级。内、外圆锥直径的公差带一般应不低于 9 级。标准推荐优先采用基孔制，即内圆锥直径的基本偏差取 H。当采用基孔制时，根据允许极限间隙或过盈的大小，确定外圆锥直径的基本偏差，从而确定其配合。圆锥直径的配合也可从 GB/T 1801—1999 中规定的优先和常用配合中选取。当圆锥配合的接触精度要求较高时，可给出圆锥角公差和圆锥形状公差。其数值可从表 8-23 及 GB/T 13319—1991 的相应表格中选取，但其数值应小于圆锥直径公差。

对位移型圆锥配合，其配合性质取决于内、外圆锥相对轴向位移 E_a。轴向位移 E_a 的极限值($E_{a\max}$，$E_{a\min}$)和轴向位移公差 T_E，按以下公式计算：

(1) 对于间隙配合

$$E_{a\max} = \frac{1}{C} \times S_{\max}; \quad E_{a\min} = \frac{1}{C} \times S_{\min}$$

$$T_E = E_{a\max} - E_{a\min} = \frac{1}{C}(S_{\max} - S_{\min})$$

(2) 对于过盈配合

$$E_{a\max} = \frac{1}{C} \times \delta_{\max}; \quad E_{a\min} = \frac{1}{C} \times \delta_{\min}$$

$$T_E = E_{a\max} - E_{a\min} = \frac{1}{C}(\delta_{\max} - \delta_{\min})$$

式中：$S_{\max}$，$S_{\min}$——配合的最大、最小间隙量；

$\delta_{\max}$，$\delta_{\min}$——配合的最大、最小过盈量；

C——锥度值。

对位移型圆锥配合，内、外圆锥直径的极限偏差推荐采用单向分布或双向对称分布，即内圆锥基本偏差采用 H 或 JS，外圆锥基本偏差采用 h 或 js。

例 圆锥配合的精度设计举例。

某铣床主轴轴端与齿轮孔联结，采用圆锥加平键的联结方式，其基本圆锥直径为大端直径 $D = \phi 90\text{mm}$，锥度 $C = 1:15$。试确定此圆锥的配合及内、外圆锥体的公差。

解：由于此圆锥配合采用圆锥加平键的联结方式，即主要靠平键传递转矩，因而圆锥面主要起定位作用。所以圆锥公差可按标准规定的第一种方法给定，即只需给出圆锥的理论正确圆锥角 α(或锥度 C)和圆锥直径公差 T_D。此时，锥角误差和圆锥形状误差都由圆锥直径公差 T_D 来控制。

(1) 确定公差等级。圆锥直径的标准公差一般为 IT5～IT8。从满足使用要求和加工的经济性出发，外圆锥直径标准公差选 IT7，内圆锥直径标准公差则选 IT8。

(2) 确定基准制。对于结构型圆锥配合，标准推荐优先采用基孔制，则内圆锥直径的基本偏差取 H，其公差带代号为 H8，即 $\phi 90\text{H8} = \phi 90_0^{+0.054}$。

(3) 确定圆锥配合。由圆锥直径误差的影响分析可知，为使内、外锥体配合时轴向位移量变化最小，则圆锥的直径的基本偏差可选 k 即可满足要求。此时，外圆锥直径公差带代号为 k7，即 $\phi 90\text{k7} = \phi 90_{+0.003}^{+0.038}$。如图 8-26 所示。

6. 圆锥公差的标注

GB/T 15754—1995《技术制图 圆锥的尺寸和公差标注》规定：一般按面轮廓度法标注圆锥公差；对有配合要求的结构型内、外圆锥，也可以采用基本锥度法标注；当无配合

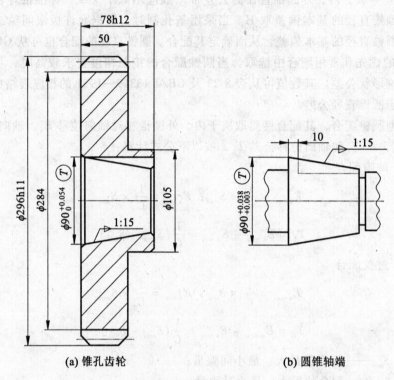

(a) 锥孔齿轮   (b) 圆锥轴端

图 8-26 内外圆锥联结

要求时，可采用公差锥度法标注。圆锥公差的标注如表 8-24 所示。

表 8-24   圆锥公差的标注

	给定条件	图样标注	说 明
面轮廓度法	给定圆锥角		
	给定锥度		

续表

给定条件		图样标注	说 明
面轮廓度法	给定圆锥轴向定位	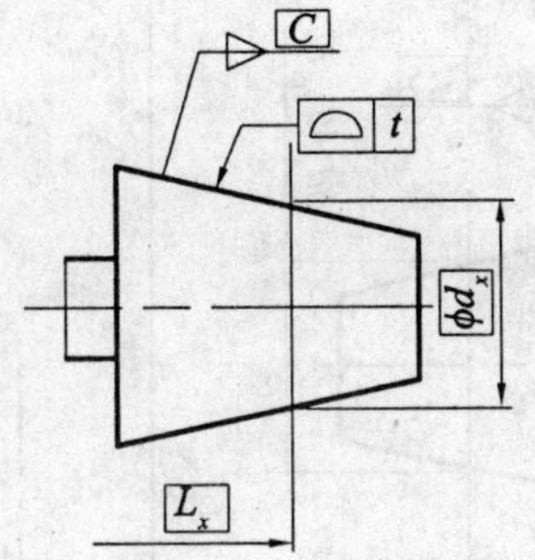	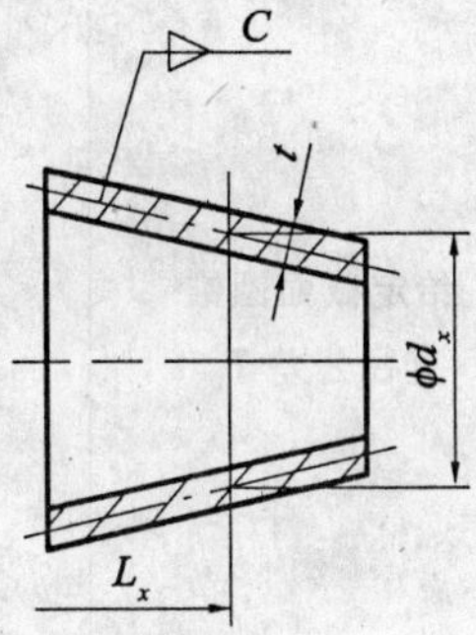
	给定轴向位置公差	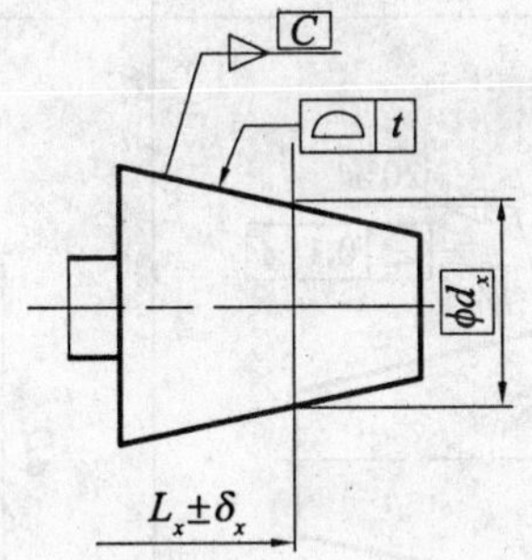	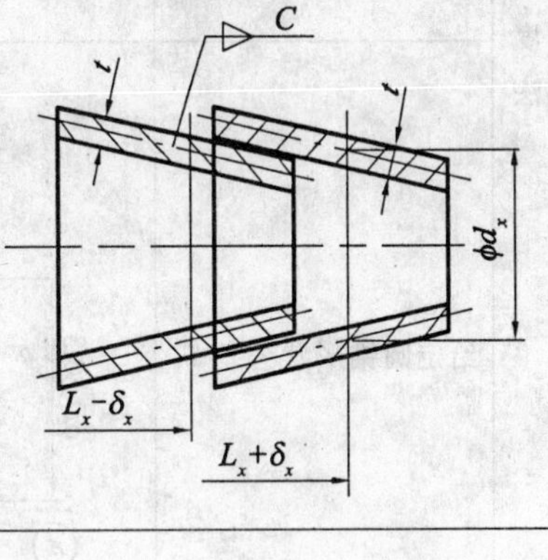
	与基准线有关（同时确定同轴关系）	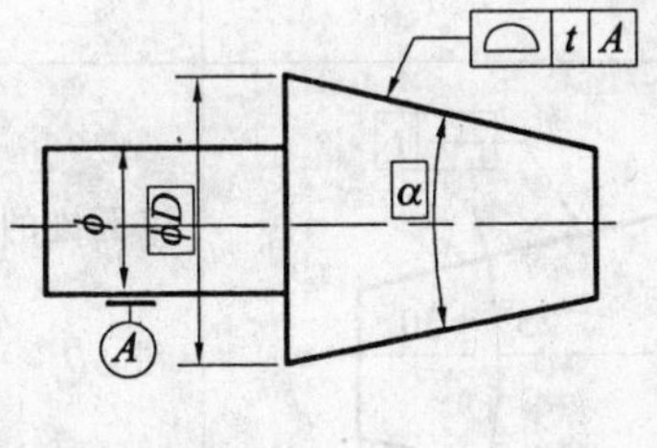	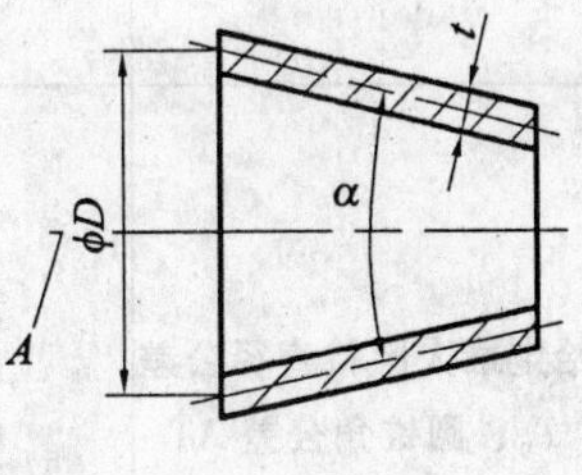
基本锥度法	给定圆锥直径公差 T_D	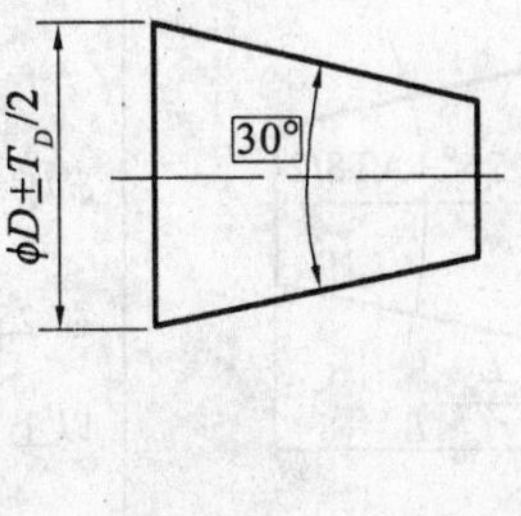	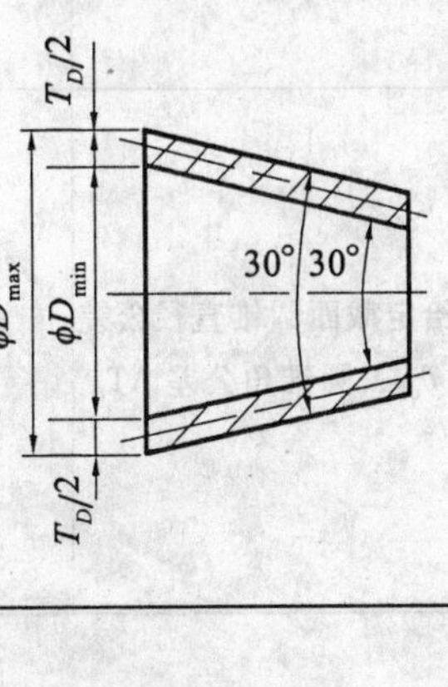

续表

给定条件	图样标注	说　明
基本锥度法 给定截面圆锥直径公差 T_{DS}	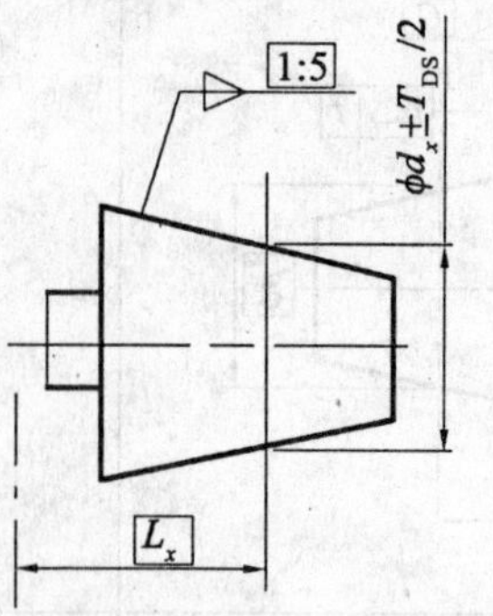 （图：锥度 1:5，$\phi d_x \pm T_{DS}/2$，L_x）	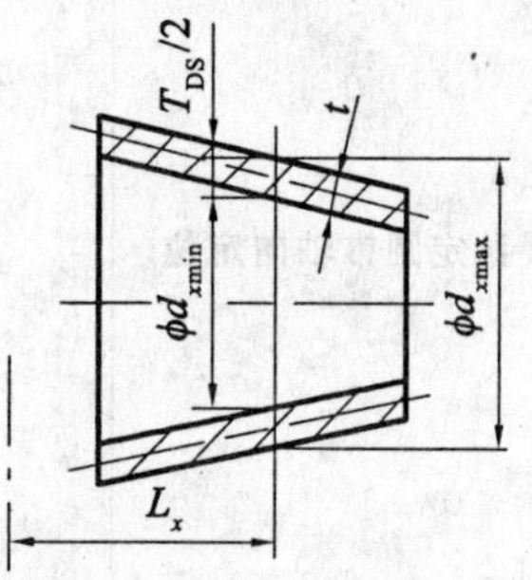 （图：$\phi d_{x\min}$、$\phi d_{x\max}$、$T_{DS}/2$、t、L_x）
给定圆锥形状公差 T_F	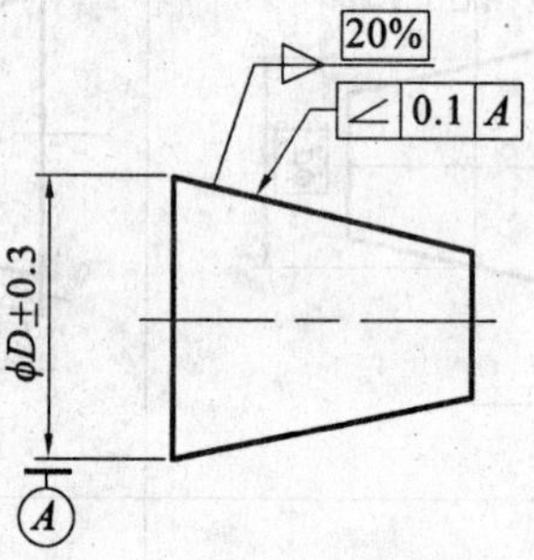 （图：20%，$\angle\ 0.1\ A$，$\phi D \pm 0.3$，基准 A）	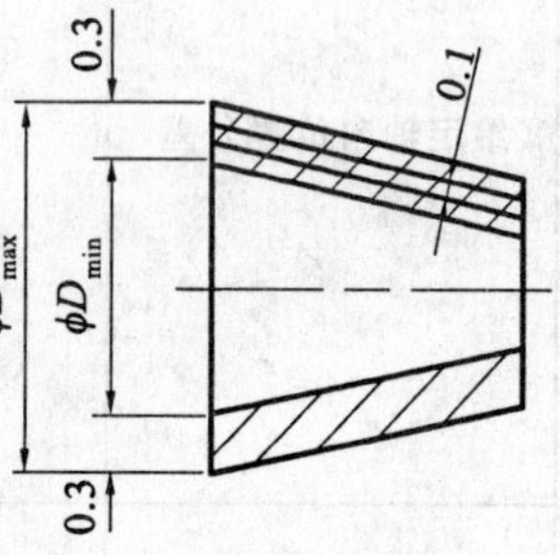 （图：$\phi D_{\max}$、$\phi D_{\min}$，0.3、0.1、0.3）
公差锥度法 给定最大圆锥直径公差 T_D、圆锥角公差 AT	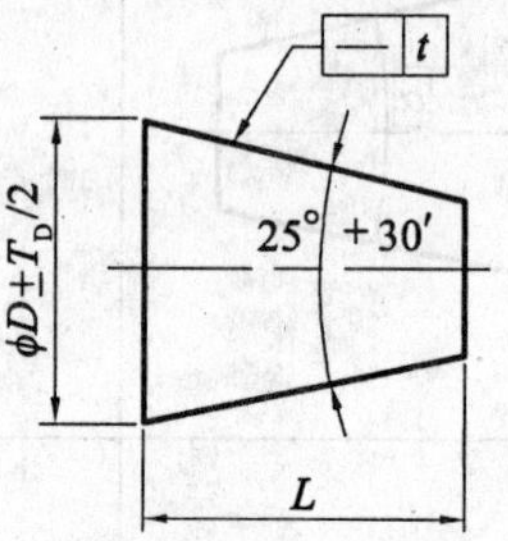 （图：t，$\phi D \pm T_D/2$，$25°\ +30'$，L）	该圆锥的最大圆锥直径应由 $\phi D + \dfrac{T_D}{2}$ 和 $\phi D - \dfrac{T_D}{2}$ 确定；锥角应在 $24°30'$ 与 $25°30'$ 之间变化；圆锥素线直线度要求为 t。以上要求应独立考虑
给定截面圆锥直径公差 T_{DS}、圆锥角公差 AT_D	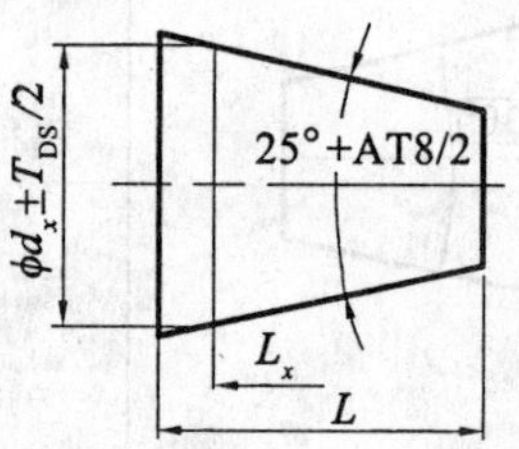 （图：$\phi d_x \pm T_{DS}/2$，$25°\ +AT8/2$，L_x，L）	该圆锥的给定截面直径应由 $\phi d_x + \dfrac{T_{DS}}{2}$ 和 $\phi d_x - \dfrac{T_{DS}}{2}$ 确定；锥角应在 $25° - \dfrac{AT8}{2}$ 与 $25° + \dfrac{AT8}{2}$ 之间变化。以上要求应独立考虑

7. 角度和锥度的测量

(1) 比较测量法

比较测量法是将组成一定角度的刚性量与被测角度比较,用光隙法或涂色法估计被测角度的误差。锥度量规如图 8-27 所示,检验内锥体用塞规、外锥体用环规。在量规的基面端(大端或小端)处刻有相距为 m 的两条刻线(或小台阶),而 m 相当于工件锥体基面距的公差。检验时若工件锥体端面介于量规的两条刻线之间,则为合格。锥度量规也可采用涂色法检验锥角误差,要求在锥体的大端接触,接触线长度对于高精度工件不低于 85%,精密工件不低于 80%,普通工件不低于 75%。

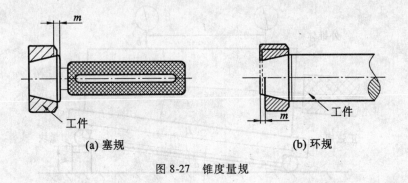

图 8-27 锥度量规

角度量块是角度测量中的基准量具,用来检定或校准角度的工具、仪器,也用来直接检验工件的角度。角度量块成套的有 19 块、36 块和 94 块三种,每套都有三角形和四角形的,如图 8-28 所示,三角形量块有一个工作角(α),四角形量块有四个工作角(α,β,γ,δ)。角度量块可单独使用,也可按被测角度的大小,组合利用。

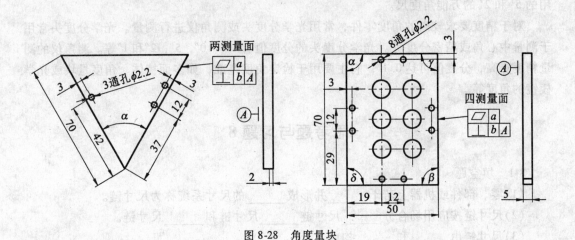

图 8-28 角度量块

(2) 间接测量法

通过测量与锥度、角度有关的尺寸,按几何关系计算出被测角度的大小。常用器具有平板、钢球、量块、正弦规及通用量具等。

图 8-29 是用正弦规测量外锥体锥角的示意图。测量前，先按下式计算量块组的高度：
$$h = L\sin\alpha$$
若指示器在 a，b 两点读数差为 ΔF，则锥度偏差 ΔC 为
$$\Delta C = \frac{\Delta F}{l}(\text{rad}) = \frac{\Delta F}{l} \times 10^6 (\mu\text{rad})$$
换算成锥角偏差，则可近似为
$$\Delta\alpha = \frac{\Delta F}{l} \times 2 \times 10^5 ('')$$

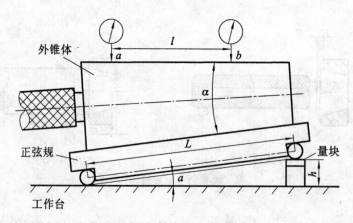

图 8-29 用正弦规测量外锥体

(3) 绝对测量法

对于要求不高的角度工件，万能角度尺是测量角度的常用量具，在机械制造中广泛使用的 5′和 2′的万能角度尺。

对于精度要求较高的角度零件，常用光学分度头或测角仪进行测量。光学分度头常用于测量中心角或精密分度等。光学分度头的分度值有 1′、10″、5″、2″和 1″等。测角仪的测量精度更高，分度值可达 0.1″，它主要用于检定角度基准，如多面棱体、角度量块或光学棱镜的角度等。

思考题与习题 8

8-1 填空题

(1) 零、部件或机器上若干_____并形成_____的尺寸系统称为尺寸链。

(2) 尺寸链按应用场合分_____尺寸链_____尺寸链和_____尺寸链。

(3) 尺寸链由_____和_____构成。

(4) 组成环包含_____和_____。

(5) 封闭环的基本尺寸等于所有_____的基本尺寸之和减去所有_____的基本尺寸之和。

(6) 当所有的增环都是上极限尺寸，而所有的减环都是下极限尺寸时，封闭环必

为_____尺寸。

(7) 所有的增环下极限偏差之和减去所有减环上极限偏差之和，即为封闭环的_____偏差。

(8) 封闭环公差等于_____。

(9) "入体原则"的含义为：当组成环为包容尺寸时取_____偏差为零。

8-2 选择题

(1) 一个尺寸链至少由_____个尺寸组成，有_____个封闭环。
A. 1　　　　　B. 2　　　　　C. 3　　　　　D. 4

(2) 零件在加工过程中间接获得的尺寸称为_____。
A. 增环　　　B. 减环　　　C. 封闭环　　　D. 组成环

(3) 封闭环的精度由尺寸链中_____的精度确定。
A. 所有增环　　　B. 所有减环　　　C. 其他各环

(4) 按"入体原则"确定各组成环极限偏差应_____。
A. 向材料内分布　　　B. 向材料外分布　　　C. 对称分布

8-3 判断题

(1) 当组成尺寸链的尺寸较多时，封闭环可有两个或两个以上。（　　）

(2) 封闭环的下极限尺寸等于所有组成环的下极限尺寸之差。（　　）

(3) 封闭环的公差值一定大于任何一个组成环的公差值。（　　）

(4) 在装配尺寸链中，封闭环是在装配过程中最后形成的一环，（　　）也即为装配的精度要求。（　　）

(5) 尺寸链增环增大，封闭环增大（　　），减环减小封闭环减小（　　）。

(6) 装配尺寸链每个独立尺寸的偏差都将影响装配精度（　　）。

8-4 简答题

(1) 什么叫尺寸链？它有何特点？

(2) 如何确定尺寸链的封闭环？能不能说尺寸链中未知的环就是封闭环？

(3) 解算尺寸链主要为解决哪几类问题？

(4) 完全互换法、不完全互换法、分组法、调整法和修配法各有何特点？各运用于何种场合？

8-5 计算题

(1) 如图 8-30 所示为一零件的标注示意图，试校验该图的尺寸公差位置，公差要求能否使 BC 两点处薄壁尺寸在 9.7~10.05 范围内。

(2) 如图 8-31(a) 所示齿轮箱，根据使用要求，应保证间隙 A_0 在 1~1.75mm 之间。已知各零件的基本尺寸为（单位为 mm）：$A_1 = 140$，$A_2 = A_5 = 5$，$A_3 = 101$，$A_4 = 50$。用"等精度法"求各环的极限偏差。

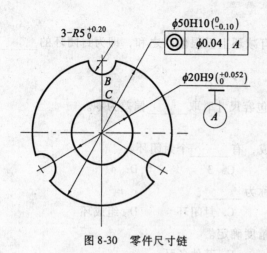

图 8-30 零件尺寸链

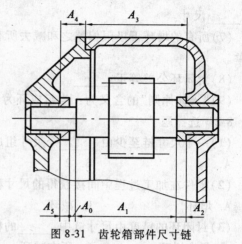

图 8-31 齿轮箱部件尺寸链

第9章 圆柱齿轮传动的互换性

§9.1 齿轮传动的使用要求

齿轮传动是机械产品中应用极为普通的传动。齿轮传动由齿轮副、轴、轴承和箱体组成。在齿轮传动中，渐开线圆柱齿轮是最基本的传动型式，因此本章仅述及渐开线圆柱齿轮传动公差。

凡有齿轮传动的机械产品，其工作性能、承载能力、使用寿命和工作精度等都与齿轮传动的传动质量密切相关。而齿轮传动的传动质量又取决于各主要组成零部件齿轮副、轴、轴承及箱体的制造和安装精度，其中齿轮本身的制造精度及齿轮副的安装精度起主要作用。

由于齿轮的几何形状复杂，影响互换性的几何参数较多，使用条件也各有不同。其使用要求归纳起来主要有下列四个方面：

(1) 传递运动的准确性。即要求齿轮在一转范围内，最大的回转角误差在一定范围内，以保证每转为周期的传动速比恒定(见图 9-1)。

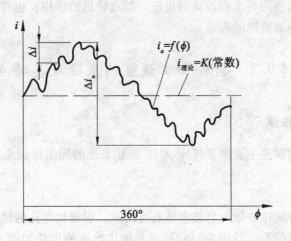

图 9-1 齿轮实际速比的变动

由机械原理知道，齿廓为渐开线的齿轮在传递运动时可保持恒定的传动比 i。但由于各种加工误差的影响，加工后得到的齿轮，其齿廓相对于旋转中心分布不均，且渐开线也不是理论渐开线，在齿轮传动中必然引起传动比的变动。传动比的变动程度通过转角误差的大小来反映。

在齿轮传动的一转范围内,从动齿轮必然会产生最大的转角误差 Δi_Σ,它的大小反映了齿轮传动比的变动,亦即反映齿轮在一转范围内传递转角的准确程度。对于在一转内要求保持传动比相对恒定的齿轮,应提出准确性的要求。

(2)传动的平稳性。渐开线齿轮的传动比,不但要求在传动的全过程中保持恒定,而且在任何瞬时都要保持恒定。但在实际工作过程中传动比在任何时刻都不会恒定,即转过很小的角度都会引起转角误差。而瞬时传动比的变化是噪声、冲击、振动的根源,使齿轮传动不平衡,所以必须给予限制。通常所说的齿轮传动平稳性是要求齿轮在一个齿距角范围内的转角误差限制在一定范围内,以保证瞬时传动速比变化小。

(3)载荷分布的均匀性。在啮合的过程中,理想齿轮的工作齿面在全齿宽上均匀接触,但由于受各种误差的影响,工作齿面不可能全部均匀接触,从而产生应力集中,造成局部磨损或点蚀,影响齿轮的寿命(见图9-2)。因此要求齿面的接触良好,接触面积尽可能大,以避免动载荷大时,齿面应力集中。

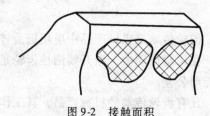

图9-2 接触面积

(4)传动侧隙。要求齿轮啮合齿轮面应具有一定的侧隙,以补偿齿轮传动因受力引起的弹性变形、热膨胀以及使齿面能形成油膜而提高使用寿命。同时,侧隙又不能过大,以免增大冲击、噪声和空回误差等。

对齿轮传动的上述四项要求,因齿轮的用途和工作条件不同而有所侧重。例如:①在精密传动或跟踪系统的分度传动中,保证传动的准确性是基本的;②高速传动齿轮保证传动平稳性是基本的;③低速重载齿轮传动保证载荷分布的均匀性是基本的。

但也有四个方面使用要求都较高的齿轮,如汽轮机的齿轮;也有四个方面使用要求都较低的齿轮,如手动调整用的齿轮。

§9.2 齿轮加工误差的来源及其特点

9.2.1 误差的来源

滚切加工齿轮的误差主要来源机床-刀具-齿坯系统的周期性误差。主要为以下几个方面的误差。

1. 几何偏心

安装齿坯时,若定位心轴与齿坯基准孔有间隙,引起齿坯孔的轴线与工作台回转轴线不重合,即产生几何偏心,如图9-3(a)所示,加工出来的齿轮如图9-3(b)所示,几何偏心使加工过程中齿轮相对于滚刀的距离产生变化,切出的齿一边短而肥、一边瘦而长。

2. 运动偏心

与几何偏心的性质不同,运动偏心是由机床分度蜗轮的安装偏心及蜗轮分度误差引起的,如图9-4(a)所示,运动偏心使齿坯相对滚刀的转速不均匀,而使被加工齿轮各齿廓产生切向错移。加工齿轮时,由于蜗轮蜗杆中心距周期的变化,则在蜗轮(齿坯)一转内,蜗轮转速呈周期性变化。当角速度由 ω 增加到 $\omega+\Delta\omega$ 时,使齿距和公法线都变长;当角

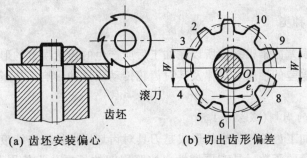

(a) 齿坯安装偏心　　　(b) 切出齿形偏差

图 9-3　齿坯安装偏心引起齿轮加工误差

速度由 ω 减少到 $\omega - \Delta\omega$ 时，切齿滞后使齿距和公法线都变短，使齿轮产生切向周期性变化的切向误差，如图 9-4(b) 所示。这种偏心，一般称为运动偏心，又称为切向偏心。

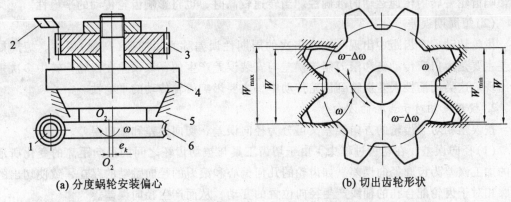

(a) 分度蜗轮安装偏心　　　(b) 切出齿轮形状

1—蜗杆　2—刀具　3—齿坯　4—工作台　5—圆导轨　6—分度蜗轮

图 9-4　机床分度蜗轮安装偏心引起齿轮切向误差

3. 机床传动链的高频误差

加工直齿轮时，主要受分度链中的各传动元件误差的影响，尤其是分度蜗轮的安装偏心 e_ω 和轴向窜动的影响，使蜗轮（齿坯）在一周的范围内转速多次出现变化，加工出的齿轮产生齿距偏差和齿形误差。

4. 滚刀的制造误差与安装误差

滚刀的制造误差与安装误差包括滚刀的径向跳动、轴向窜动及齿形角误差等。

滚刀的制造误差主要是指滚刀本身的基节、齿形等制造误差，它们都会在加工齿轮过程中被反映到被加工齿轮的每一齿上，使加工出来的齿轮产生基节偏差和齿形误差。

安装误差是指滚刀偏心使被加工齿轮产生径向误差。滚刀刀架导轨或齿坯轴线相对于工作台旋转轴线的倾斜及轴向窜动，使滚刀的进刀方向与轮齿的理论方向不一致，直接造成齿面沿齿长方向（轴向）歪斜，产生齿向误差，主要影响载荷分布的均匀性。

上述几方面产生的齿轮误差产生原因中，两种偏心所产生的齿轮误差以齿轮一转为周期，称为长周期误差；后三项因素所产生的误差，以分度蜗杆一转或齿轮一齿为周期，而且频率较高，在齿轮一转中多次重复出现，称为短期误差（或高频误差）。

9.2.2 误差的种类

由于切齿工艺误差因素很多,所以在加工后所产生的齿轮误差的形式也很多。为了区别和分析齿的各种误差的性质、规律及其对齿轮传动质量的影响,从不同的角度将齿轮加工误差分类如下:

1. 按误差出现的周期(或频率)

因为按展成法加工齿轮,齿廓的形成是刀具对齿坯周期性地连续滚动切的结果,所以加工误差是齿轮转角的函数,具有周期性。按照周期的长短分为长周期(低频)误差和短周期(高频)误差。

(1)长周期误差

齿轮回转一周出现一次的周期误差为长周期(低频)误差。长周期误差主要是由几何偏心和运动偏心产生的,齿轮误差是以齿轮一转为周期。这类周期误差反映到齿轮传动中将影响齿轮一转内传递运动的准确性。当转速较高时,也将影响齿轮传动的平稳性。

(2)短周期误差

齿轮转动一个齿距中出现一次或多次的周期性误差称为短周期(高频)误差。短周期误差主要是由机床传动链和滚刀制造误差与安装误差产生的,该误差在齿轮一转中多次重复出现。这类周期性误差反映到齿轮传动中,主要影响齿轮传动的平稳性。

2. 按误差相对于齿轮的方向

按误差相对于齿轮的方向误差又可分为径向误差、切向误差和轴向误差。

(1)径向误差。在切齿过程中,由于切齿工具与被切齿坯之间的径向距离的变化所形成的加工误差为齿廓径向误差。如齿轮的几何偏心和滚刀的径向跳动的存在,致使切出的齿廓相对于齿轮配合孔的轴线产生径向位置的变动,从而产生径向误差。

(2)切向误差。由于滚切运动的回转速度不均匀,使齿廓沿齿轮回转的切线方向产生的加工误差为齿廓切向误差。如分度蜗轮的几何偏心和安装偏心、分度蜗杆的径向跳动和轴向跳动,以及滚刀的轴向跳动等均使齿坯相对于滚刀回转不均匀都会产生齿廓切向误差。

(3)轴向误差。由切齿刀具沿齿轮廓线方向走刀运动产生的加工误差为齿廓轴向误差。如刀架导轨与机床工作台轴线不平行、齿坯安装倾斜等,均使齿廓产生轴向误差。

齿轮的径向误差、切向误差和轴向误差如图 9-5 所示。

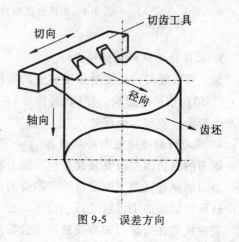

图 9-5 误差方向

§9.3 单个齿轮的评定指标

根据齿轮误差项目对齿轮传动性能的主要影响可以将评定参数分为三个组:第Ⅰ组为

影响齿轮运动准确性的误差;第Ⅱ组为影响传动平稳性的误差;第Ⅲ组为影响分布均匀性的误差。在本节中分别介绍各组齿轮误差的评定指标和检测方法。

9.3.1 影响传递运动准确性的误差

在齿轮传动中影响传递运动准确性的误差,主要是齿轮的长周期误差,由第Ⅰ公差组检验,共有以下五项误差:

1. 切向综合误差 $\Delta F_i'$

$\Delta F_i'$ 是被测齿轮与理想精确测量齿轮单面啮合时,在被测齿轮一转内,实际转角与公称转角之差的总幅度值(见图9-6)。该误差以分度圆弧长计值。它是几何偏心、运动偏心及各项短周期误差综合影响的结果。

$\Delta F_i'$ 反映了齿轮各种误差的综合作用,是评定齿轮传递运动准确性较为完善的指标,反映了齿轮总的使用质量,因而更接近于实际使用情况。同时 $\Delta F_i'$ 是各单项误差综合的影响,由于各单项误差在综合测量中,可能相互抵消,从而避免了把一些合格产品当做废品的可能性。

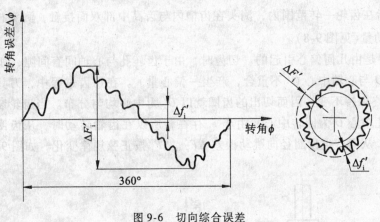

图 9-6 切向综合误差

2. 齿距累积误差 ΔF_p 和 k 个齿距累积误差 ΔF_{pk}

齿距累积误差 ΔF_p 是指在分度圆上,任意两个同侧齿面间的实际弧长与公称弧长的最大差值,即最大齿距累积偏差($\Delta F_{p\max}$)与最小齿距累积偏差($\Delta F_{p\min}$)的代数差(见图9-7)。ΔF_{pk} 是指在分度圆上,任意 k 个齿轮间的实际弧长与公称弧长的最大差值(k 为2到小于 $z/2$ 之间的整数)。

齿距累积误差 ΔF_p 主要是由几何偏心和运动偏心所造成的,它能较好地反映齿轮一转中由偏心误差引起的转角误差,故 ΔF_p 可以代替 $\Delta F_i'$ 作为评定齿轮运动准确性的项目。

但两者是有差别的。ΔF_p 是沿着与基准孔同心的圆周上逐齿测得(每齿测一点)的折线误差曲线(见图9-7(b)),它是有限点的误差,而不能反映任意两点间转动比变化情况。而 $\Delta F_i'$ 却是被测齿轮与测量齿轮在单面啮合连续运转中测得的一条连续记录误差曲线(见图9-6(b)),它反映出齿轮每瞬间转动比变化,其测量时的运动情况与工作情况相近。

但由于 $\Delta F_p(\Delta F_{pk})$ 的测量可用较普及的齿距仪、万能测齿仪等仪器,因此是目前工

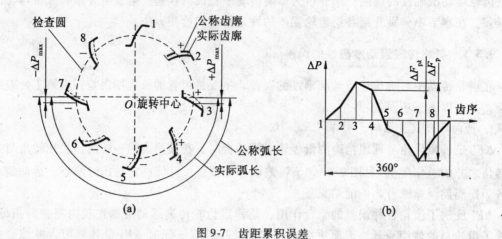

图 9-7 齿距累积误差

厂中常用的一种齿轮运动精度的评定指标。

3. 齿圈径向跳动 ΔF_r

ΔF_r 是指在齿轮一转范围内,测头在齿槽内与齿高中部双面接触,测头相对于齿轮轴线的最大变动量(见图 9-8)。

ΔF_r 主要是由几何偏心引起的。切齿时,由于齿坯孔与心轴间有间隙,如图 9-8(a)所示,孔轴线 O 与心轴中心 O' 不重合,产生一偏心量 e_j。在切齿过程中,刀具到回转轴线 O' 的距离始终保持不变,因而切出的齿圈就以 O' 为中心均匀分布。当齿轮装配在轴上工作时,是以孔中心 O 为回转中心,由于 e_j 存在,所以在齿轮转动时,从齿圈到孔中心 O 的距离不等,从而产生齿圈径向跳动误差 ΔF_r。ΔF_r 按正弦规律变化,如图 9-8(b)所示。

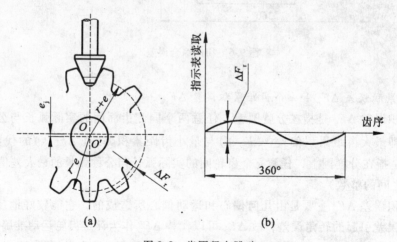

图 9-8 齿圈径向跳动

当齿轮装配在传动轴上时,若孔与轴之间有间隙,也可能产生几何偏心,其影响与前者同。

ΔF_r 必须与能揭示切向误差的单项指标组合,才能全面评定传递运动的准确性。

4. 径向综合误差 $\Delta F_i''$

$\Delta F_i''$ 是被测齿轮与理想精确测量齿轮双面啮合时,在被测齿轮一转内双啮中心距的最大变动量,如图 9-9 所示。$\Delta F_i''$ 也主要是由几何偏心引起的,同时还反映了部分高频误差,所以它也是一项单项指标。

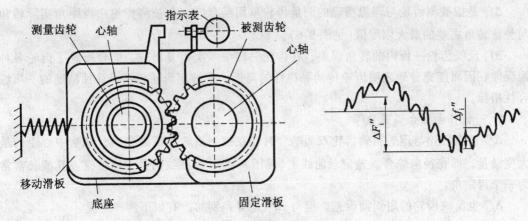

图 9-9 径向综合误差

$\Delta F_i''$ 主要反映径向误差,可代替 ΔF_r,是评定齿轮传递运动准确性一项较好的综合性指标。在成批生产时,常用 $\Delta F_i''$ 作为齿轮第 I 公差组的检验指标。但由于 $\Delta F_i''$ 只能反映齿轮的径向误差,而不能反映切向误差,故 $\Delta F_i''$ 并不能确切地和充分地用来表示齿轮的运动精度。

5. 公法线长度变动 ΔF_w

ΔF_w 是指在齿轮一周范围内,实际公法线长度最大值与最小值之差,即
$\Delta F_w = W_{\max} - W_{\min}$,如图 9-10 所示。

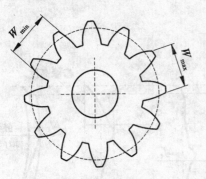

图 9-10 公法线长度变动

ΔF_w 是由运动偏心 e_y 引起的,e_y 来源于机床分度蜗轮偏心(见图 9-4),当分度蜗轮具有 e_y 时,即使刀具作匀速旋转,但分度蜗轮及由其带动的齿坯的转速是不均匀的,呈周期性变化,从而导致齿的齿廓发生变异,这种变异产生在基圆切线方向上,并影响齿距累积误差和切向综合误差。

经过上述分析,可以得出以下几点结论:
(1) ΔF_r,$\Delta F_i''$ 主要是由 e_j 引起的;
(2) ΔF_w 是由 e_y 引起的;
(3) ΔF_p 是由 e_j 和 e_y 综合引起的;
(4) $\Delta F_i'$ 是由长、短周期误差综合影响的结果。

9.3.2 影响传动平稳性的误差

影响齿轮传动平稳性的误差主要是短周期误差，由第Ⅱ公差组检验，共有以下六项误差。

1. 一齿切向综合误差 $\Delta f_i'$

$\Delta f_i'$ 是指被测齿轮与理想精确的测量齿轮单面啮合时，在被测齿轮一齿距角实际转角与公称转角之差的最大幅度值(见图 9-6)。

$\Delta f_i'$ 反映齿轮一齿内的转角误差，在齿轮一转中多次重复出现，综合反映了齿轮各种短误差，因而能充分地表明齿轮传动平稳性的高低，是评定齿轮传动平稳性精度的一项综合性指标。

2. 一齿径向综合误差 $\Delta f_i''$

$\Delta f_i''$ 被测齿轮与理想精确齿轮双面啮合时，在被测齿轮一齿距角内，双啮中心距的最大变动量，即在径向综合误差记录曲线上(见图 9-9)，小波纹的最大幅度值。其波长常常为一个齿距角。

$\Delta f_i''$ 也反映齿轮的短周期误差，但与 $\Delta f_i'$ 是有差别的，有以下两种情况。

(1) 当测量啮合角 $\alpha_{测}$ 和加工啮合角 $\alpha_{加工}$ 相等时，$\Delta f_i''$ 只反映刀具制造和安装误差引起的径向误差，不能反映机床传动链短周期误差引起的周期切向误差。

(2) 当测量啮合角 $\alpha_{测}$ 和加工啮合角 $\alpha_{加工}$ 不相等时，$\Delta f_i''$ 除包含径向误差外，还反映部分周期切向误差。

因此用 $\Delta f_i''$ 评定齿轮传动平稳性不如用 $\Delta f_i'$ 评定完善。但由于仪器结构简单，操作方便，在成批生产中仍广泛使用。

3. 齿形误差 Δf_f

Δf_f 是指齿轮端截面上，齿形工作部分内(齿顶倒棱部分除外)，包容实际齿形的两条设计齿形间的法向距离(图 9-11(a))。设计齿形可以是修正的理论渐开线，包括修缘齿形、凸齿形等。在实际生产中，为了提高传动质量，常常需要按实际工作条件设计各种为实践验证了的曲线(见图 9-11(b))。

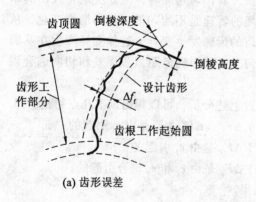
(a) 齿形误差

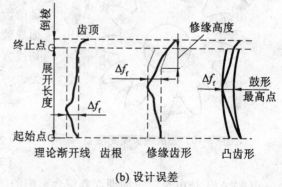
(b) 设计误差

图 9-11 齿形误差

齿形误差是由刀具的制造误差(如刀具齿形角误差)和安装误差(如滚刀的安装偏心和倾斜)以及机床传动链误差等引起的。此外,长周期误差对齿形精度也有影响。

齿形误差的存在,将破坏齿轮副的正常啮合,使啮合点偏离啮合线,从而引起瞬时传动比的变化,导致传动不平稳,所以它是反映一对轮齿在啮合过程中平稳性的指标。

4. 基节偏差 Δf_{pb}

Δf_{pb} 是指实际基节与公称基节之差(见图9-12)。实际基节是指基圆柱切平面所截两邻同侧齿面的交线之间的法向距离。Δf_{pb} 主要是由刀具的制造误差,包括刀具本身基节误差和齿形角误差造成的。在滚齿、插齿加工中,由于基节两点是由刀具相邻同时切出,故与机床传动链误差无关。

Δf_{pb} 会使齿轮传动在齿交替啮合瞬间发生冲击。根据齿轮啮合原则,齿轮工作时,要实现正确啮合传动,主动轮与从动轮的基节必须相等,但齿轮存在 Δf_{pb},基节不等的一对齿轮在啮合过渡的一瞬间发生冲击。

当主动轮基节大于从动轮基节时,前对轮齿啮合完成而后对轮齿尚未进入啮合,发生瞬间脱离,引起换齿冲击,如图9-13(a)所示;当主动轮基节小于从动轮基节时,前对轮齿啮合尚未结束,后对轮齿啮合已开始,从动轮转速加快,同样引起换齿撞击、振动和噪声,影响传动平稳性,如图9-13(b)所示。

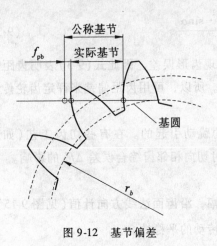

图 9-12 基节偏差

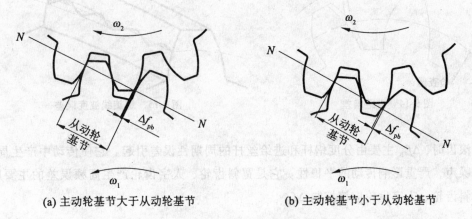

(a) 主动轮基节大于从动轮基节　　　　(b) 主动轮基节小于从动轮基节

图 9-13 基节偏差对齿轮传动平稳性的影响

上述两种情况产生的撞击在齿轮一转中多次重复出现,误差频率等于齿数,称齿频误差。它是影响传动平稳的重要原因。

5. 齿距偏差 Δf_{pt}

齿距偏差 Δf_{pt} 是指在分度圆上(允许在齿高中部测量),实际齿距与公称齿距之差(见图9-14)。

由齿轮啮合原理知道，理论上齿距 P_t 与基节 P_b 有下列关系：

$$P_b = P_t \cdot \cos\alpha \qquad (9\text{-}1)$$

式中：α 为分度圆上齿形角。

微分上式可得

$$\Delta p_b = \Delta p_t \cdot \cos\alpha - p_t \cdot \sin\alpha \cdot \Delta a \qquad (9\text{-}2)$$

所以有

$$\Delta p_t = \frac{\Delta p_b + \Delta a \cdot p_t \cdot \sin\alpha}{\cos\alpha} \qquad (9\text{-}3)$$

式中：Δp_t 体现齿距偏差；Δp_b 体现基节偏差；Δa 体现齿形误差。因此式(9-3)表明齿距偏差在一定程度上反映了基节偏差和齿形误差的影响。所以，可用齿距偏差来评定齿轮传动平稳性精度。

在滚齿加工中，齿距偏差主要是由分度蜗杆的跳动引起的。在有些切齿工艺(如磨齿)中，可以通过 Δf_{pt} 暴露齿轮机床分度盘的误差对切向相邻齿综合误差 $\Delta f_i'$ 的影响。

6. 螺旋线波度误差 $\Delta f_{f\beta}$

$\Delta f_{f\beta}$ 是指宽斜齿高中部实际齿线波纹的最大波幅，沿齿面法线方向计值(见图 9-15)。它相当于直齿轮的齿形误差，可用来评价宽斜齿轮传动的平稳性。

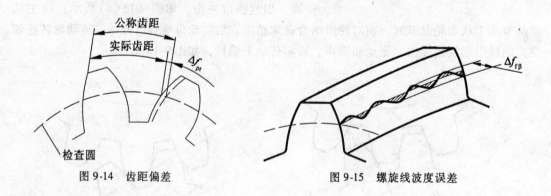

图 9-14 齿距偏差　　　　图 9-15 螺旋线波度误差

滚齿时，$\Delta f_{f\beta}$ 主要由分度蜗杆和进给丝杆的周期性误差引起。它使传动中产生周期振动和噪声，严重影响传动的平稳性。它是宽斜齿轮、人字齿轮产生高频误差的主要原因。故宽斜齿轮、人字齿轮应该控制 $\Delta f_{f\beta}$。

9.3.3 主要影响载荷分布均匀性的误差

在理论上，一对轮齿的啮合过程，是由齿机到齿根每一瞬间沿全齿宽接触的，或不考虑弹性变形的影响，每一瞬间轮齿都是沿一条直线接触的。对于直齿轮，轮齿每瞬间的接触线是一根平行于轴线的直线 K-K(见图 9-16)。对于斜齿轮，轮齿每瞬间的接触线是一根在基圆柱的切平面上与基圆柱母线夹角为 β_b 的直线 K-K(见图 9-17)。

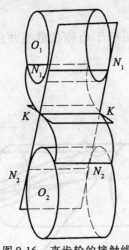
图 9-16 直齿轮的接触线

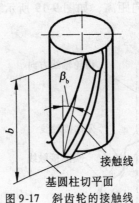
图 9-17 斜齿轮的接触线

但实际上，由于齿轮的制造和安装误差，啮合齿在齿长方向上并不是沿全齿宽接触，而在啮合过程中也并不是沿全齿高接触。

对于直齿轮，影响接触线长度的是齿向误差，影响接触高度的是齿形误差；对于宽斜齿轮，影响接触线长度的是轴向齿距误差（或螺旋线误差），影响接触高度的是齿形误差和基节偏差。

从评定齿轮承载能力的大小来看，一般对接触线长度的要求高于对接触高度的要求。由第Ⅲ公差组检验，共有以下三项误差：

1. 齿向误差 ΔF_β

ΔF_β 是指在分度圆柱上，齿宽工作部分范围内（端部倒角部分除外），包容实际齿线的两条设计齿线之间的端面距离（见图 9-18(a)）。齿向误差包括齿向线的方向误差和形状误差。

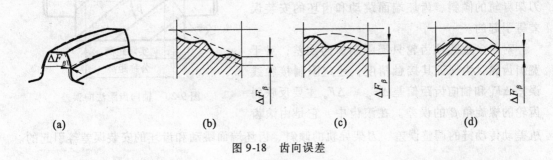
图 9-18 齿向误差

如前所述，直齿轮的设计齿线一般是直线，斜齿轮的设计齿线一般是圆柱螺旋线（见图 9-18(b)）。为了改善齿轮的接触状况，提高承载能力，设计齿线也可采用鼓形齿线（见图 9-18(c)）和轮齿两端修薄（见图 9-18(d)）等修正齿线。

产生齿向误差的原因有滚切直齿齿轮时滚齿拖板导轨歪斜，齿坯安装歪斜等。

2. 接触线误差 ΔF_b

接触线误差 ΔF_b 是指在基圆柱的切平面内，平行于公称接触线并包容实际接触线的两条直线间的法向距离，如图 9-19 所示。

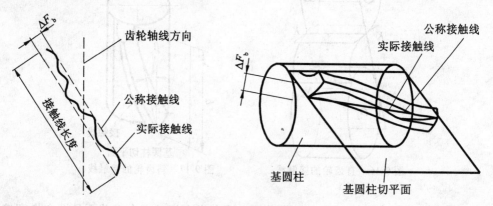

图 9-19 接触线误差

ΔF_b 主要是由滚刀的制造误差和安装误差引起的。如前所述，基圆柱切平面与齿面的交线为接触线，斜齿轮的接触线为一条与基圆柱母线夹角为 β_b 的直线。接触线误差实际上综合反映了斜齿轮的齿向误差和齿形误差。故通常用检验接触线误差代替齿向误差。

3. 轴向齿距法向误差 ΔF_{px}

ΔF_{px} 是指在与齿轮基准轴线平行而大约通过齿高中部的一条直线上，任意两个同侧齿面间的实际距离 x_2 与公称距离 x_1 之差，沿齿面法向计值（见图 9-20）得到

$$\Delta F_{px} = x\sin\beta \qquad (9-4)$$

ΔF_{px} 主要反映斜齿轮的螺旋角 β 的误差。在滚齿中，它是由滚齿机差动传动链的调整误差、刀架导轨的倾斜、齿坯端面跳动和齿坯的安装误差等引起的。

对于多数圆柱齿轮只需限制齿向误差；对于宽斜齿轮，为保证其接触精度，还应限制接触线误差 ΔF_b 和轴向齿距偏差 ΔF_{px}。ΔF_{px} 主要反映斜齿轮的螺旋角 β 的误差。在滚齿中，它是由滚齿机差动传动链的调整误差、刀架导轨的倾斜、齿坯端面跳动和齿坯的安装误差等引起的。

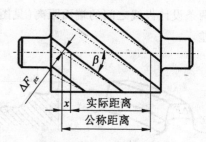

图 9-20 轴向齿距法向误差

9.3.4 影响齿轮侧隙的加工误差

在齿轮的加工误差中，影响齿轮副侧隙的误差主要是齿厚偏差（ΔE_s）和公法线平均长度偏差（ΔE_{wm}）。

1. 齿厚偏差 ΔE_s

齿厚偏差 ΔE_s 是指，在分度圆周上齿厚的实际值与公称值之差（见图 9-21）。

图中 E_{ss} 表示齿厚上偏差，E_{si} 表示齿厚下偏差（对斜齿轮是指法向齿厚而言）。T_s 是指

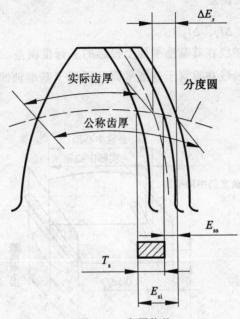

图 9-21 齿厚偏差

齿厚偏差 ΔE_s 的最大允许值。

齿轮副的侧隙是用减薄标准齿厚的方法来获得。为了使获得的侧隙适当,规定齿厚的极限偏差来限制实际齿厚偏差,即 $E_{si} \leq \Delta E_s \leq E_{ss}$。一般情况下,$E_{si}$,$E_{ss}$ 均为负值。

2. 公法线平均长度偏差 ΔE_{wm}

ΔE_{wm} 是指在齿轮一周内,公法线长度平均值与公称值之差。

由啮合原理知,公法线长度偏差 ΔE_w 与齿厚偏差 ΔE_s 有如下关系

$$\Delta E_w = \Delta E_s \cos\alpha \tag{9-5}$$

公法线的长度偏差反映了齿厚偏差,反映侧隙的大小。因此,可规定它的极限偏差来限制 ΔE_w,但由于齿圈上各公法线长度不相等,其偏差也不相等,用其平均值 ΔE_{wm} 来评定齿侧间隙是否达到要求。E_{wms} 为公法线平均长度上偏差,E_{wmi} 为公法线平均长度下偏差。它们关系如下:

$$E_{wms} = E_{ss}\cos\alpha_n - 0.75F_r\sin\alpha_n \tag{9-6}$$

$$E_{wmi} = E_{si}\cos\alpha_n + 0.72F_r\sin\alpha_n \tag{9-7}$$

§9.4 齿轮副的评定指标

上述的评定指标是单个圆柱齿轮的评定指标,一对加工好的齿轮,工作时安装在各自的回转轴转动,其传动质量是许多误差的综合影响的结果。将一对齿轮在实际状态下进行检验,将最后全面地评定齿轮是否满足四个方面的使用要求。齿轮副的评定指标有如下各项。

9.4.1 齿轮副的装配误差

1. 轴线的平行度误差 Δf_x，Δf_y

Δf_x 是指一对齿轮的轴线在其基准平面上投影的平行度误差。

Δf_y 是指一对齿轮的轴线在垂直于基准平面且平行于基准轴线的平面上投影的平行度误差，如图 9-22 所示。

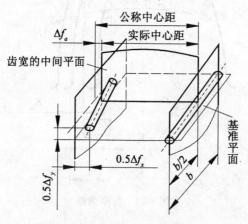

图 9-22 轴线的平行度误差

Δf_x，Δf_y 分别由公差 f_x，f_y 来限制，式子如下：

$$\Delta f_x \leqslant f_x, \quad \Delta f_y \leqslant f_y \tag{9-8}$$

其公差值 $f_x = F_\beta$，$f_y = F_\beta/2$

2. 齿轮副的中心距偏差 Δf_a。

它属于安装误差，来源于箱体孔心距的误差。Δf_a 由极限偏差来限制，即要求

$$-f_a \leqslant \Delta f_a \leqslant +f_a \tag{9-9}$$

9.4.2 齿轮副的精度误差

为了考核安装好的齿轮副的传动性能，对齿轮副的精度按下列四项指标评定：

1. 齿轮副的切向综合误差 $\Delta F'_{ic}$ 及其公差 F'_{ic}

齿轮副的切向综合误差 $\Delta F'_{ic}$ 是指安装好的齿轮副，在啮合转动足够多转数内，一个齿轮相对于另一个齿轮的实际转角与公称转角之差的总幅度值，以分度圆弧长计值。它综合地反映了齿轮副的加工误差和安装误差，是评定运动准确性较好的指标。F'_{ic} 是 $\Delta F'_{ic}$ 的最大允许值。$\Delta F'_{ic}$ 由 F'_{ic} 来限制，其值等于两啮合齿轮切向综合公差 F'_{i1} 和 F'_{i2} 之和，即有

$$F'_{ic} = F'_{i1} + F'_{i2} \tag{9-10}$$

2. 齿轮副的一齿切向综合误差 $\Delta f'_{ic}$ 及其公差 f'_{ic}

$\Delta f'_{ic}$ 是指安装好的齿轮副，在啮合转动足够多的转数内，一个齿轮相对于另一个齿轮的一个齿距的实际转角与公称转角之差的最大幅度值，以分度圆弧长计值。它综合地反映了齿轮副运动的平稳性，是一项较好的评定指标，$\Delta f'_{ic}$ 由公差 f'_{ic} 来限制，它等于两啮合齿

轮切向相邻齿综合公差之和，即有

$$f'_{ic} = f'_{i1} + f'_{i2} \tag{9-11}$$

齿轮副的这两项综合评定指标，比单个齿轮的两项对应指标更直接、更为有效。因此为单个齿轮的这两项对应指标不能具体反映安装误差的影响，尤其不能反映齿轮副的综合作用。

3. 齿轮副的接触斑点

齿轮副在轻微制动下，运转后齿面上分布的接触痕迹为齿轮副的接触斑点。其中的沿齿长方向的接触斑点主要影响齿轮副的承载能力，沿齿高方向的接触斑点主要影响工作平衡性。

接触痕迹的大小在齿面展开图上用百分比计算。

沿齿长方向：接触痕迹的长度 b''（扣除超过模数值的断开部分 c）与工作长度 b' 之比，即

$$\frac{b'' - c}{b'} \times 100\%$$

沿齿高方向：接触痕迹的平均高度 h'' 与工作高度 h' 之比，即

$$\frac{h''}{h'} \times 100\%$$

长、高方向均用极限百分比控制。

4. 齿轮副的侧隙

齿轮副的侧隙可分为圆周侧隙 j_t 和法向侧隙 j_n 两种。

圆周侧隙 j_t 是指安装好的齿轮副，当其中一个齿轮固定时，另一齿轮圆周的晃动量，以分度圆上弧长计值。

法向侧隙 j_n 是指安装好的齿轮副，当工作齿面接触时，非工作齿面之间的最小距离。

两者的关系为

$$j_n = j_t \cos\beta_b \cos\alpha \tag{9-12}$$

式中：β_b——斜齿轮基圆螺旋角；α——分度圆齿形角。

为了保证齿轮副的侧隙要求，可将 j_t 或 j_n 限制在极限侧隙之间。即 $j_{tmin} \leq j_t \leq j_{tmax}$ 或 $j_{nmin} \leq j_n \leq j_{nmax}$。

§9.5 齿轮的精度设计

9.5.1 齿轮精度等级的选择

1. 精度选择

GB10095—1988《渐开线圆柱轮精度》是我国机械工业的一项重要基础标准。该标准适用于平行轴传动的渐开线圆柱齿轮及其齿轮副（法向模数 $m_n \geq 1$mm，基准齿形按GB 1356《渐开线圆柱齿轮基本齿廓》规定）。它规定了渐开线圆柱齿轮与齿轮副的误差定义、代号（如本章前面所述）、精度等级、公差组、检验组、侧隙代号、齿坯精度及齿轮精度的图样标注等。

该标准对齿轮及齿轮副规定了 12 个精度等级，1 级精度最高，12 级精度最低，其中 7 级是制定标准的基础级，用一般的切齿加工便能达到，在设计中用得最广。一般将 3~5 级视为高精度齿轮；6~8 级为中等齿轮；9~12 级为粗糙齿轮；1,2 级是有待发展的特别精密的齿轮。

如上节所述按齿轮各项误差对传动的主要影响，将齿轮的各项公差分为 Ⅰ，Ⅱ，Ⅲ 三个公差组，见表 9-1。

表 9-1　　　　　　　　　　　齿轮公差组

公差组	公差与极限偏差项目	对传动性能的主要影响
Ⅰ	F'_i, F_p, F_{pk}, F''_i, F_r, F_w	传递运动的准确性
Ⅱ	f'_i, f''_i, f_f, $\pm f_{pt}$, $\pm f_{pb}$, $f_{f\beta}$	传动的平稳性
Ⅲ	F_β, F_b, F_{px}	载荷分布的均匀性

关于齿轮的精度等级，应对三个公差组的精度等级分别说明。一般情况下，齿轮的三个公差组选用相同的精度等级。但标准中指出，根据齿轮使用要求和工作条件的不同，允许对三个公差组选用不同的精度等级，但在同一公差组内各项公差与极限偏差应保持相同的精度等级。在设计和制造齿轮时，以三个公差组中最高级别来考虑齿轮的精度；在检查和验收齿轮时，在三个公差组中最低精度来评定齿轮的精度等级。

齿轮精度等级的选择恰当与否，不仅影响传动质量，而且影响制造成本。精度等级的选用依据主要是齿轮的用途、使用要求及工作条件等。选择方法常有计算法和类比法。

计算法主要根据传动链误差的传递规律或强度及振动等方面理论来确定精度等级。但由于影响齿轮传动精度的因素多而复杂，用计算法算出的结果仍需要试验和修正，所以主要用于精密传动链。目前采用较多的是类比法。

类比法是根据以往产品设计、性能试验以及使用过程中所累积的经验，以及长期使用中已证实其可靠性的各种齿轮精度等级选择的技术资料，经过与所设计的齿轮在用途、工作条件及技术性能上作对比后，选定其精度等级。类比法应用广泛，本章着重介绍类比法。

由于齿轮传动的用途和工作条件不同，具体齿轮对三个公差组的精度要求也不一致，各有其侧重点。通常是根据齿轮传动性能的主要要求，首先确定精度要求高的公差组的精度等级，然后再确定其余公差组的精度等级。

例如，分度、读数齿轮等用于传递精确的角位移，其主要要求是传递运动的准确性。故设计时先定出第 Ⅰ 公差组的精度等级，然后再根据工作条件确定其他精度要求。

设计高速动力齿轮时先确定第 Ⅱ 公差组的精度等级。通常第 Ⅲ 公差组的精度不宜低于第 Ⅱ 公差组，第 Ⅰ 公差组的精度也不应过低。因齿轮转速高时，一转的传动比变化对传动平稳性也是有影响的。

低速动力齿轮应先确定第 Ⅲ 公差组的精度等级，其次选择第 Ⅰ，Ⅱ 公差组的精度等级。而因为第 Ⅱ 公差组的误差（如齿形误差、基节偏差）也要影响齿面接触精度。所以第 Ⅱ 公差组的精度等级选择中、轻载齿轮，第 Ⅱ，Ⅲ 公差组选择同级精度。

选择齿轮精度等级常用的资料，如表 9-2 至表 9-5 所示。

表 9-2　　　　　　　　　　　各种机械的齿轮精度等级范围

应用领域	精度等级	应用领域	精度等级
测量齿轮	2~5	航空发动机齿轮	4~7
透平齿轮	3~6	拖拉机齿轮	6~10
精密切削机床	3~7	一般减速器齿轮	6~9
一般金属切削机床	5~8	轧钢机齿轮	6~10
内燃电气机车车辆	5~7	地质矿山绞车齿轮	7~10
轻型汽车齿轮	5~8	起重机齿轮	7~10
载重汽车齿轮	6~9	农业机械齿轮	8~11

表 9-3　　　　　　　　　　　各级精度齿轮的加工方法及应用范围

精度等级		4级	5级	6级	7级	8级	9级
切齿法		在周期误差很小的精密机床上滚切	在周期误差小的精密机床上滚切	在精密机床上滚切	在较精确机床上滚齿、插齿	滚切法切齿或按实际齿数成形刀具分度法切齿	滚切法切齿或按实际齿数成形刀具分度法切齿
齿面最终加工		精密磨齿，对于大齿轮精密滚齿后研齿或剃齿	精密磨齿，对于大齿轮精密滚齿后研齿或剃齿	磨齿或剃齿	滚齿、剃齿或插齿。对淬火后齿轮一般磨齿、珩齿或研齿	滚齿、插齿、铣齿。必要时剃齿、珩齿或研齿	不要求精加工切齿
齿面粗糙度 $R_a/\mu m$		≤3.2	≤3.2	≤3.2	≤6.3	≤20	≤40
工作条件与应用范围		用于极精密分度机构的齿轮，非常高速要求平稳与无噪声的齿轮。高速透平齿轮。检验7级齿轮的测量齿轮	用于精密分度机构的齿轮，非常高速要求平稳与无噪声的齿轮。高速透平齿轮。检验8~9级齿轮的测量齿轮	用于高速平稳工作，高效率及无噪声的齿轮。航空、汽车、机床中重要齿轮。分度机构中齿轮。读数设备中精确传动齿轮	高速动力小或反转的齿轮。金属切削机床中的进给齿轮。具有一定速度的减速器齿轮。航空齿轮。读数设备中的传动齿轮，具有一定速度的斜齿与人字齿轮	一般机器中一般精度的齿轮，分度链以外机床用齿轮。汽车、拖拉机、减速器中一般齿轮。起重机构齿轮。航空中不重要齿轮。农业机器中的重要齿轮	用于无精度要求的比较粗糙的齿轮。按大载荷设计却用于轻载的齿轮
精度等级		4级	5级	6级	7级	8级	9级
圆周速度 /(m/s)	直齿	>35	>20	<15	<10	<6	<2
	斜齿	>70	>40	<30	<15	<10	<4
单级传动效率		≥0.99 (0.985)①	≥0.99 (0.985)	≥0.99 (0.985)	≥0.97 (0.965)	≥0.97 (0.965)	≥0.96 (0.95)

注：①括号内是包括轴承的单级传动效率

表 9-4　　按齿轮圆周速度与噪声强度要求选择第Ⅱ公差组的精度等级

圆周速度(m/s) 要求噪声强度/dB	直齿	<3	3~15	>15
	斜齿	<5	5~30	>30
大：85~95		8 级	7 级	6 级
中：75~85		7 级	6 级	5 级
小：<75		6 级	5 级	5 级

表 9-5　　按齿轮负荷性质与噪声强度要求选择齿轮精度等级①

*负荷性质 要求噪声强度/dB	重负荷	中负荷	轻负荷
大：85~95	6 级	7 级	8 级
中：75~85	6 级	6 级	7 级
小：<75	5 级	5 级	6 级

＊负荷性质按接触应力与允许接触应力比值而定，轻负荷：25%；中负荷：60%；重负荷：100%

注：①主要是第Ⅲ公差组的精度等级。

2. 公差值的确定

当齿轮精度等级确定后，可从表 9-6~表 9-13 中查出各参数的公差或极限偏差。

表 9-6　　周节累积公差 F_P 及 K 个周节累积公差 F_{PK} 值　　μm

精度等级 分度圆弧长 L/mm	5	6	7	8
~11.2	7	11	16	22
>11.2~20	10	16	22	32
>20~32	12	20	28	40
>32~50	14	22	32	45
>50~80	16	25	36	50
>80~160	20	32	45	63
>160~315	28	45	63	90
>315~630	40	63	90	125
>630~1000	50	80	112	160

注：(1) F_p 和 F_{pk} 均按分度圆弧长 L 查表。查 F_p 时，取 $L = \pi d/2 = \pi m_n Z/2\cos\beta$；查 F_{pk} 时，取 $L = K\pi m_n/\cos\beta$（K 为 2 至小于 $Z/2$ 的整数）。

(2) 除特殊情况外，对于 F_{pk}，K 值规定取为 $Z/6$ 或 $Z/8$ 的最大整数。

表 9-7　　齿向公差 F_β 值　　μm

齿轮宽度/mm		精度等级			
大于	到	5	6	7	8
—	40	7	9	11	18
40	100	10	12	16	25

表 9-8　　F_r、F_w、F_i''、f_f、f_{pt}、f_{pb}、f_i'' 公差与极限偏差数值　　μm

	精度等级	法向模数/mm	分度圆直径				精度等级	法向模数/mm	分度圆直径		
			~125	>125~400	>400~800				~125	>125~400	>400~800
齿圈径向跳动 F_r	5	≥1~3.5	16	22	28	公法线长度变动 F_w	5	≥1~3.5	12	16	20
		>3.5~6.3	18	25	32			>3.5~6.3			
		>6.3~10	20	28	36			>6.3~10			
	6	≥1~3.5	25	36	45		6	≥1~3.5	20	25	32
		>3.5~6.3	28	40	50			>3.5~6.3			
		>6.3~10	32	45	56			>6.3~10			
	7	≥1~3.5	36	50	63		7	≥1~3.5	28	36	45
		>3.5~6.3	40	56	71			>3.5~6.3			
		>6.3~10	45	63	80			>6.3~10			
	8	≥1~3.5	45	63	80		8	≥1~3.5	40	50	63
		>3.5~6.3	50	71	90			>3.5~6.3			
		>6.3~10	56	86	100			>6.3~10			
	精度等级	法向模数/mm	分度圆直径				精度等级	法向模数/mm	分度圆直径		
			~125	>125~400	>400~800				~125	>125~400	>400~800
径向综合误差 F_i''	5	≥1~3.5	22	32	40	齿形公差 f_f	5	≥1~3.5	6	7	9
		>3.5~6.3	25	36	45			>3.5~6.3	7	8	10
		>6.3~10	28	40	50			>6.3~10	8	9	11
	6	≥1~3.5	36	50	63		6	≥1~3.5	8	9	12
		>3.5~6.3	40	56	71			>3.5~6.3	10	11	14
		>6.3~10	45	63	80			>6.3~10	12	13	16
	7	≥1~3.5	50	71	90		7	≥1~3.5	11	13	17
		>3.5~6.3	56	80	100			>3.5~6.3	14	16	20
		>6.3~10	63	90	112			>6.3~10	17	19	24
	8	≥1~3.5	63	90	112		8	≥1~3.5	14	18	25
		>3.5~6.3	71	100	125			>3.5~6.3	20	22	28
		>6.3~10	80	112	140			>6.3~10	22	28	36

续表

	精度等级	法向模数/mm	分度圆直径				精度等级	法向模数/mm	分度圆直径		
			~125	>125 ~400	>400 ~800				~125	>125 ~400	>400 ~800
齿距极限偏差 $\pm f_{pt}$	5	≥1~3.5	6	7	8	基节极限偏差 $\pm f_{pb}$	5	≥1~3.5	5	6	7
		>3.5~6.3	8	9	9			>3.5~6.3	7	8	8
		>6.3~10	9	10	11			>6.3~10	8	9	10
	6	≥1~3.5	10	11	13		6	≥1~3.5	9	10	11
		>3.5~6.3	13	14	14			>3.5~6.3	11	13	13
		>6.3~10	14	16	18			>6.3~10	13	14	16
	7	≥1~3.5	14	16	18		7	≥1~3.5	13	14	16
		>3.5~6.3	18	20	20			>3.5~6.3	16	18	18
		>6.3~10	20	22	25			>6.3~10	18	20	22
	8	≥1~3.5	20	22	25		8	≥1~3.5	18	20	22
		>3.5~6.3	25	28	28			>3.5~6.3	22	25	25
		>6.3~10	28	32	36			>6.3~10	25	30	32

	精度等级	法向模数/mm	分度圆直径				精度等级	法向模数/mm	分度圆直径		
			~125	>125 ~400	>400 ~800				~125	>125 ~400	>400 ~800
相邻齿径向综合公差 f_i''	5	≥1~3.5	10	11	13	相邻齿径向综合公差 f_i''	7	≥1~3.5	20	22	25
		>3.5~6.3	13	14	14			>3.5~6.3	25	28	28
		>6.3~10	14	16	16			>6.3~10	28	32	32
	6	≥1~3.5	14	16	18		8	≥1~3.5	28	32	36
		>3.5~6.3	18	20	20			>3.5~6.3	36	40	40
		>6.3~10	20	22	22			>6.3~10	40	45	45

表 9-9　　　　　接 触 斑 点　　　　　%

接触斑点 \ 精度等级	5	6	7	8
按高度不小于	55(45)	50(40)	45(35)	40(30)
按长度不小于	80	70	60	50

注：(1) 接触斑点的分布位置应趋近于齿面中部，齿顶和两端部棱边处不允许接触。
　　(2) 括号内数值，用于轴向重合度 $\varepsilon_\beta > 0.8$ 的斜齿轮。

表 9-10　　　　　　　　　　　　　　中心距极限偏差 $\pm f_a$　　　　　　　　　　　　　　μm

第Ⅱ公差组等级		5～6	7～8	第Ⅱ公差组等级		5～6	7～8
f_a		IT7/2	IT8/2	f_a		IT7/2	IT8/2
大于	到			大于	到		
6	10	7.5	11	180	250	23	36
10	18	9	13.5	250	315	26	40.5
18	30	10.5	16.5	315	400	28.5	44.5
30	50	12.5	19.5	400	500	31.5	48.5
50	80	15	23	500	630	35	55
80	120	17.5	27	630	800	40	62
120	180	20	31.5	800	1000	45	70

表 9-11　　　　　　　　　　　　　　轴平行度公差 f_x, f_y

x 方向轴线平行度公差 f_x	F_β
y 方向轴线平行度公差 f_y	$F_\beta/2$

表 9-12　　　　　　　　　　　　　　齿厚极限偏差

$C = +1 f_{pt}$	$D = 0$	$E = -2 f_{pt}$	$F = -4 f_{pt}$	$G = -6 f_{pt}$
$H = -8 f_{pt}$	$J = -10 f_{pt}$	$K = -12 f_{pt}$	$L = -16 f_{pt}$	$M = -20 f_{pt}$
$N = -25 f_{pt}$	$P = -32 f_{pt}$	$R = -40 f_{pt}$	$S = -50 f_{pt}$	

表 9-13　　　　　　　　　　　　　　齿轮公差关系式

公差项目	公差关系式
切向综合公差	$F'_i = F_p + f_f$，F'_{ic} 等于两齿轮 F'_i 之和
切向一齿综合公差	$f'_i = 0.6(f_{pt} + f_f)$，f_{ic} 等于两齿轮 f'_i 之和
螺旋线波度公差	$f_{f\beta} = f'_i \cos\beta$，$\beta$ 是分度圆螺旋角
轴向齿距极限偏差和接触线公差	$F_{px} = F_\beta$，$F_b = F_\beta$
x 方向轴心线平行度公差	$f_x = F_\beta$
y 方向轴心线平行度公差	$f_y = 0.5 F_\beta$

3. GB 10095—1988 对齿轮精度的标注规定

精度必须包括三个公差组的精度等级、侧隙代号、精度标准代号三项内容。标注示例如下：

(1) 三个公差组精度等级相同时标注示例

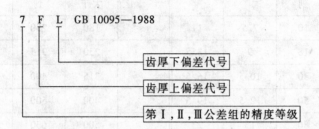

(2) 三个公差组精度不相等时标注示例

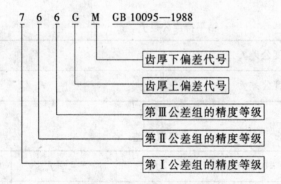

(3) 直接标注齿厚上、下偏差数值的标注示例

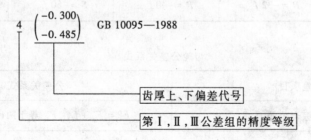

9.5.2 误差检查组的选择

评定齿轮有三个公差组（见表 9-1）。每组中影响每项使用要求的误差有多项，有的效果一致，所以评定齿轮时是无需对所有项目的误差全部检查的，只需选定一至二项能全面反映某项使用要求的误差加以检验即可。GB 10095—1988 规定的检验组见表 9-14。

在检定和验收齿轮时，三个公差组的验收组方案，应根据工作要求、生产规模、测量仪器、齿轮的精度等级、尺寸大小等来考虑。表 9-15, 9-16 供选择时参考。

表 9-14　齿轮公差组的检验组

第Ⅰ公差组	第Ⅱ公差组	第Ⅲ公差组
$\Delta F_i'$（3~6级）	$\Delta f_i'$（3~6级）	ΔF_β
ΔF_p 与 ΔF_{pk}（3~6级）	Δf_f 与 Δf_{pt}（3~8级）	ΔF_b^*（$\varepsilon_\beta \leqslant 1.25$）
ΔF_p（6~8级）	Δf_f 与 Δf_{pb}（3~8级）	ΔF_{px} 与 Δf_b^*（$\varepsilon_\beta > 1.25$）
ΔF_r 与 ΔF_w（5~9级）	Δf_{pt} 与 Δf_{pb}（7~9级）	ΔF_{px} 与 Δf_b^*（$\varepsilon_\beta > 1.25$）
$\Delta F_i''$ 与 ΔF_w（5~9级）	$\Delta f_i''$（5~9级）	（*仅用于宽斜齿轮）
ΔF_r（10~11级）	Δf_{pt}（10~12级）	
	$\Delta f_{f\beta}^*$（$\varepsilon_\beta > 1.25$，6级以上）	

表 9-15　齿轮传动用途与齿轮精度等级及检验组对应参考资料

传动用途		精确、分度、读数	航空、汽车、机床		拖拉机、减速器、农业机械		透平	轧钢
精度等级		3~5	4~6	6~8	7~9	10~12	3~6	6~8
公差组	Ⅰ	ΔF_p（ΔF_{pk}）	ΔF_p	$\Delta F_i'$ ΔF_w	ΔF_r ΔF_w	ΔF_p	F_p	F_p
	Ⅱ	Δf_f Δf_{pt} 或 Δf_f Δf_{pb}	Δf_f Δf_{pt}	$\Delta f_i''$	Δf_{pt} Δf_{pb}	f_{pt}	$\Delta f_{f\beta}$	f_{pb} f_{pt}
	Ⅲ	ΔF_β	ΔF_β	ΔF_β 或斑点	斑点	斑点	斑点	斑点
齿轮副侧隙		ΔE_s 或 ΔE_{wm}	ΔE_{wm}	ΔE_{wm} 或 ΔE_s	ΔE_{wm} 或 ΔE_s	ΔE_s	ΔE_s 或 ΔE_{wm}	ΔE_s 或 ΔE_{wm}

图 9-16　齿轮检验组与齿轮精度等级及测量仪器选用说明

检验组	公差组			适应等级	测量仪器	说明
	Ⅰ	Ⅱ	Ⅲ			
1	F_i'	f_i'	F_β	3~6	万能齿轮测量机、齿向仪	属高、精仪器，反映误差真实、准确，并能分析单项误差。适用于精密、分度、读数、高速、测量等齿轮及刀具
2	F_i'	f_i'	F_β	5~8	整体误差测量仪	能反映转角误差和轴向误差，也能分析单项误差。适用于机床、汽车等齿轮
3	F_i'	f_i'	F_β	6~8	单面啮合仪、齿向仪	用测量齿轮作基准件，接近齿轮的工作状态，反映转角误差真实，适用于大批量齿轮，易于实现自动化
4	F_p	f_f，f_{pt} $f_{f\beta}$	F_b，F_{px}	3~6	半自动周节仪、波度仪、轴向齿距仪、渐开线检查仪	准确度高，有助于齿轮机床调整作工艺分析。适用于中高精度、磨削后的齿轮，宽斜、人字齿轮

续表

检验组	公差组 I	公差组 II	公差组 III	适应等级	测量仪器	说　明
5	F_p	f_f, f_{pt}	F_β	3~7	半自动周节仪、波度仪、轴向齿距仪、渐开线检查仪	准确度高，有助于齿轮机床调整作工艺分析。适用于中高精度、磨削后的齿轮，宽斜、人字齿轮，以及还适用于剃、插齿刀
6	F_i'', F_w	f_i''	F_β	6~9	双面啮合仪、公法线千分尺、齿向仪	接近加工状态，经济性好，适用于大量或成批生产的汽车、拖拉机齿轮
7	F_p	f_f, f_{pb}	F_β	3~7	半自动周节仪、波度仪、轴向齿距仪、渐开线检查仪、基节仪	准确度高，有助于齿轮机床调整作工艺分析。适用于中高精度、磨削后的齿轮，宽斜、人字齿轮，以及还适用于剃、插齿刀
8	F_p	f_{pt}, f_{pb}	F_β	7~9	万能测齿仪、齿向仪、基节仪	适用于大尺寸齿轮，或多齿数的滚齿齿轮
9	F_r, F_w	f_f, f_{pb}	F_β	5~7	径向跳动仪、公法线千分尺、齿形仪、基节仪、齿向仪	准确度高，有助于齿轮机床调整作工艺分析。适用于中高精度、磨削后的齿轮，宽斜、人字齿轮，以及还适用于剃、插齿刀。适用于滚、剃、插齿，便于工艺分析
10	F_r, F_w	f_{pt}, f_{pb}	F_β	7~9	径向跳动仪、公法线千分尺、齿距仪、基节仪、齿向仪	适用于中、低精度齿轮、多齿数滚齿齿轮，便于工艺分析
11	F_r	f_{pt}	F_β	9~12	跳动仪、齿距仪、齿向仪	

注：① F_i' 和 f_i' 用于高精度齿轮测量；

② f_i'' 和 f_i'' 用于成批生产的中等精度齿轮测量；

③ 中、低精度齿轮或生产批量小时宜选用单项指标。

9.5.3　齿轮副间隙的设计

齿轮副侧隙的选择相当于光滑圆柱孔与轴的配合选择，原则上讲，它与齿轮的精度等级无关。如汽轮机的齿轮传动，因为工作温升高，为了保证润滑，要求有大的保证间隙。而对于需要正反转的齿轮传动，为了避免空程的影响，则要求较小的间隙。齿厚极限偏差代号通常用计算法确定，其步骤如下：

1. 首先确定齿轮副所需最小法向侧隙

齿轮副的侧隙由齿轮工作条件决定。最小法向侧隙 j_{min} 应足以补偿齿轮工作中因温度升高而引起变形，并保证正常润滑。

为补偿温升引起变形所需的最小侧隙 j_{n1} 由下式计算：

$$j_{n1} = a(\alpha_1 \cdot \Delta t_1 - \alpha_2 \cdot \Delta t_2) 2\sin\alpha_n \tag{9-13}$$

式中：a——齿轮副中心距，mm；

α_1，α_2——齿轮和箱体材料的线膨胀系数；

Δt_1，Δt_2——齿轮和箱体工作温度与标准温度20℃之差；

α_n——齿轮法向啮合角。

对于无强迫润滑的低速传动（油池润滑），所需的最小侧隙可取

$$j_{n2} = (0.005 \sim 0.01) m_n \quad (\text{mm}) \tag{9-14}$$

式中：m_n——法向模数，mm。

对于喷油润滑，最小侧隙可按圆周速度确定：

当 $v \leq 10\text{m/s}$ 时，$j_{n2} \approx 0.01 m_n (\text{mm})$；

当 $10 < v \leq 25\text{m/s}$ 时，$j_{n2} \approx 0.02 m_n (\text{mm})$；

当 $25 < v \leq 60\text{m/s}$ 时，$j_{n2} \approx 0.03 m_n (\text{mm})$；

当 $v > 60\text{m/s}$ 时，$j_{n2} \approx (0.03 \sim 0.05) m_n (\text{mm})$。

齿轮副的最小法向侧隙应为

$$j_{\min} = j_{n1} + j_{n2} \tag{9-15}$$

2. 确定齿厚的上偏差

当齿轮副为公称中心距时，考虑误差的影响两齿轮的齿厚上偏差之和（$E_{ss1} + E_{ss2}$）与最小极限侧隙 $j_{n\min}$ 的关系为

$$j_{n\min} = |E_{ss1} + E_{ss2}| \cos\alpha_n - f_a \cdot 2\sin\alpha_n - J \tag{9-16}$$

式中：J——补偿齿轮制造与安装误差引起的侧隙减小量。J 可按下式计算：

$$J = \sqrt{f_{pb1}^2 + f_{pb2}^2 + 2(F_\beta\cos\alpha_n)^2 + (f_x\sin\alpha_n)^2 + (f_y\cos\alpha_n)^2} \tag{9-17}$$

若 $\alpha_n = 20°$，且 $F_\beta = f_x = 2f_y$，则(9-17)式可简化为

$$J = \sqrt{f_{pb1}^2 + f_{pb2}^2 + 2.104 F_\beta^2} \tag{9-18}$$

由式(9-17)求出两个齿轮齿厚上偏差之和，便可将此值分配给两个齿轮。一般为等值分配，即设 $E_{ss1} = E_{ss2} = E_{ss}$，则

$$E_{ss} = \frac{E_{ss1} + E_{ss2}}{2} \tag{9-19}$$

如果采用不等值分配，一般大齿轮的齿厚减薄量略大于小齿轮，以尽量避免削弱小齿轮轮齿强度。

3. 确定齿厚公差 T_s 和齿厚下偏差 E_{si}。

齿厚公差计算值 T_s 是由齿圈径向跳动公差 F_r 和切齿时的径向进刀公差 b_r 两项组成的，将它们按随机误差合成得

$$T_s' = 2\tan\alpha_n \sqrt{F_r^2 + b_r^2} \tag{9-20}$$

b_r 值按第Ⅰ公差组的精度等级查表9-17得到。

表 9-17　　　　　　　　切齿时的径向进刀公差 b_r

切齿工艺	磨			滚、插		铣
第Ⅰ公差组的精度等级	4	5	6	7	8	9
b_r 值	1.26IT7	IT8	1.26IT8	IT9	1.26IT9	IT10

齿厚下偏差 E_{si} 由下式计算：

$$E_{si} = E_{ss} - T_s \tag{9-21}$$

将上面计算的 E_{ss}，E_{si} 分别除以齿距极限偏差 f_{pt}，根据其商从图 9-23 中选取相应的代号。

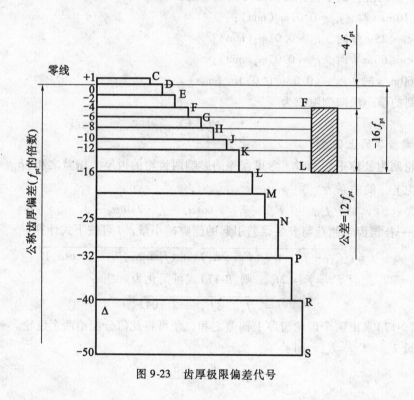

图 9-23　齿厚极限偏差代号

用计算法确定齿厚上、下偏差代号比较麻烦，对一般的传动齿轮，也参考"机械设计手册"用类比法确定。

9.5.4　齿坯与箱体的确定

1. 齿坯公差

齿坯的内孔、顶圆和端面通常作为齿轮的加工、测量的装配的基准，它们的精度对齿轮的加工、测量的安装精度有很大的影响，所以必须规定其公差。齿坯公差包括轴或孔的尺寸公差、形状公差以及基准面的跳动公差，各项公差值参照表 9-18、表 9-19 选用。

表 9-18　齿坯尺寸公差和形状公差数值

齿轮精度等级		6	7	8	9
孔	尺寸公差	IT6	IT7		IT8
	形状公差	6	7		8
轴	尺寸公差	IT5	IT6		IT7
	形状公差	5	6		7
顶圆直径公差			IT8		IT9

表 9-19　齿坯基准面的跳动公差数值

分度圆直径/mm		齿坯基准面的径向和端面圆跳动/μm			
大于	至	精度等级			
		6	7	8	9
—	125	11	18	18	28
125	400	14	22	22	36
400	800	20	32	32	50

注：(1) 当三个公差组的精度等级不同时，按最高的精度等级确定公差值。

(2) 当顶圆不作测量齿厚基准时，尺寸公差按 IT11 给定，但不大于 $0.1m_n$；当以顶圆作基准面时，齿坯基准面径向跳动指顶圆的径向跳动。

此外齿轮各主要表面粗糙度也将影响加工方法、使用性能的经济性。各主要表面粗糙度数值参照表 9-20 选用。

表 9-20　齿轮各表面的表面粗糙度推荐值　　　　μm

精度等级	6	7		8		9
齿面	0.8~1.6	1.6	3.2	6.3(3.2)	6.3	12.5
齿面加工方法	磨或珩齿	剃或珩齿	滚或插齿	滚或插齿	滚齿	铣齿
基准孔	1.6	1.6~3.2			6.3	
基准轴径	0.8	1.6			3.2	
基准端面		3.2~6.3			6.3	
顶圆			6.3			

注：当三个公差组的精度等级不同时，按最高的精度等级确定 R_a 值。

2. 箱体公差

前述的齿轮安装轴线的平行度误差及中心距离差对载荷分布均匀性及侧隙都有很大影

响，因此对箱体安装齿轮的孔中心线应提出相应要求。根据生产经验，公差大小可参见下式：

$$f_{x箱} = 0.8 f_x \cdot \frac{L}{b} \tag{9-22}$$

$$f_{y箱} = 0.8 f_y \cdot \frac{L}{b} \tag{9-23}$$

$$f_{a箱} = \pm 0.8 f_a \tag{9-24}$$

式中：L 为支承中跨距；b 为齿轮宽度；f_x、f_y 为齿轮副轴线的平行度公差；f_a 为齿轮副中心距极限偏差。箱体的公差应注在箱体零件图上。

例 9-1 已知某减速器中，有一带孔的直齿圆柱齿轮，模数 $m = 3\text{mm}$，齿数 $z = 32$，齿形角 $\alpha = 20°$，齿宽 $b = 20\text{mm}$，中心距 $a = 288\text{mm}$，孔径 $D = 40\text{mm}$，传递的最大功率为 5kW，转速 $n = 1280\text{r/min}$，齿轮材料为 45 钢，箱体材料为 HT200，其线膨胀系数分别为 $\alpha_{齿} = 11.5 \times 10^{-6} K^{-1}$，$\alpha_{箱} = 10.5 \times 10^{-6} K^{-1}$，齿轮和箱体工作温度分别为 $t_{齿} = 60°$，$t_{箱} = 40℃$，采用喷油润滑，小批量生产，试确定齿轮的精度等级、检验项目及公差、有关侧隙的指标及齿坯公差，并绘制齿轮工作图。

解 (1) 确定精度等级。通用减速器齿轮可先根据圆周速度确定第Ⅱ公差组精度等级。圆周速度为

$$v = \frac{\pi d n}{1000 \times 60} = \frac{3.14 \times 3 \times 32 \times 1280}{1000 \times 60} = 6.43 \text{m/s}$$

参照表 9-4 选第Ⅱ公差组精度为 7 级。

一般减速器对运动准确性要求不高，所以第Ⅰ公差组的精度可选为 8 级；动力齿轮对载荷分布均匀性有一定要求，所以第Ⅲ公差组精度与第Ⅱ公差组同级，即选为 7 级。

(2) 确定检验项目并查其公差值。参见表 9-15；确定各公差组的检验项目如下：

第Ⅰ公差组检验 ΔF_r 和 ΔF_w。

$F_r = 0.045\text{mm}$（查表 9-8）

$F_w = 0.040\text{mm}$（查表 9-8）

第Ⅱ公差组检验 Δf_f 和 Δf_{pb}

$f_f = 0.011\text{mm}$（查表 9-8）

$f_{pb} = \pm 0.013\text{mm}$（查表 9-8）

第Ⅲ公差检验 ΔF_β

$F_\beta = 0.011\text{mm}$（查表 9-7）

(3) 确定齿厚上、下偏差代号。

1) 按式(9-13)、式(9-14)计算齿轮副所需最小侧隙。

$$\begin{aligned} j_{n\min} = j_{n1} + j_{n2} &= a(\alpha_1 \cdot \Delta t_1 - \alpha_2 \cdot \Delta t_2) 2\sin\alpha_n + 0.01 m_n \\ &= 228 \times (11.5 \times 10^{-6} \times 40 - 10.5 \times 10^{-6} \times 20) \times 2\sin 20° + 0.01 \times 3 \\ &= 0.079\text{mm} \end{aligned}$$

2) 按式(9-16)~式(9-19)计算齿厚上偏差。

第 9 章　圆柱齿轮传动的互换性

$$E_{ss} = \frac{E_{ss1} + E_{ss2}}{2} = -\left(f_a \cdot \tan\alpha_n + \frac{j_{n\min} + J_n}{2\cos\alpha_n}\right)$$

$$= -\left(f_a \cdot \tan 20° + \frac{j_{n\min} + \sqrt{f_{pb1}^2 + f_{pb2}^2 + 2.104F_\beta^2}}{2\cos 20°}\right)$$

$$= -\left(0.0405 \times 0.364 + \frac{0.079 + \sqrt{0.013^2 + 0.013^2 + 2.104 \times 0.011^2}}{2 \times 0.94}\right)$$

$$\approx -0.070\text{mm}$$

(此处暂定 $f_{pb2} = f_{pb1} = 0.013$ mm)

3) 按式(9-20)和式(9-21)计算齿厚公差和下偏差。

$$E_{si} = E_{ss} - T_s = E_{ss} - \sqrt{F_r^2 - b_r^2} \cdot 2\tan\alpha_n$$

$$= E_{ss} - \sqrt{F_r^2 + (1.26 \times 0.087)^2} \times 2 \times 0.364$$

$$\approx -0.156\text{mm}$$

4) 确定齿厚极限偏差代号。

因为：
$$\frac{E_{ss}}{f_{pt}} = -0.070/0.014 \approx -5$$

$$\frac{E_{si}}{f_{pt}} = -0.156/0.014 \approx -11$$

所以，按图 9-23 取齿厚上偏差代号为 G，下偏差代号为 K，最终确定的齿厚极限偏差为

$$\frac{E_{ss}}{f_{pt}} = -6 \times 0.014 = -0.084\text{mm}$$

$$\frac{E_{si}}{f_{pt}} = -12 \times 0.014 = -0.168\text{mm}$$

5) 计算公法线平均长度的极限偏差。

由式(9-6)、式(9-7)可得

$$E_{wms} = E_{ss} \cdot \cos\alpha_n - 0.72F_r \cdot \sin\alpha_n = -0.084 \times 0.94 - 0.72 \times 0.045 \times 0.342 = -0.09\text{mm}$$

$$E_{wmi} = E_{si} \cdot \cos\alpha_n + 0.72F_r \cdot \sin\alpha_n$$

$$= -0.168 \times 0.94 + 0.72 \times 0.045 \times 0.342$$

$$= -0.147\text{mm}$$

公法线跨齿数：

$$K = \frac{z}{9} + 0.5 = \frac{32}{9} + 0.5 \approx 4$$

公法线的公称长度：

$$W = m[1.476(2K - 1) + 0.014z]$$

$$= 3 \times [1.476 \times (2 \times 4 - 1) + 0.014 \times 32]$$

$$= 32.34\text{mm}$$

4. 确定齿坯公差及各表面的粗糙度

查表 9-18，9-19 得，孔公差为 IT7，即 $\phi 40\text{H7}(^{+0.025}_{0})$；顶圆不作为测量齿厚的基准，

所以公差为 IT11，即 $\phi 102h11({}^{\ 0}_{-0.220})$（应该是 h8）；基准端面的圆跳动公差为 0.018mm。

参考表 9-20，取孔的表面粗糙度为 $R_a \leq 1.25\mu m$；端面粗糙度为 $R_a \leq 2.5\mu m$；齿面粗糙度为 $R_a \leq 1.25\mu m$；顶圆粗糙度为 $R_a \leq 5\mu m$。

5. 绘制齿轮工作图

齿轮工作图如图 9-24 所示。不便于直接标注在图上的齿轮的基本参数和精度指标等专门列表附于工作图旁。

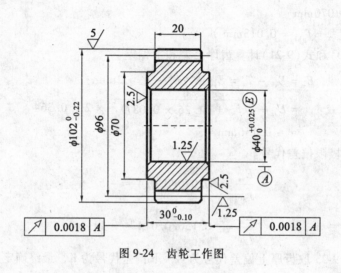

图 9-24 齿轮工作图

思考题与习题 9

9-1 齿轮传动有哪些使用要求？

9-2 什么是几何偏心？在滚齿加工中，仅存在几何偏心时，被切齿轮有哪些特点？

9-3 什么是运动偏心？在滚齿加工中，仅存在运动偏心时，被切齿轮有哪些特点？

9-4 影响载荷分布均匀性的主要工艺误差有哪些？

9-5 影响齿侧间隙的主要工艺误差有哪些？

9-6 齿距累积总偏差 F_p 和切向综合总偏差 F_i' 在性质上有何异同？是否需要同时采用为齿轮精度的评定指标？

9-7 径向跳动 F_r 和径向综合总偏差 F_i'' 在性质上有何异同？是否需要同时采用为齿轮精度的评定指标？

9-8 齿轮精度指标中，哪些指标主要影响齿轮传递运动的准确性？哪些指标主要影响齿轮传动的平稳性？哪些指标主要影响齿轮载荷分布的均匀性？

9-9 用齿距比较仪依次测量各齿距的齿距偏差如表 9-21 中的 A 值（μm）。表中，N 是齿距序数，也是齿面序数，将齿面 1 和齿面 2 之间的齿距定义为齿距 1，以此类推，齿面 12 和齿面 1 之间的齿距定义为齿距 12。定义 B 是所有 A 值的算术平均值（μm）；C 为各个齿距的偏差（μm）；D 为齿面 2，3，…，12，1 到齿面 1 的齿距累积偏差（μm）。试计算 B，C，D 值（填入表格），并求单个齿距偏差 f_{pt}、齿距累积总偏差 F_p、两个齿距的齿距累

积偏差 F_{p2}。

表 9-21　　　　　　　　　　　齿距偏差表　　　　　　　　　　　μm

N	1	2	3	4	5	6	7	8	9	10	11	12
A	0	+8	+12	−4	−12	+20	+12	+16	0	+12	+12	−4
B												
C												
D												

9-10　用角度转位法测量齿面 2，3，…，12，1 到齿面 1 的齿距累积偏差（表中的 D 值（μm）），定义 C 为各个齿距的偏差，N 的意义同上题。试计算 C 值并填入表格，并求单个齿距偏差 f_{pt}、齿距累积总偏差 F_p、两个齿距的齿距累积偏差 F_{p2}。

表 9-22　　　　　　　　　齿距累积偏差和齿距偏差表　　　　　　　　　μm

N	1	2	3	4	5	6	7	8	9	10	11	12
D	+6	+10	+16	+20	+16	+6	−1	−6	−8	−10	−4	0
C												

9-11　单级直齿圆柱齿轮减速器的齿轮模数 $m=3.5$mm，压力角 $\alpha=20°$；传递功率为 5kW；输入轴转速 $n_1=1440$r/min；齿数 $z_1=18$，$z_2=81$；齿宽 $b_1=55$mm，$b_2=50$mm。采用油池润滑。稳定工作时齿轮温度 $t_1=50$℃，箱体温度 $t_2=35$℃。此外，齿轮材料的线膨胀系数 $a_1=11.5\times10^{-6}$/℃，箱体材料的线膨胀系数 $a_2=10.5\times10^{-6}$/℃。试确定齿轮精度的检验指标及其精度等级，确定齿厚极限偏差。